城市能源

碳中和

丛书

地埋管地源热泵系统理论与实践

Theory and Application of Ground-Coupled
Heat Pump Systems

王勇 李文欣 付祥钊 刘勇 著

中国建筑工业出版社

前　言

　　"时光飞逝"在技术领域里是对时间过程的形象比喻，而对于工程技术研究者而言，更是一个技术的点滴积累过程。在大部分领域，对于个人而言，再长的时间也可能无法全面掌握该方向上的所有技术关键，我想这也是工程领域的特性。虽然本人从事地源热泵研究工作已经 25 年，但仍感觉有很多工作尚待进一步了解。因此，此书出版的目的，也仅仅是我个人以及团队对于地埋管地源热泵方向到 2020 年为止的一些基本的了解和粗浅的认识，希望与同行一起来讨论。

　　我第一次接触地源热泵系统是在 25 年前，到现在仍记忆犹新。1995 年的夏季，我的研究生导师付祥钊教授通过国际合作交流，从美国工程界获得一本书，书名叫《Commercial/institutional ground-source heat pump engineering manual》（《商用地源热泵工程技术指南》，美国采暖、制冷与空调工程师学会编写出版）。通过仔细研读此书，我对地源热泵特别是地埋管地源热泵有了基本的认识。在导师的指导下，我们建立了 3 个埋深为 10m 的垂直埋管换热器，间距分别为 1.5m，分别进行了不同回填材料以及换热器形式的对比实验研究。此次实验首次提出了套管式地下换热器的形式，并在 1997 年重庆建筑大学学报上发表了论文《地源热泵的套管式地下换热器研究》。由于当时还没有成批量生产 U 形管地下换热器的生产厂家，该实验台的地下换热器焊接（当时采用的是 PVC 管热熔焊接）、保护以及下管安装等工艺全部由课题组的研究生动手完成。当时我们就预感这种埋管换热器的生产应该会成为一个产业。果然，不到几年，大量的地埋管换热器生产厂家已经在市场上形成了规模。在实验的基础上，我利用线热源模型对埋管温度场进行了求解，还编写了一个小程序，可以得到埋管间距、换热量、换热系数等垂直埋管的部分性能。当然，在现在看来，可能一些优秀的本科生也能完成这部分科研工作，因为毕竟地源热泵系统早已为中国行业所熟知。但是，在那个时期，地源热泵系统对于中国而言，还是一个新技术，虽然在欧美研究与应用至今已经近 80 年了。利用该实验台，1997 年我完成了硕士研究生学位论文《地源热泵性能研究I》的答辩，部分数据还被相关企业写入到了样本中。

在刚刚完成硕士论文后，我又获得了难得的机遇。1998 年，刘宪英教授获批了国家自然科学基金"夏热冬冷地区住宅地下蓄能系统冷热联供动态特性研究"（编号：59778007）。由于本人刚刚完成地埋管的实验，刘老师将我作为骨干研究人员纳入到课题组进行了实验台的建设与研究。该系统由 10 个套管式地下换热器组成，并埋设了两层水平埋管进行对比实验。同时，该系统中的末端采用了地板辐射式供冷与供热系统。由于当时的热泵应用还未普遍应用，课题组将空气源热泵机组改造成水源热泵机组作为冷热源设备进行系统实验，系统供冷冷量为 10kW，实际已经是一个小的工程应用。1998 年 10 月实验台安装完成并投入运行测试。刘宪英教授对该实验台的评价是："10kW 实验装置通过 3 年多连续运行测试，一方面为理论模型验证提供了大量可靠的数据；另一方面为今后地下蓄能冷暖联供系统的推广和应用积累了很多宝贵经验，这种长时期的运行测试在国际上是很少见的。"[引自《地源热泵及地下蓄能系统的实验研究》，暖通空调，2003（23）]。

基于两次难得的科研经历，再加上国内 2000 年左右开始的地源热泵系统研究与应用热潮，本人的主要研究方向就确定在了地源热泵方向上。2001 年，重庆当时最大的 1500m² 的湖心别墅要采用地埋管地源热泵系统，这又一次给了我们实际应用的机会。该项目采用 39 个埋深 60m 的换热孔，而且是在建筑底部进行埋管，这对于结构专业与暖通专业的配合，又积累了交叉作业施工的实践经验。2003 年，重庆某医院采用了地埋管地源热泵系统，为西南地区首个医院类的地源热泵系统，这对于工程实践又增加了机会。后续该项目进行了改造，一直到 2012 年均有测试数据，这对于地源热泵工程的长期运行检测，也给了我们难得的机会。

基于以上工作，我们团队跟上了国家节能减排的步伐，在大的环境下得到了更多的机会参与地源热泵系统方向的科研以及工程实践，同时也培养了大量研究生。2006 年，在导师付祥钊教授的指导下，我完成了博士论文《动态负荷下地源热泵性能研究》，该论文基于测试数据对地源热泵系统特别是地下埋管系统的动态换热性能进行了数值计算，得到了一些有价值的结论，特别是提出了层换热理论，这对于完善地埋管设计有一定的参考价值。当然，现在看来，其数值计算方法和边界条件的精确性确定也已落伍。因此，技术的发展与所处的行业时代有关系。所谓时光飞逝，实际是对技术的研发与应用速度特别快的形象描述。

由于地源热泵系统在中国已经大规模应用，因此，2010 年前后的全国暖通热能动力年会均组织了地源热泵的主题专场，我基本都参加了讨论与学习。但是，当时行业的部分人士特别是工程界，对地源热泵地下换热系统的热不平衡的概念以及技术处理处于混淆状态，有的观点甚至是错误的。为了能够给行业更多的正确依据，针对大地蓄能的热平衡问题，2015 年（实际是 2013 年开始申请）本人获批了国家自然科学基金"夏热冬冷地区地源热泵系统岩土蓄能失调计算方法与评价研究"（编号：51576023）。由于有了这个针对性研究项目，我们建立了准确的三维地埋管换热计算方法以及适用工程的简化方法，对岩土蓄能失调进行了评价与计算方法的研究，获得了一些有价值的结论。该项目实施过程中，建立了国际国内较全面的地埋管性能相似模型实验台，该实验台参照实际工程埋管 50m 的深度，按照 1:8 的物理相似比进行 U 形管的安装。该实验台可以进行不同地质条件（如岩土分层和渗流等）下不同工况的复杂实验。目前，该项目已经结题。值得一提的是，李文欣博士在该项目上做出了大量贡献，较多的成果在国际上有影响的期刊中发表。本书中部分成果也来自她本人的博士论文。

中国可再生能源在建筑中的应用，在这 20 年左右得到了飞速的发展。仅仅从地埋管地源热泵系统应用进行比较，我们从 20 世纪 80 年代末部分高校开始地埋管研究的时间来进行计算，中国比欧美晚了大约 60 年。但是，经过 20 多年的发展，2018 年的数据就表明，中国地源热泵装机容量达 2 万 MW，应用规模已经连续几年位居世界第一。实际上，对于地源热泵系统的应用研究和基础研究总体水平，我个人认为中国与其他国家目前已经处于并驾齐驱阶段，部分领域还优于欧美，特别是研究领域。这主要依赖于中国对科技的投入以及巨大市场的应用检验。很多的科研问题来源于大规模应用，中国的地源热泵研究者相对欧美国家，有较多工程实例进行科学问题的挖掘。当然，我们依然存在亟待提高的领域，如施工质量，我们的行业约束以及精细化施工还存在很多问题需要完善。

中国的经济发展，极大地推动了科学与技术的发展。幸运的是，我们这一代人抓住了这个机遇。到目前为止，在付祥钊教授以及本人大团队的指导下，通过大量的科学研究和工程实践，为国家培养了30多名从事地源热泵方向上的硕士、博士研究生。重庆大学在该领域前沿不但有了一席之地，更有了广阔的发展前景。具体的成果详见附录A和附录B提供的研究生学位论文和部分会议与期刊论文。

本书的主要成果，来自团队20多年地埋管地源热泵工作的总结。书中的某些观点不一定恰当，尚需同行指正。百家争鸣，有理有据，这才能推动技术的发展与进步。在本书的著作过程中，重庆海润节能技术股份有限公司提供了部分实际施工的案例，在此表示感谢！重庆大学博士生、硕士生（彭远玲、代孟玮）等在本书编辑工程中做了大量工作。同时，我代表本书的所有作者感谢国家自然科学基金（编号：51576023）以及重庆大学土木工程学院对本书出版的支持！

于重庆

扫码可看书中部分彩图

目 录

第1篇　　发展与理论

第2篇　　工程设计与实践

第 1 篇

发 展 与 理 论

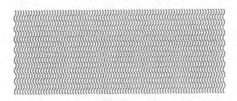

第1章

地埋管地源热泵在国际国内的发展历史

1.1 地源热泵国际发展史

热泵技术早在 19 世纪就得到了实际应用。1912 年，Heinrich Zoelly 在一份瑞士专利中，首次提出利用热泵从大地提取热量的概念。首个文献记载的地源热泵系统实际应用出现在 1945 年的美国印第安纳州波利斯市，该系统由总长 152m 的水平埋管向输入功率为 2.2 kW 的压缩机提供低位冷热源[1]。随后欧洲也在 20 世纪 60 年代出现关于地源热泵实际应用项目的研究。地源热泵技术的研发于 19 世纪 50 年代在美国和加拿大迎来第一波发展，并在 1973 年石油危机后得到了进一步发展[2]。同时地埋管也开始起步，英国、荷兰和瑞典均报道了第一批实验。德国在 20 世纪 70 年代末首次应用了地埋管，瑞士在 1980 年首次安装了采用 PE 管材的现代地埋管[2]。

地源热泵系统分为地埋管地源热泵系统、地表水地源热泵系统和地下水地源热泵系统，主要的设备形式为水—水热泵或水—空气热泵。由于部分统计数据来源很难区分各种地源热泵系统的形式，因此本节中的热泵机组以及系统装机容量的数据统计是针对所有地源热泵系统，而非仅指地埋管地源热泵系统。

近年来，地源热泵作为地热能直接应用的主要形式，已占据总地热能使用量的 55.15%（2015 年）。由于高效环保的特性，地源热泵系统目前已被广泛应用于 48 个国家，全球范围内的应用量在 2010 年至 2015 年期间增长了 52%[3]。2015 年的世界地热大会报告[3]表明，随着地源（地热）热泵技术日渐普及，其系统各地年度能源使用量较 2010 年增长了 1.63 倍，复合式系统增长率为 10.3%。地源热泵装机容量增长了 1.52 倍，复合式地源热泵年增长率为 8.69%（图 1-1）。

相较于空气源热泵等传统冷热源系统，地源热泵系统在全球范围内的应用并不普遍，年销售热泵机组约为 40 万台[4]。就热泵的装机容量（MW）而言，五个领先的国家是：美国、中国、瑞典、德国和法国；在年度能源使用量（万亿 J/a）方面，排名则是：中国、美国、瑞典、芬兰和德国[3]。美国占据全球地源热泵系统总销售量的一半以上，其出货及安装量自 2010 年以来翻番，部分原因在于 2008—2016 年以及 2018—2021 年间实行的 30%联邦税收抵免政策[4]。需要注意的是，这里的台数与装机容量无关，中国由于主要在大型公共建筑中采用，其单台的装机容量远大于美国，因此，文献的台数统计并不代表

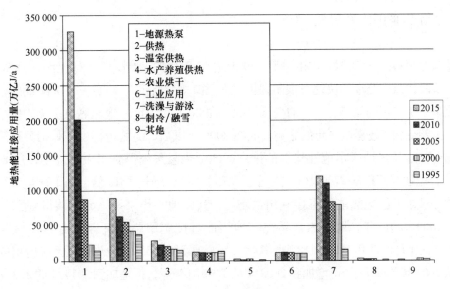

图 1-1　1995—2015 年全球地热能直接应用量比较[3]

地源热泵系统的装机容量。从装机容量而言美国仍然小于中国。对于欧洲市场，地源热泵系统在瑞典和德国采用较多，每个国家每年可售出 2 万～3 万台用于地源热泵系统的机组。瑞典也具有全球最高的人均地源热泵安装率[4]，但其主要的应用形式是地表水地源热泵系统（海水源）。

地源热泵相关研究方面，研究论文和综述论文均逐年增加（图 1-2）。自 2010 年以来，论文数也随着地源热泵应用的迅猛发展而增多。

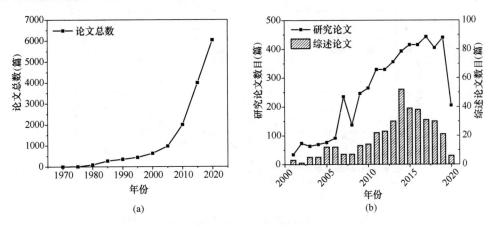

图 1-2　论文总量以及研究与综述论文数目逐年变化情况

（a）论文总量；（b）研究与综述论文数目逐年变化情况

来源：Scopus. ＊2019 年，研究论文（研究论文 Article，会议研究论文 Conference Article，短篇调查 Short Survey，短文 Note，报告 Report）；综述论文（综述论文 Review，书籍章节 Book Chapter，会议综述论文 Conference Review，书籍 Book，社论 Editorial）

1.2　地源热泵国内发展史

地源热泵系统在我国的应用经历了 20 世纪 80 年代的起步阶段，21 世纪初到 2014 年的推广阶段，以及至今的快速发展阶段[5]。如图 1-3[6]所示为 2000—2012 年期间，中国地源热泵系统应用的建筑总面积的变化情况。在 2006 年以前，地源热泵系统的应用数量较少，主要受到市场激励不足的影响。而在 2006 年以后，随着可再生能源相关政策和法规的出台，以及各地区示范性建筑的推广，地源热泵系统得到了大量应用，从 2006—2012 年，总建筑面积从 2700 万 m^2 激增至 3.73 亿 m^2，增长了 13 倍。由于建筑节能减排政策的要求，中国地热能的直接利用量增加，其中地源热泵系统的安装得到了大量增长[3]。2009—2015 年，地源热泵系统占地热能直接应用总装机容量由 53.5% 增加至 65.9%，在年能源使用量中的比例也由 51.9% 提高到 57.5%。地热热泵系统应用的供热面积从 2004 年的 667 万 m^2 增加到 2009 年的 1.007 亿 m^2，再增加到 2014 年的 3.3 亿 m^2。住房城乡建设部出台的《建筑节能与绿色建筑发展"十三五"规划》[7]明确指出应扩大可再生能源建筑的应用规模，实施可再生能源清洁供暖工程，利用太阳能、空气热能、地热能等解决建筑供暖需求。推广浅层地热能建筑应用，使全国城镇新增应用面积达 2 亿 m^2以上。因此，地源热泵系统在我国的应用，仍具有广阔的前景。我国地源热泵系统应用的形式多样，且覆盖性广，常见于多种建筑类型。其应用分布也与欧美国家有较大不同：欧美国家的地源热泵系统主要应用于乡村中无其他能源供应的独栋别墅以及部分小型公共建筑，而在我国则主要应用于城市和城郊中的大型公共建筑与居住建筑[8]。

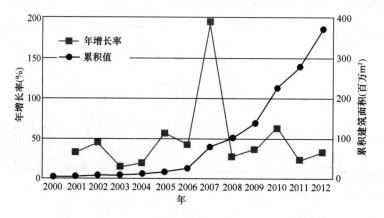

图 1-3　近年来中国应用地源热泵系统的建筑面积增长趋势

1.3　地源热泵技术相关规范

随着地源热泵技术的发展，行业相关规范也在跟进。20 世纪 90 年代，欧洲逐步开始浅层地热应用的规范工作：瑞士首次制定了规范 AWP T1，然后德国于 1998 年发布了

VDI 4640。在美国，国际地源热泵协会（IGSHPA）自 1990 年就针对岩土部分制定规范，同时 ASHRAE 给予了系统问题方面的要求[2]。

表 1-1 给出了各国近年来地源热泵技术的相关规范与指南。

各国地源热泵技术的相关规范与指南[2]　　　　　　　　　　　　表 1-1

区域	国家	规范号	规范名称（中文译名）	年份
国际		ANSI/ARI/ASHRAE ISO 13256-1	水源热泵—性能测试与评级：水—空气热泵、盐水—空气热泵	1998（新版 2012）
		IGSHPA ♯21035	闭式地源热泵系统：设计与安装标准	2017
欧洲		EN 15450	建筑物供暖系统—热泵供暖系统设计	2007
	奥地利	ÖWAV-Regelbl. 207	地下水和地下的热利用—制冷与制热	2009
	德国	DIN 8901	制冷系统与热泵—土壤、地下水与地表水的保护	2002
	德国	VDI 4640-1 to -5	地下热利用—基本原理、认证与环境（1），地源热泵系统（2），地下储能（3），直接利用（4），热相应测试（报批稿 5）	2001—2015
	瑞士	SN 546 384 /6	地埋管换热器	2010（新版 2018）
	瑞士	SN 546 384 /7	地下水热能应用	2015
	法国	NF X10-960-1 to -4	用于水和地热的钻孔—竖直式埋管换热器—常见问题（1），管材选用：聚乙烯 100（PE 100）（2），交联聚乙烯（PE—X）（3）和耐高温聚乙烯（PE—RT）（4）	2013
	法国	NF X10-970	水和地热钻孔—竖直埋管换热器的安装、调试、维护与废弃	2011
	意大利	UNI 11466	地源热泵系统—尺寸与设计要求	2012
	意大利	UNI 11467	地源热泵系统—安装要求	2012
	意大利	UNI 11468	地源热泵系统—环境要求	2012
	意大利	UNI/TS 11487	地源热泵系统—直膨式系统安装要求	2013
	意大利	UNI 11517	地源热泵系统—地埋管换热器安装公司资质要求	2013
	西班牙	UNE 100715-1	浅层地热系统（闭式竖直埋管地源热泵）的设计、安装和维修	2014
	瑞典	SGU Normbrunn-07	供能、供水用钻井	2008（新版 2016）

续表

区域	国家	规范号	规范名称（中文译名）	年份
欧洲	英国	DECC MIS 3005	承接微型热泵系统的供应、设计、调试与接管的承办商要求	2011
	英国	GSHPA	闭式竖直埋管—设计，安装与材料标准	2011
	英国	GSHPA	地埋管换热器—设计，安装和材料标准	2012
亚洲	中国	GB 50366	地源热泵系统工程技术规范	2005（新版2019）
	中国	CECS344	地源热泵系统地埋管换热器施工技术规程	2013
	中国	CJJ/T 291-2019	地源热泵系统工程勘察标准	2019
	中国	T/CECS 730	地埋管地源热泵岩土热响应试验技术规程	2020
北美	美国	北美空调供热制冷设备协会 AHRI 330	闭式地源热泵系统	1998
	美国、加拿大	ANSI/CSA/IGSHPA C448 Series-16	商业和住宅建筑中地源热泵系统的设计与安装	2016

1.4　地源热泵发展中存在的问题

1.4.1　系统实际运行情况偏离理论设计

相较于传统的暖通空调系统，地埋管地源热泵系统虽然节能高效，但造价较高，换热系统相对复杂，因此系统设计的要求也更高。虽然目前地源热泵系统的研究和示范性项目很多，但较多工程运行结果没能满足规范的要求，同时也缺乏基于大量运行数据的深入研究。随着工程总量的增加，对系统能效评估和投资增量等问题的深入探讨提出了更高要求[9]。此外，在实际的施工过程中，存在系统各个设备、环节及运行策略的匹配及优化等问题。若在设计阶段高估了地源热泵系统所需承担的负荷，则会导致实际系统运行效果不理想，甚至比传统空调系统差[10]。因而，合理的设计是保证地源热泵系统高效运行的基础。

1.4.2　系统热不平衡问题

在地埋管地源热泵系统的实际运行过程中，岩土蓄能的热不平衡问题不可忽略。由于建筑冷热负荷需求不同，夏季通过地埋管系统输入到岩土中的热量不同于冬季所取出的热量，一旦两者出现了较大差异，则岩土会出现严重的冷/热负荷累积，继而导致岩土温度升高/降低、制冷/制热性能下降，甚至会引发系统失效等一系列问题[11]，这称为岩土蓄能的热不平衡问题。2017 年住房城乡建设部出台的《建筑节能与绿色建筑发展"十三五"规划》[7]也明确指出，在推广浅层地热能在建筑上的应用时，应提高浅层地能的设计和运营水平，充分考虑应用资源条件和浅层地能应用的冬夏平衡，合理匹配机组。

值得注意的是，系统中岩土蓄能的热不平衡问题不仅取决于冷热负荷之间的关系，还受到地埋管管群布置及规模的影响。对于冬夏冷热不平衡的单管，冷/热量不断向周围的岩土进行扩散，因而岩土温度能得到较好的恢复；而不平衡的热量更容易积聚在地埋管管群，尤其是正方形管群当中，因此需要辅助系统来缓解岩土蓄能的热不平衡问题[12]。目前，我国地源热泵系统主要应用于城市中的大型公共建筑与居住建筑，以及位于城郊无冷热输送管网但冬季需要大面积采暖的度假村、培训中心等建筑[8]。这类建筑普遍具有较大的规模，因此地源热泵系统的热不平衡问题更加值得注意。

地埋管地源热泵系统中普遍存在岩土蓄能的热不平衡，严重的热不平衡问题将会导致系统失效。但是，为缓解热不平衡问题而盲目增加的辅助系统，势必会增加系统的初投资、运行费用以及系统的控制复杂度[13]。因此，地埋管地源热泵系统的岩土蓄热平衡性分析十分重要。

1.4.3　系统监测评价及相关规范

岩土蓄热平衡性的评价应该建立在系统长期运行结果的基础上。但目前针对地埋管地源热泵管群系统长期运行的计算与评价研究较少，且缺乏实测数据。仅有为数不多的研究[14-16]给出了系统长期（10 年以上）运行的监测数据，但仅限于单管或小规模管群的地源热泵系统。近年来，也有一些大规模[17]及超大规模[18]管群系统的研究出现，但均为短期的运行结果。因此，这也对地埋管地源热泵系统长期运行的准确预测与评价提出了更高要求。

Liu 等[19]在对中美两国地源热泵系统应用与规范的研究中发现，美国规范要求对系统的全年运行进行间断性的检测，而我国的规范仅采用短期测试（如一小时或几天测试期内的系统能效）来评价系统性能。这两种方法各有利弊，虽然我国规范中的要求准确性不足，但可实施性更强。近年来，我国也逐渐要求对地埋管地源热泵系统尤其是示范性项目进行监测管理。但总体而言，针对地源热泵系统的强制监测不超过 10年，且数据尚未公开，难以获取长期运行性能的实测评价，因此对系统初期的设计与计算提出了更高要求。

1.4.4　系统受到多因素耦合影响

地埋管地源热泵系统的长期运行性能受到内扰（管群间距、地质情况等）和外扰（输入负荷）等多种因素的耦合作用[20-22]。为了得到更为准确的预测结果，在对系统性能的计算中应该考虑这些因素的影响。因此，需要采用多种研究方法；分析多因素影响下地埋管地源热泵系统的传热性能，并找到可考虑多因素耦合作用的计算方法，对系统的长期运行情况进行预测。在此基础上，对系统的岩土蓄热平衡性进行评价与分析。了解和掌握多因素耦合作用的影响，对系统传热机理的研究十分重要，并可以此来提高系统计算与评价方法的准确性，从而实现对系统运行性能的评估。正确的评估可指导工程设计，对提高地源热泵的运行能效有实际作用，也为地埋管地源热泵技术的推广与应用提供一定的理论和技术支持。

第 2 章

垂直与水平地埋管理论模型

目前，暖通空调系统能耗约占建筑总能耗的一半，且随着人们对建筑环境舒适性需求的提高而日益增长[23]。另一方面，面对日渐严峻的全球变暖和能源危机，传统暖通空调系统所依赖的化石能源很难满足节能减排的要求，因此，越来越多的暖通空调系统选择使用高效环保的可再生能源[24]。可再生能源可分为太阳能、风能、潮汐能、生物质能和地热能等，其中浅层地热能由于储存在随处可见的岩土当中，可被建筑直接利用。地源热泵系统是直接使用地热能的最主要的形式，该系统的安装总量占地热能利用安装总量的70.9%[3]。地源热泵系统是一种可持续发展的环境质量控制系统，它通过地埋管换热器将建筑室内的废热、废冷转移到地下岩土当中。与传统的暖通空调系统相比，地源热泵系统不易受到环境气象因素的影响，具有较好的稳定性和较高的系统能效，同时也更为环保。

地源热泵系统可根据其所选用的热源/热汇以及埋管类型进行分类（图 2-1[25]）。根据热源/热汇的不同，地源热泵系统可分为地埋管地源热泵（又称大地耦合式地源热泵）、地下水源热泵以及地表水源热泵系统。根据埋管的布置形式可分为竖直埋管、水平埋管。此外，系统可采用不同形式的埋管，如单、双 U 形管，套管式或螺旋形管以及桩基埋管等形式。

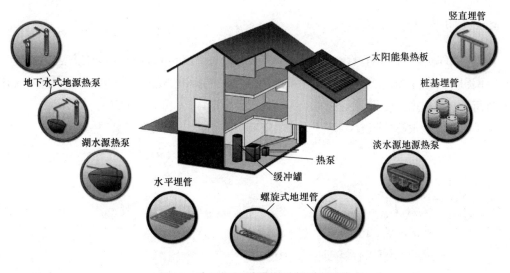

图 2-1　采用浅层地热能的不同形式的系统

相较于实验方法，解析解、数值解等计算方法可对地埋管传热性能提供更为经济方便的预测与评价[26,27]。其中解析解方法计算量较小，且易于与其他软件相结合，因而被广泛应用于地埋管的传热计算中。

2.1 水平地埋管理论模型

2.1.1 物理模型

关于水平埋管热泵的研究开始于 1930—1940 年。现在欧洲普遍使用的此类系统大多仅用于供暖。水平埋管适用于面积充裕的地方，其设计埋管深度一般为 0.5~2.5m。由于土壤饱和度不同，埋管深度也不同。若整个冬季土壤均处于饱和状态，埋管埋深需大于1.5m。当埋管埋深超过 1.5m 时，相对的蓄热较慢；而当埋深小于 0.8m 时，埋管会受到地表冷却、冻结等影响；若管间距小于 1.5m，埋管间可能会产生固体冰片并使春季蓄热减少。水平埋管系统所在的浅层土壤，其温度受气候影响较大，因而该系统的供暖、制冷效率也受到气候、上垫面、埋管夯实程度等因素的影响。

如图 2-2 所示，水平埋管的主要形式有：(a) 单沟单管；(b) 单沟二层双管；(c) 单沟二层四管；(d) 单沟二层六管。

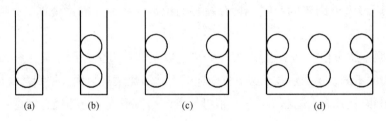

图 2-2 水平埋管形式
(a) 单管；(b) 二层双管；(c) 四管；(d) 六管

2.1.2 解析模型

2.1.2.1 IGSHPA (International Ground Source Heat Pump Association) 方法

IGSHPA 模型是北美确定地下埋管换热器尺寸的标准方法。该方法按最冷月或最热月负荷为计算根据。使用情况表明，该模型计算一般会偏大 10%~30%。

采用映像法求解热阻 R_0，每个沟槽中仅有单根管时，其周围土壤的热阻：

$$R_0 = \frac{I(X_{r0}) - I(X_{2BD})}{2\pi\lambda_s} \tag{2-1}$$

式中　　$X_{r0} = \dfrac{r_0}{2\sqrt{\alpha_s t}}$；

　　r_0——外管半径，m；

　　t——从运行开始计算的时间，s；

　　α_s——土壤热扩散率，m/s；

λ_s——土壤导热系数，$W/(m \cdot K)$；

$I(X)$ ——指数积分，$I(X) = \int_{X_{r0}}^{\infty} \dfrac{e^{-X^2}}{X} dX$；

$\dfrac{I(X_{r0})}{2\pi\lambda_s}$ ——半径 r_0 处的单管附近土壤热阻，$(m \cdot K)/W$；

$\dfrac{I(X_{2BD})}{2\pi\lambda_s}$ ——假想以地面为对称面的埋管映像管引起的热阻，BD 是埋管深度。

当一个沟槽中有多根管时，每根管的周围土壤热阻：

$$R_0 \mid_{\text{单管}} = \sum_{\text{埋管}} (R_0 \mid_{r0} + R_0 \mid_{SD_1} + \cdots + R_0 \mid_{SD_m})$$
$$- \sum_{\text{映像管}} (R'_0 \mid_{r0} + R'_0 \mid_{SD_1} + \cdots + R'_0 \mid_{SD_m}) \tag{2-2}$$

按以上确定的单管土壤热阻计算管坑内土壤热阻：

$$R_0 \mid_{\text{管坑}} = \frac{\Sigma R_0 \mid_{\text{单管}}}{\text{单管数}} \tag{2-3}$$

2.1.2.2　V. C. Mei 方法

该模型以能量守恒定理为基础，并包括了能量平衡和传热方程。模型假设如下：1) 土壤均匀；2) 土壤热物性参数不变；3) 在同一个埋管截面内流体速度与温度相同；4) 忽略热湿迁移的影响；5) 不考虑岩土和埋管间的接触热阻。首先对各个截面径向的传热建立传热方程，然后再推导获得三维的温度场分布。

水平埋管的换热器传热模型如下：

流体和管壁间的传热：

$$-V \frac{\partial T_f}{\partial X} + \frac{2\lambda_p}{\rho_f C_{pf} r_0} \frac{\partial T_p}{\partial r} \bigg|_{r=0} = \frac{\partial T_f}{\partial t} (r < r_0) \tag{2-4}$$

管壁的导热方程：

$$\frac{\partial^2 T_p}{\partial r^2} + \frac{1}{r} \frac{\partial T_p}{\partial r} = \frac{1}{a_p} \frac{\partial T_p}{\partial t} (r_0 \leqslant r < r_p) \tag{2-5}$$

土壤导热方程：

$$\frac{\partial^2 T_s}{\partial r^2} + \frac{1}{r} \frac{\partial T_s}{\partial r} + \frac{1}{r^2} \frac{\partial^2 T_s}{\partial \theta^2} = \frac{1}{a_s} \frac{\partial T_s}{\partial t} (r_p < r < r_F) \tag{2-6}$$

边界条件：

流体与管壁边界条件，即 $r = r_0$

$$\lambda_p \frac{\partial T_p}{\partial T_f} \bigg|_{r=0} = \alpha_f (T_p - T_f) \mid_{r=r_0} \tag{2-7}$$

管壁与土壤交界处边界条件（假设无接触热阻），即 $r = r_p$

$$T_p = T_s \tag{2-8}$$

管壁与土壤间热平衡

$$2\pi\lambda_p \frac{\partial T_p}{\partial r} \bigg|_{r=r_p} = \lambda_s \int_0^{2\pi} \frac{\partial T_s}{\partial r} \bigg|_{r=r_F} d\theta \tag{2-9}$$

式中　V——流体流速，m/s；

r_F——远边界条件处距离管中心的半径，m；

r_p——管道外径，m；

T_f——流体温度，℃；

T_p——管壁温度，℃；

a_p——管壁的导温系数，m^2/s；

λ_p——管壁的导热系数，W/(m·K)；

λ_s——土壤的导热系数，W/(m·K)；

X——沿管长方向坐标，m；

θ——远边界条件处土壤任一点距盘管中心处铅垂夹角，rad。

初始条件（$t=0$）：

$$T_f(Z) = T_p(Z) = T_s(r,\theta)，已知 \tag{2-10}$$

入口处流体温度（$X=0$）：

$$T_f(t,0) = f(t)，是已知时间的函数 \tag{2-11}$$

对于远边界条件处土壤温度，国外大多采用 Kusuda 算法：

$$T_F = T_A - DT \cdot \exp\left(-Z\sqrt{\frac{\pi}{8760\,\alpha_s}}\right)\cos\left(\frac{2\pi\,t_0}{8760} - \phi - Z\sqrt{\frac{\pi}{8760\,\alpha_s}}\right) \tag{2-12}$$

式中　T_A——年平均地表温度，℃；

DT——年平均地表面周期性温度波幅，℃；

Z——计算点深度，m；

t_0——计算时间，s；

ϕ——相位角，rad。

当热泵停止时，即 $V=0$ 时所得出的过程即为热泵停止时的传热模型。

2.1.2.3　NWWA 方法

NWWA（National Water Well Association）方法也是常用的一种地下换热器的计算方法，它可直接给出换热器内平均流体温度，并采用叠加原理模拟热泵间歇运行的情况。NWWA 方法是在 Kelvin 线热源方程闭合分析解的基础上建立土壤温度场，然后确定换热器尺寸。

由线热源理论，可以确定埋管周围的土壤温度分布为

$$T - T_\infty = \left(\frac{q}{4\pi\lambda}\right)\int_{\frac{r^2}{4\alpha_s t}}^{\infty} \frac{1}{x}\,e^{-x^2}\,\mathrm{d}x \tag{2-13}$$

$$X = \frac{r}{2\sqrt{\alpha t}} \tag{2-14}$$

也可近似表达为式（2-15）

$$T - T_\infty = \frac{q}{4\pi\lambda}\left(-\ln\frac{r^2}{4\alpha_s t} - \gamma - \sum_{n=1}^{\infty}\frac{(-1)^n X^n}{n\cdot n!}\right) \tag{2-15}$$

式中　T——土壤温度，℃；

T_∞——原始土壤温度，℃；

γ——欧拉常数，$\gamma \approx 0.5772157$。

设定远边界半径是有限值为

$$r_\infty = 4\sqrt{\alpha_\mathrm{s} t} \tag{2-16}$$

则线热源周围温度场分布是

$$T - T_\infty = \frac{q}{4\pi\lambda}\left(\ln\frac{r_\infty}{r} - 0.9818 + \frac{4\,r^2}{2\,r_\infty{}^2} - \frac{1}{4\times(2!)}\left(\frac{4\,r^2}{2\,r_\infty{}^2}\right)^2 + \cdots + \frac{(-1)^{n+1}}{2n\times(n!)}\left(\frac{4\,r^2}{2\,r_\infty{}^2}\right)^n\right) \tag{2-17}$$

T_∞ 随着土壤深度不同而不同，根据上式单埋管周围土壤热阻可表示为：

$$R_0 = \frac{T - T_\infty}{q} = \frac{\ln\dfrac{r_\infty}{r} - 0.9818 + 2\left(\dfrac{r_\infty}{r}\right)^2 - 2\left(\dfrac{r_\infty}{r}\right)^4}{2\pi\lambda_\mathrm{s}} \tag{2-18}$$

式中　r_∞——土壤远边界半径，m；

α_s——土壤导温系数，$\mathrm{m^2/s}$。

将上述两式进行一系列变换，可以得到基于管内流体温度的近似方程。

$$T_\mathrm{f} - T_\infty = \frac{Q}{\dfrac{L}{(L_\mathrm{m}/L_\mathrm{s})R_0 + R_\mathrm{p}}} \tag{2-19}$$

式中　Q——热流量（向大地放热为正，吸热为负），J；

L_s——单管换热器长度，m；

L_m——多管换热器长度，m；

T_f——流体的平均温度，℃；

R_0——换热管周围土壤热阻，$(\mathrm{m \cdot K})/\mathrm{W}$；

R_p——埋管热阻，$(\mathrm{m \cdot K})/\mathrm{W}$。

对于热泵，管间干扰系数计算为

$$L_\mathrm{s}/L_\mathrm{m} = (L_\mathrm{m}/L_\mathrm{s})^{-1} = (L_\mathrm{m}/L_\mathrm{s})_\mathrm{HE}{}^{-1}(L_\mathrm{m}/L_\mathrm{s})_{T_\infty}{}^{-1} \tag{2-20}$$

$(L_\mathrm{m}/L_\mathrm{s})_\mathrm{HE}^{-1}$ 为换热器当量长度因子；$(L_\mathrm{m}/L_\mathrm{s})_{T_\infty}{}^{-1}$ 为地温的当量长度因子，其值由式 (2-21) 和式 (2-22) 计算：

$$(L_\mathrm{m}/L_\mathrm{s})_{HE}{}^{-1} = 1 + \sum_{SD_{1\to m}}^{SD_{P\to m}} \frac{\left[\ln\dfrac{r_\infty}{SD_{k\to m}} - 0.9818 + 2\left(\dfrac{SD_{k\to m}}{r_\infty}\right)^2 - 2\left(\dfrac{SD_{k\to m}}{r_\infty}\right)^4\right]}{\ln\dfrac{r_\infty}{r} - 0.9818} \tag{2-21}$$

$$(L_\mathrm{m}/L_\mathrm{s})_{T_\infty}^{-1} = \frac{1}{1 - \displaystyle\sum_{SD_{1\to m}}^{SD_{P\to m}}\left\{\frac{1}{2}\left(\frac{\theta_m}{180} - \frac{SD_k\sin\theta_m}{2\pi r_\infty}\right)\dfrac{\left[\ln\dfrac{2\,r_\infty}{SD_k} - 0.9818 + 2\left(\dfrac{SD_k}{r_\infty}\right)^2 - \dfrac{1}{8}\left(\dfrac{SD_k}{r_\infty}\right)^4\right]}{\ln\dfrac{r_\infty}{r_0} - 0.9818}\right\}} \tag{2-22}$$

式中 $SD_{k\to m}$ ——m 管与另外 p 根管中第 k 根管之间的距离，m；

$$\theta_m = \cos^{-1}\left(\frac{SD_{k\to m}}{2\,r_\infty}\right)。$$

2.1.3 数值模型

地埋管换热器与土壤之间的换热是一个复杂、非稳态的过程，其中涉及的几何条件及物理条件较多，影响传热过程的因素也较多，若依据真实情况进行模拟分析难度较大。为降低计算的难度，便于计算分析，需对模型进行必要的简化。模型做出的假设如下：

① 地埋管内流体在同一截面的温度、速度分布均匀一致；

② 假定每层土质的导热系数、比热、密度等物性参数不随温度的变化而变化，且是均匀一致的；

③ 无地下水流动换热，忽略岩土中水分迁移而引起的热湿迁移；

④ 忽略回填材料和钻孔的接触热阻；

⑤ 地埋管换热器底端的弯头忽略不建模，忽略其对换热的影响。

基于以上假设，对单 U 形埋管换热器内循环介质速度场以及周围土壤温度场进行数值模拟，控制方程将由管内流体控制方程和管外土壤区域控制方程两部分组成。

对于管内流体流动，属于为不可压缩湍流流动，湍流数值计算方法可以分为直接数值计算方法和非直接数值计算方法，非直接数值计算不直接计算湍流的脉动特性，而是对湍流流动作简化或近似处理。目前常采用的非直接数值计算模型是标准 k-ε 模型，管内流动模拟利用此模型进行，近壁区利用壁面函数法求解。在不考虑源项时，管内流动的控制方程主要有连续性方程、动量方程、能量方程以及运输方程。

1. 连续性方程

根据质量守恒定律，对于换热器内流体，净流入控制体的质量流量等于控制体内质量随时间的变化率，从而得到连续性方程：

$$\frac{\partial(u_i)}{\partial x_i} = 0 \tag{2-23}$$

2. 动量方程

动量方程反映了流体运动过程中的动量守恒，对于埋管换热器的紊流流体，其动量方程表示如下：

$$\frac{\partial(\rho u_i)}{\partial t} + \frac{\partial(\rho u_j u_i)}{\partial x_j} = -\frac{\partial P}{\partial x_i} + \frac{\partial}{\partial x_j}\left[(\mu+\mu_t)\frac{\partial u_i}{\partial x_j}\right] + \frac{\partial}{\partial x_j}\left[(\mu+\mu_t)\frac{\partial u_j}{\partial x_i}\right] \tag{2-24}$$

3. 能量方程

能量方程反映在流动过程中介质能量守恒的特性，对于流体来说，微元体中能量的增加率等于进入微元体的净热流量加上体积力和表面力对流体微元所做的功。其数学表达式见式（2-25）：

$$\frac{\partial(\rho T)}{\partial t} + \frac{\partial(\rho u_j T)}{\partial x_j} = \frac{\partial}{\partial x_j}\left[\left(\frac{\mu}{\mathrm{Pr}_t} + \frac{\mu_t}{\sigma_T}\right)\frac{\partial T}{\partial x_j}\right] \tag{2-25}$$

式中　μ_t——湍流黏度，Pa·s。

4. 湍动能方程

标准 $\kappa\text{-}\varepsilon$ 模型主要是由 κ 方程和 ε 方程组成，其中 κ 方程表示流体湍流动能，又称为湍流动能方程，其表达式为

$$\frac{\partial(\rho\kappa)}{\partial t}+\frac{\partial(\rho u_j\kappa)}{\partial x_j}=\frac{\partial}{\partial x_j}\Big[\Big(\mu+\frac{\mu_t}{\sigma_k}\Big)\frac{\partial\kappa}{\partial x_j}\Big]+G_k-\rho\varepsilon \tag{2-26}$$

式中　σ_k——湍流动能方程湍流普朗特数；

　　　G_k——由于平均速度梯度引起的湍流动能 κ 的产生项。

5. 耗散率方程

在湍动能 κ 方程的基础上，再引入 ε 方程。ε 方程是通过经验公式推导得出，其依据为流体扩散率又称为扩散方程，其方程表达式如式（2-27）。

$$\frac{\partial(\rho\varepsilon)}{\partial t}+\frac{\partial(\rho u_j\varepsilon)}{\partial x_j}=\frac{\partial}{\partial x_j}\Big[\Big(\mu+\frac{\mu_t}{\sigma_\varepsilon}\Big)\frac{\partial\varepsilon}{\partial x_j}\Big]+C_{1\varepsilon}\frac{\varepsilon}{k}(G_k)-C_{2\varepsilon}\rho\frac{\varepsilon^2}{k} \tag{2-27}$$

式中　σ_ε——扩散方程湍流普朗特数；

湍动黏度 μ_t 和由于平均速度梯度引起的湍动能 κ 的产生项 G_k 的表达式见式（2-28）和式（2-29）：

$$\mu_t=\rho C_\mu\frac{\kappa^2}{\varepsilon} \tag{2-28}$$

$$G_k=\mu_t\Big(\frac{\partial u_i}{\partial x_j}+\frac{\partial u_j}{\partial x_i}\Big)\frac{\partial u_i}{\partial x_j} \tag{2-29}$$

式（2-26）～式（2-29）中 C_μ、C、σ 是经验常数，取值如下：

$C_\mu=0.09$，$C_{1\varepsilon}=1.44$，$C_{2\varepsilon}=1.92$，$\sigma_k=1.0$，$\sigma_\varepsilon=1.3$

管内流体和管壁换热方程如下：

$$-\lambda_p\frac{\partial T_P}{\partial n}\Big|_{\text{管内壁面}}=h(t_f-t_p) \tag{2-30}$$

式中　λ_p——地埋管管壁导热系数，W/(m·K)；

　　　t_f——为管内流体温度，℃；

　　　T_p——管壁温度，℃；

　　　h——热对流系数，W/(m²·K)。

在制冷工况下岩土对流体为冷却作用，对流换热系数 h 采用式（2-31）和迪图斯-贝尔特式（2-32）求解：

$$h=Nu\frac{\lambda_f}{2r} \tag{2-31}$$

$$Nu=0.023\,Re_f^{0.8}\,Pr_f^{0.3} \tag{2-32}$$

式中　λ_f——管内流体导热系数，W/(m·K)；

　　　r——地埋管半径，m。

2.1.3.1 考虑空气间歇影响

近年来土壤源热泵的换热性能研究除了较多的集中在回填材料的热物性参数上以外，越来越重视回填密实度对地下埋管换热器换热性能的影响。在实际工程中，人工回填的不确定性有可能导致回填未夯实，从而导致土壤间隙引入空气影响了土壤初始温度的分布。本课题组[28]建立了未夯实土壤（回填间隙带入空气）初始温度计算模型进行数值计算，以探究土壤未夯实（回填间隙带入空气）对不同埋深土壤初始温度的影响。

埋管周围空气柱同样可用式（2-23）～式（2-31）进行计算。空气柱中的无限空间自然对流换热方程为式（2-33）到式（2-34）：

$$Nu = C(Gr \cdot Pr) \tag{2-33}$$

$$Nu = C(Gr_x \cdot Pr)^n \tag{2-34}$$

式中

$$Gr_x = Nu \cdot Gr = \frac{g \alpha q\, l^4}{\lambda \nu^2} \tag{2-35}$$

式中　　Gr——格拉晓夫准则$\left(Gr = \dfrac{g\, \nabla t \alpha q\, l^3}{\nu^2} \right)$；

　　　　α——体积膨胀系数；

　　　　ν——运动黏度，m^2/s；

　　　　l——定型尺寸，m；

　　　　∇t——壁面温度和远离壁面的流体温度之差，K；

　　　　C——0.59；

　　　　n——1/4。

空气柱与壁面的辐射换热方程为

$$q_r = \frac{C_b}{\frac{1}{\varepsilon_1} + \frac{1}{\varepsilon_2} - 1}\left[\left(\frac{T_1}{100}\right)^4 - \left(\frac{T_2}{100}\right)^4 \right] \tag{2-36}$$

式中　　C_b——黑体的辐射系数 $5.67W/(m^2 \cdot K^4)$；

　　ε_1 和 ε_2——空气间层两内壁面的材料的发射率；

　　T_1 和 T_2——空气间层两内壁面的热力学温度，K。

土壤部分，无内热源导热方程见公式（2-37）和式（2-38）：

$$\frac{\partial}{\partial t}(\rho h) = \nabla \cdot (k \nabla T) \tag{2-37}$$

$$h = \int_{T_{ref}}^{T} c_p \, dT \tag{2-38}$$

式中　　k——传热系数，$W/(m^2 \cdot K)$；

　　　　ρ——密度，kg/m^3。

对于土壤初始温度模型中的土壤部分，土壤的导热设定为稳态导热，即式（2-37）中等式左边取0。

对于未夯实土壤（回填间隙带入空气），假设空气间隙是呈长方体均匀分布在所研究的土壤中，从而建立未夯实土壤初始温度数值计算模型。对于边界条件，空气柱体侧壁设置为壁面，选择耦合的传热条件，是位于柱体内空气和柱体外回填材料这两个区域间的壁面；空气柱体上面（即与空气接触的面）设定为壁面，确定给定的室外空气温度。空气柱底面设定为壁面，根据测试得到的数据，确定给定的壁面温度 23.25℃。

本课题组[28]通过对比数值计算结果与实验值发现，若埋管周围回填未进行夯实，则会导致 2.2m 处回填温度较夯实工况升高 1℃左右。同时，土壤未夯实会使水平埋管进出口温度升高，系统效率降低，平均传热系数由 2.71 下降至 2.22W/(m·℃)。埋深为 2.2m 层水平蛇形地埋管换热器与土壤换热，以未夯实土壤初始温度作为边界条件的数值计算模型而言，运行 4h，埋深为 2.2m 平面上管群体和回填体、土壤体的温度分布如图 2-3 所示。

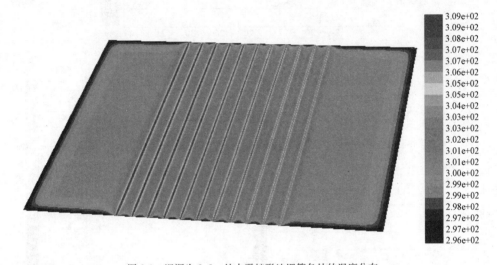

图 2-3　埋深为 2.2m 处水平蛇形地埋管各处的温度分布

2.1.3.2　考虑上垫面影响

上垫面作为地下岩土和外界环境的边界面，对地上地下的热量传递的形式和传热量的大小有较大的影响，水平埋管的埋管深度较浅，更易受到上垫面边界条件的影响。上垫面地表与外界环境的热交换程度可由综合表面换热系数表征，该值与风速、大气温度、上垫面地面温度，上垫面发射率、反射率和吸收率等有关。

对上垫面进行热量分析，其能量平衡方程为：

$$q_{sun} + q_{sky} + q_c - q_r - q_{Le} = q_{cond} \tag{2-39}$$

式中　q_{sun}——太阳辐射热量，W；

q_{sky}——大气长波辐射热量，W；

q_c——对流换热热量，W；

q_r——自身辐射热量，W；

q_{Le}——上垫面与外界的潜热交换量，W；

q_{cond}——从上垫面向下的导热量，W。

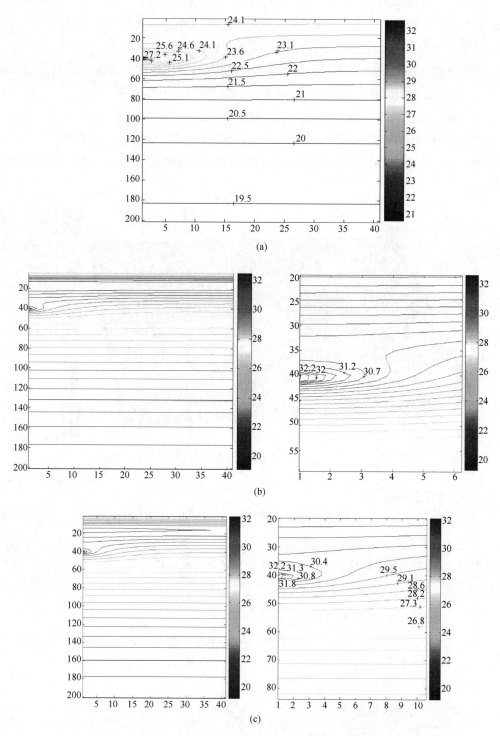

图 2-4　连续运行 24h 后岩土温度等值线

（a）室内地下车库上垫面；（b）室外水泥上垫面；（c）室外草地上垫面

由于同时存在对流换热和辐射换热，上垫面的表面换热系数应该表示为自然对流换热系数（h_c）和辐射热交换系数（h_r）的之和，即为综合表面换热系数。综合表面系数（h）可作为衡量上垫面与外界环境的热交换程度的综合参数。

$$h = h_c + h_r = (5.8 + 3.7v) + \frac{I \cdot (1-\gamma) + \delta \cdot \varepsilon \cdot (T_{sky}^4 - T_{surf}^4)}{T_{air} - T_{surf}} \tag{2-40}$$

该上垫面在数值模型中的边界条件通过上垫面净得热量（q_n）来表示：

$$q_n = \lambda \frac{\partial T}{\partial y} \tag{2-41}$$

本课题组[29]建立了水平埋管地下岩土的二维非稳态传热模型，并通过分析自然状况下和地埋管换热器运行后的热量传递过程，建立热平衡方程，初步确定了上垫面边界对地下岩土传热过程的影响。图 2-4 呈现了水平埋管连续运行 24h 后的岩土温度分布情况，结果表明：水泥地面较草地有较大的热惯量值和较小的热扩散率，白天对太阳辐射的吸收能力较强而向内部传递热量的能力较小，因而其地表温度较高。室内地下车库内气温稳定，地下岩土温度较低且稳定；室外上垫面形式下地下岩土受外界环境影响大，浅层岩土温度随气象条件波动。当埋管深度大于 1.5m 时，换热器受到上垫面的影响较微弱；而当埋深小于 1m 时，上垫面边界影响显著，且埋深越浅影响越大。在重庆地区的实际工程中，若将埋管换热器设置在室外时，在条件允许时，可选择敷设在室外的草坪等绿化地带以下[30]。

2.2　垂直地埋管理论模型

2.2.1　物理模型

如图 2-5 所示，典型竖直地埋管地源热泵系统通常包括三个部分：建筑末端系统、地源热泵机组以及地埋管换热器[31]。地埋管换热器埋设在钻孔内，并由回填材料进行回填。

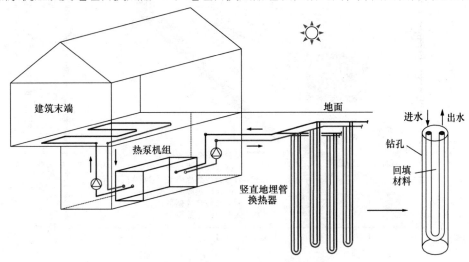

图 2-5　典型竖直埋管地源热泵系统示意图

由于岩土温度常年较为稳定（如重庆的岩土温度稳定在 16～18℃），地源热泵系统能更高效地为建筑提供制热和制冷。实际工程中的竖直地埋管系统的管深通常在 15～180m 之间[32]，因而埋管周围并不都是均一地质层，常常会出现诸如地质分层和地下水渗流的复杂地质情况，这也会直接影响系统的传热性能。

2.2.2 解析模型

适用于垂直地埋管的常用解析解模型大致可分为线热源模型[33]、柱热源模型[34]和有限长线热源模型[35,36]等。20 世纪 90 年代王勇和付祥钊等[37,38]采用热阻分析法计算地下换热器的传热过程，获得了各热阻在地下换热场的分布关系，并通过线热源方法求解得到埋管区域的温度场。刁乃仁等[39,40]在一维、二维传热模型的基础上，建立了可考虑地下渗流影响的准三维模型。Philippe 等[41]比较了无限长线热源、无限长柱热源和有限长线热源这三种解析解模型对地埋管钻孔周围岩土温度场的预测情况，并确定了它们在典型工况下的有效范围。Eskilson[42]首次提出了一种解析解与数值解结合的混合模型，它兼具两种方法的优点，可对地埋管管群进行温度响应分析。然而，大多数解析解模型和混合模型的研究都没有考虑回填材料的影响，因而温度预测值偏高，尤其是对系统短时间内温度响应的预测。为了克服这一缺点，Li 和 Lai[43]提出一种复合介质线热源模型来预测传热流体的温度响应。Zhang 等[44]提出一种瞬态准三维线热源模型来计算全运行周期内的温度响应，并采用该模型对传热流体和岩土的温度场分布进行了分析。

解析解模型在计算的过程中采用了较多假设，如假设岩土为无限大或半无限大，对钻孔或埋管采用恒温或恒热流的边界条件，将岩土假设为均匀材料等。在这些假设条件的基础上，不同解析解模型的计算结果存在时间和空间上的局限性[26]。如图 2-6[26]所示，所比较的几种解析解计算模型均可对中期（月，传热规模为两管间距的一半）的温度响应提

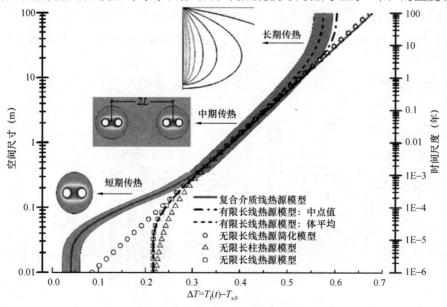

图 2-6 多种解析解模型适用性比较

供较好的预测，复合介质线热源模型由于考虑了钻孔内热阻可提供准确的短期（时，传热规模为孔径）温度响应，有限长线热源模型对于长期（年，传热规模为管长的一半）的温度响应的预测也较为准确。尽管存在解析解模型[45]可以克服时间与空间规模的局限性，但该模型仅可用于单个埋管周围温度场的预测，无法满足管群传热的计算要求。系统传热性能预测的准确性依赖于埋管传热模型在不同时间、空间维度上计算的可靠性。岩土域短期逐时的温度响应对系统负荷与埋管的优化、匹配至关重要；而长期的温度响应则决定了全寿命周期内地源热泵系统的可行性评价。同时，全局的温度响应也意味着更高的计算资源要求，这对于大规模管群的计算尤为重要[26]。

2.2.3　数值模型

由于数值计算所采用的假设条件更少，因而更加准确[46]，可实现不同时间和空间上埋管传热过程的准确预测。常用的数值模型较多采用了有限差分法[47,48]、有限体积法以及有限元[49]，也有很多研究者采用商业软件来进行计算分析，如 FEFLOW[50,51]，COMSOL[52]和 ANSYS FLUENT[31,53,54]等。针对几个小时内的短期地埋管传热过程，数值模型的预测结果较有限长线热源模型更为准确[55]。Rees 和 He[56]提出了一种考虑流体及钻孔内传热过程的 3D 数值计算模型，可准确预测长短期内地埋管的动态传热过程。本课题组[31]综合考虑建筑末端动态负荷与 3D 地埋管数值计算模型，提出了可全面考虑建筑末端、热泵机组及水泵等的地源热泵系统计算模型，可用于对系统长期的运行情况进行评价。

同时，数值模型也更适用于对地质分层、渗流等复杂地质情况进行分析。采用改进的三维有限差分模型，Lee 先后研究了地质分层[48]和渗流[57]对埋管传热过程的影响。Florides 等[49]对单、双 U 形管在分层地质情况下的埋管传热过程进行计算，研究了各地层材料物性的影响。Perego 等[47]采用建立三维数值模型，对一个存在分层地质的中等规模的地源热泵系统进行计算。Luo 等[58]通过商业软件 FEFLOW 建立三维传热模型，分析了在地质分层和渗流共存的复杂地质条件下埋管的传热过程。由于计算准确，数值模型常被用于对系统各影响因素进行敏感性分析。Pu 等[54]采用三维瞬态地埋管传热模型，分析了雷诺数、管径、管连接方式在竖埋管传热及受压性能方面的影响。Han 和 Yu[59]建立了一个可考虑 3D 岩土和 1D 管内流体传热过程的地埋管数值传热模型，对影响系统性能的材料物性、设计参数及运行条件等多个因素进行了全面的敏感性分析。

垂直埋管数值计算与水平埋管类似，详见 2.1.3 节。针对不同的情况，其简化条件和考虑因素也有所不同。比如，相较于水平埋管，垂直埋管受到土壤上表面因素的影响很小，因而通常忽略了土壤表面的太阳辐射、夜间辐射的影响。而垂直埋管由于管深较深，不可避免地会存在地质分层和地下水渗流等特殊地质情况。因而本节将从管内流体和管外土壤这两个区域分别介绍相应的数值计算方法。

竖直埋管的管内流体数值计算详见 2.1.3 节，式（2-23）～式（2-32）。下面详细介绍对于不同管外土壤体的数值计算。管内循环水通过埋管将热量依次传导至回填材料和钻孔周围岩土。由于周围岩土地质的复杂性，分为均匀、分层以及饱和渗流水三种情况进行考虑。

1. 均匀地质

使用三维数值模型对地埋管换热器中发生的耦合传热进行建模，其中包括管道中流动的水，回填材料和岩土。使用 ANSYS FLUENT 中的"薄壁热阻"来计算管材料的热阻。埋管周围回填材料和岩土的热传导计算如下：

$$\rho_k \, C_{p,k} \frac{\partial T}{\partial t} = \frac{1}{r} \frac{\partial}{\partial r} \Big(\lambda_k r \frac{\partial T}{\partial r} \Big) + \frac{1}{r^2} \frac{\partial}{\partial \phi} \Big(\lambda_k \frac{\partial T}{\partial \phi} \Big) + \frac{\partial}{\partial z} \Big(\lambda_k \frac{\partial T}{\partial z} \Big) \tag{2-41}$$

式中　λ_k，ρ_k，$C_{p,k}$——分别为回填材料（$\kappa = g$）和岩土（$\kappa = s$）的导热系数、密度和比热容。

ANSYS FLUENT（ANSYS®）所采用的能量方程为：

$$\frac{\partial}{\partial t}(\rho E) + \nabla \cdot (\vec{\nu} \rho h) = \nabla \cdot (\lambda \nabla T) + S_h \tag{2-42}$$

$$E = \sum_j Y_j \, h_j + \frac{\nu^2}{2} \tag{2-43}$$

$$h_j = \int_{T_{\text{ref}}}^T C_{p,j} \, \mathrm{d}T \tag{2-44}$$

式中　ρ——密度，$\mathrm{kg/m^3}$；

　　　h——显焓，$\mathrm{J/kg}$；

　　　λ——导热系数，$\mathrm{W/(m \cdot K)}$；

　　　T——温度，K；

　　　S_h——体积热源，$\mathrm{W/m^3}$；

　　　Y_j——j 项的质量比例；

　　　T_{ref}——298.15K；

　　　C_p——比热容，$\mathrm{J/(kg \cdot K)}$。

当从热泵机组流向地埋管换热器的热量再传播到周围岩土，所计算出的 Q_g 可作为边界条件来连接地源热泵系统中建筑末端侧和地源侧。在时间步长为 t 时，从地埋管换热器流出的水流温度为 $T_{g,\text{out}}(t)$，在吸收了来自热泵机组的热量（Q_g）后，水温升至 $T_{g,\text{in}}(t)$。通过地埋管中的循环水的流动，热负荷被传递到了周围岩土。埋管的出水温度也达到了一个新值 $T_{g,\text{out}}(t+1)$，而这个值也作为下一个时间步长 $t+1$ 的起始温度：

$$Q_g(t) = C_p \cdot m_g \cdot [T_{g,\text{in}}(t) - T_{g,\text{out}}(t)] \tag{2-45}$$

式中　　　　　m_g——地埋管内传热流体的质量流量；

$T_{g,\text{in}}(t)$ 和 $T_{g,\text{out}}(t)$——在时间步长为 t 时流入和流出地埋管的水温。

地埋管三维模型的控制方程通过 CFD 商用软件 ANSYS Fluent-16（ANSYS，NH，USA）进行求解。埋管进出口分别选定"velocity inlet"和"outflow"作为边界条件。$T_{g,\text{in}}(t)$ 可通过式（2-46）进行计算，该式由式（2-45）变化而成：

$$T_{g,in}(t) = T_{g,out}(t) + \frac{Q_g(t)}{C_p \cdot m_g} \tag{2-46}$$

式（2-46）通过变量 $T_{g,out}(t)$ 带入 FLUENT 中的用户定义函数（UDF）中。通过给定初始值 $T_{g,out}(t)$，可计算出每一时间步长中的 $T_{g,in}(t)$。随后在散热过程结束后达到下一时间步长的新值 $T_{g,out}(t+1)$。通过这种方式，得到了埋管以及其周围岩土的温度分布随时间的变化。

2. 分层地质

与均匀地质相似，通过建立完整的三维数值模型来模拟埋管内流体向周围岩土的传热过程。为了考虑地质分层（如双层结构），假设每种材料的热物性均一，可通过下式分别进行各层材料中的热传导：

$$\frac{\partial t_k}{\partial \tau} = \frac{\lambda_k}{\rho_k c_k}\left(\frac{\partial^2 t_k}{\partial x^2} + \frac{\partial^2 t_k}{\partial y^2} + \frac{\partial^2 t_k}{\partial z^2}\right) \tag{2-47}$$

式中 λ_k，ρ_k 和 $c_{p,k}$——分别表示不同材料的导热系数、密度和比热容。

等效导热系数（λ_{eq}）和等效比热容（ρc_{eq}）可通过下式进行计算：

$$\lambda_{eq} = \frac{\lambda_{材料1} l_{材料1} + \lambda_{材料2} l_{材料2}}{l_{材料1} + l_{材料2}} \tag{2-48}$$

$$\rho c_{eq} = \frac{\rho c_{材料1} l_{材料1} + \rho c_{材料2} l_{材料2}}{l_{材料1} + l_{材料2}} \tag{2-49}$$

式中 $l_{材料1}$ 和 $l_{材料2}$——分别为两种材料的地层厚度。

不考虑接触热阻，则不同材料接触面处温度相等：$t_1 = t_2$，见下式：

$$-\lambda_1 \frac{\partial t_1}{\partial n}\Big|_{材料1} = -\lambda_2 \frac{\partial t_2}{\partial n}\Big|_{材料2} \tag{2-50}$$

3. 含渗流水的地质

含有地下饱和水的地层被假定为具有恒定均质地下水流过的多孔介质。传热过程包括固体基质导热和其孔隙内流体的对流换热。多孔介质通过在标准流体方程式中增加动量源项来进行计算：

$$\frac{\partial \vec{V}}{\partial t} + (\vec{V} \cdot \nabla)\vec{V} = v\nabla^2 \vec{V} - \frac{1}{\rho}\nabla p + S_i \tag{2-51}$$

如果忽略对流加速和扩散的源项，则可以根据达西定律简化对流：

$$S_i = -\frac{\mu}{\alpha} u_i \quad (i = x,y,z) \tag{2-52}$$

式中 μ——动力黏度，Pa·s；

u——速度，m/s；

α——渗流水的渗透率，m²。

渗透率 K 可通过式（2-53）计算[60]：

$$K = \frac{\rho g}{\mu}\alpha \tag{2-53}$$

式中　ρ——密度，kg/m^3；

　　　　g——重力加速度（$9.8m/s^2$）。

基于测试所得的固有渗透率，可计算出渗流的 $\dfrac{1}{\alpha}$。在各向同性假设下，设置阻力系数各个方向为相同的值。

假设整个区域内渗流水具有均匀的流速 u，且固体和孔内流体始终具有相同的温度，则可通过饱和区内热平衡方程来进行计算（角标 s 和 f 分别代表固体和流体）：

$$\left[(1-\varphi)(\rho C_p)_s + \varphi(\rho C_p)_f\right]\frac{\partial T}{\partial t} + \varphi(\rho C_p)_f \vec{u}\frac{\partial T}{\partial x_i} = \lambda_{eff}\nabla^2 T \qquad (2\text{-}54)$$

式中　φ——饱和多孔介质的孔隙率；

　　　　λ_{eff}——等效导热系数，可通过平均流体和固体的导热系数进行计算，详见式 (2-55)。

$$\lambda_{eff} = (1-\varphi)\lambda_s + \varphi\lambda_f \qquad (2\text{-}55)$$

式中　λ_s 和 λ_f——分别为饱和岩土中固体和流体的导热系数。

2.3　其他埋管换热模型

其他埋管模型主要涉及的是水平螺旋埋管换热器和桩基埋管换热器。水平螺旋埋管的优势是增加了换热面积，从而降低埋管面积。而对于桩基埋管，可以将各种换热器直接以某种形式放置在桩基中，由于没有了传统垂直埋管的钻孔费用，其经济性显著提高。本节主要就这两种特殊的埋管换热器计算模型进行介绍。

2.3.1　水平螺旋埋管换热模型

由于水平埋管的换热能力低于垂直埋管，实际工程应用的总量也低于垂直埋管。虽然 20 世纪 40 年代，美国在第一次地源热泵建设的高潮期就建立了水平埋管地源热泵工程。但是，其计算方法并没有得到普及，主要还是依靠实验方法，获得了埋深 1.2m、间距 1.2m 的水平埋管换热能力在 214～419m/kW 的经验值。到 20 世纪 70 年代后，欧美将主要的计算方法研究转移到垂直埋管计算上，以适应更多更大的建筑。因此，到了 20 世纪 90 年代，美国才开始关注在水平埋管换热器基础上发展起来的水平螺旋埋管换热器。而中国在 20 世纪 80 年代末就开始了水平埋管的实验与计算。由于水平埋管在适合大面积开挖以及高切坡回填的场地上，其经济性比较明显，因此，到 2000 年以后的一段时间后，为增加水平埋管的单位换热能力，部分学者就开始关注水平螺旋埋管换热器的计算方法。到 2010 年以后，国内外对水平螺旋埋管换热模型研究的学者日益增加。

1. 水平螺旋埋管换热器物理模型

图 2-7 为水平螺旋埋管换热器物理模型。可以看出，换热器的换热能力涉及环距与单环直径等相关参数。在实际埋管过程中，有两埋设方法，一种是水平铺设和在沟槽中垂直铺设，具体安装方式详如图 2-8 所示。

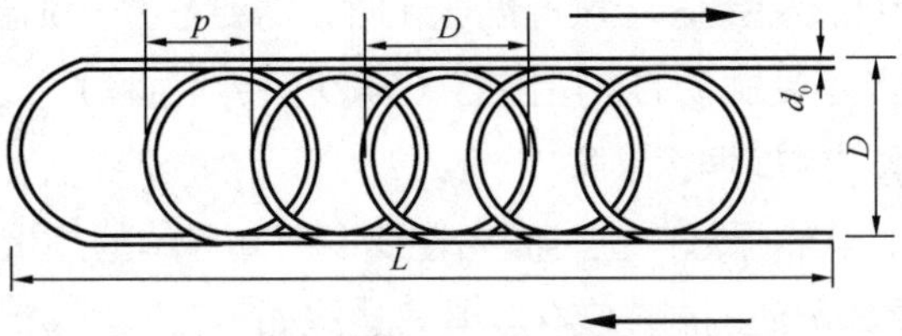

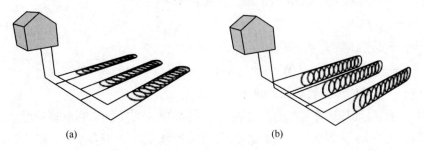

图 2-7　水平螺旋埋管换热器结构图

p—环距；D—单环直径；d_0—螺旋埋管外径；L—换热器水平埋设长度

(a)　　　　　　　　　　　　(b)

图 2-8　水平螺旋埋管换热器安装方式

（a）水平安装方式；（b）垂直安装方式

图 2-9 为水平螺旋埋管换热器的实际现场图，安装方式为水平安装。

2. 解析模型

对于解析解模型，国内外均做了大量的研究。文献[61]介绍了一种基本的水平螺旋埋管换热模型的基本方法。模型建立过程描述如下：

（1）模型描述

叠加原理是环形热源（环源）模型的基

图 2-9　水平螺旋埋管换热器现场安装图

础。它适用于具有线性边界条件和控制方程的热传导过程[62]。如图 2-10 所示，对于环形热源模型而言，埋地螺旋管中的传热过程可认为是两个独立传热过程的叠加。其中一种是多个环源在具有等温边界的半无限介质中的传热过程。另一个是在边界温度变化的半无限

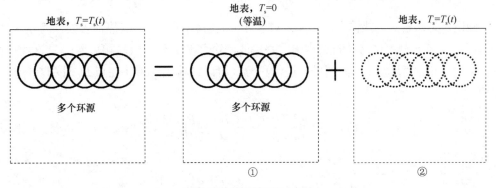

图 2-10　叠加原理的示意图

介质中的传热过程。因此，在计算土壤温度变化时，需要考虑土壤温度对多个环源的响应（第①个传热过程）以及不受扰动的土壤温度（第②个传热过程）。

（2）水平安装的水平螺旋埋管求解

由于从 $t=0$ 开始，点热源每单位时间内连续发射 q 单位的热量，故连续点热源的解给出了在时间 t 之后距离 d 处的温度变化。其表达式如下：

$$\Delta T(d,t) = \frac{q}{4\pi kd} erfc\left(\frac{d}{\sqrt{4\alpha t}}\right) \tag{2-56}$$

式中　ΔT——时间 t 距离热源 d 处的温度变化，K；

　　　q——发热率，W；

　$erfc$——误差函数；

　　　k——土壤导热系数，W/（m·K）；

　　　α——土壤的热扩散系数，m^2/s。

该解可由有限元线热源解的方法得到。应用相似的方法，可以得到螺旋埋管换热器的环型热源解，包括水平和垂直安装的水平螺旋埋管换热器，或者多个水平螺旋埋管换热器（例如，可以分析相邻的两个换热器之间的干扰）。在下面的讨论中，单个环将被标记为环 i 或环 j。

如图 2-11 所示，点 P_i 是在角度 u 处环管 i 的横截面积的虚拟代表点。虚拟点 P_i 和点 P_j 之间的距离是外点 P_{io} 和点 P_j 之间距离以及内点 P_{ii} 和点 P_j 之间距离的平均值。假定该截面的平均温度扰动为虚拟代表点 P_i 的温度扰动。当 i 等于 j 时，图 2-11 中的虚线表示环 i 本身的环源。x_0 和 y_0 是圆环中心的笛卡尔坐标。x_0 和 y_0 是根据螺旋管换热器的参数（如螺距，换热器管道之间的距离和环数）计算得出的。

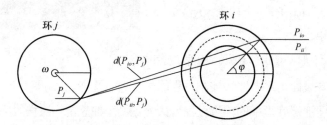

图 2-11　环源 j 上点 P_i 与点 P_j 之间的距离

假设 q_l 是每管长的热输入率，那么对于环 j 上的点热源 P_j，其热输入强度为 $q_l \cdot R \cdot d\omega$。沿环 j 分布着大量这样的点热源，并构成一个环源。环源效应可以看作是这些点源效应的和。通过对环 j 上点源的结果进行积分，可以计算出环源 j 在点 P_i 处引起的温度波动。

$$\Delta T(P_i,t) = \frac{q_l R}{4\pi k} \int_0^{2\pi} \frac{erfc\left[d(P_j,P_i)/2\sqrt{\alpha t}\right]}{d(P_j,P_i)} d\omega \tag{2-57}$$

其中，

$$d(P_j,P_i) = \frac{d(P_{ii},P_j) + d(P_{io},P_j)}{2}$$

$$d(P_{ii}, P_j) = \sqrt{[x_{0i} + (R-r)\cos\varphi - x_{0j} - R\cos\omega]^2 + [y_{0i} + (R-r)\sin\varphi - y_{0j} - R\sin\omega]^2}$$

$$d(P_{io}, P_j) = \sqrt{[x_{0i} + (R+r)\cos\varphi - x_{0j} - R\cos\omega]^2 + [y_{0i} + (R+r)\sin\varphi - y_{0j} - R\sin\omega]^2}$$

如上所述，对于螺旋形地埋管，图 2-10 中的基本传热过程式（2-56）可视为发生在具有等温边界条件的半无限介质中。这种情况下的解可通过图解法获得。如图 2-12 所示，为环 j 创建虚拟环源 j'。对于水平安装的螺旋埋管换热器而言，虚拟环源 j' 位于环源 j 上方 $2h$ 处，并且具有相同的热输入速率和相反的符号。于是对式（2-57）进行了修改，使其包括虚拟环形源对该点的热效应。点 $P_{j'}$ 和点 P_j 之间的距离为 $\sqrt{d(P_j,P_i)^2 + 4h^2}$。修正解为：

$$\Delta T(P_i,t) = \frac{q_l R}{4\pi k} \int_0^{2\pi} \left[\frac{erfc(d(P_j,P_i)/2\sqrt{\alpha t})}{d(P_j,P_i)} - \frac{erfc(\sqrt{d(P_j,P_i)^2 + 4h^2}/(2\sqrt{\alpha t}))}{\sqrt{d(P_i,P_j)^2 + 4h^2}} \right] d\omega$$

$$(2-58)$$

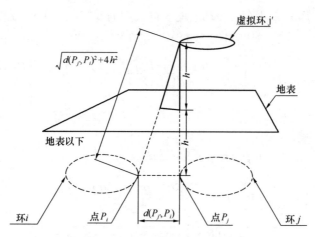

图 2-12　环 j 的虚拟环源的三维视图

方程（2-58）给出了虚拟点 P_i 的温度扰动（环 i 的横截面），通过积分可以得到环源 j 所引起的环 i 的平均温度扰动：

$$\Delta T_{j-1}(t) = \frac{q_l R}{8\pi^2 k} \int_0^{2\pi} \int_0^{2\pi} \left[\frac{erfc(d(P_j,P_i)/2\sqrt{\alpha t})}{d(P_j,P_i)} - \frac{erfc(\sqrt{d(P_j,P_i)^2 + 4h^2}/(2\sqrt{\alpha t}))}{\sqrt{d(P_i,P_j)^2 + 4h^2}} \right] d\omega d\varphi$$

$$(2-59)$$

当 i 等于 j 时，ΔT_{j-1} 为环源引起的环形管壁温度扰动。当 i 不等于 j 时，ΔT_{j-1} 环源 j 对环 i 的热影响。当对任意两个环的所有 ΔT_{j-1} 求和时，考虑环源之间的所有热相互作用。通过方程（2-60）可以计算出蛇形土壤换热器的平均壁温变化。

$$\Delta \overline{T}(t) = \frac{1}{N_{ring}} \sum_{i=1}^{N_{ring}} \sum_{j=1}^{N_{ring}} \Delta T_{j-1}(t) \qquad (2-60)$$

g 函数（温度响应函数）方法是一种用于计算竖直埋管温度响应的方法。g 函数可以由一组无量纲温度响应因子表示。在求解竖直埋管相关问题时，广泛采用了 g 函数法。将其应用于图 2-10 中基本热传递过程①的求解。根据 g 函数的定义，给出了螺旋管换热器温度响应函数的定义：

$$g_s(t) = \frac{2\pi k}{q_l} \Delta \overline{T}(t) \tag{2-61}$$

在方程（2-61）中使用 $2\pi k$ 而不是使用 k 的原因是为了与[63]最初定义的 g 函数保持一致。因此，我们可以在相同的尺度下比较不同类型螺旋管换热器的温度响应函数。结合式（2-59）～式（2-61），水平安装的螺旋管换热器的温度响应函数的解析解为

$$g_s(t) = \sum_{i=1}^{N_{\text{ring}}} \sum_{j=1}^{N_{\text{ring}}} \frac{R}{4\pi N_{\text{ring}}} \int_0^{2\pi} \int_0^{2\pi} \left[\frac{erfc(d(P_j,P_i)/2\sqrt{\alpha t})}{d(P_j,P_i)} \right.$$
$$\left. - \frac{erfc(\sqrt{d(P_j,P_i)^2 + 4h^2/(2\alpha t)})}{\sqrt{d(P_i,P_j)^2 + 4h^2}} \right] d\omega d\varphi \tag{2-62}$$

（3）垂直安装的水平螺旋管求解

对于垂直安装的螺旋管换热器，环源 j 引起的 P_i 点温度变化仍然可以用方程（2-57）计算，而 d(P_{ii},P_j) 和 d(P_{io},P_j) 的表达式则需要修改。采用与推导水平安装的螺旋管解的相同方法，可以获得垂直安装的水平螺旋管换热器的温度响应函数解析解：

$$g_s(t) = \sum_{i=1}^{N_{\text{ring}}} \sum_{j=1}^{N_{\text{ring}}} \frac{R}{4\pi N_{\text{ring}}} \int_0^{2\pi} \times \int_0^{2\pi} \left[\frac{erfc(d(P_j,P_i)/2\sqrt{\alpha t})}{d(P_j,P_i)} - \frac{erfc(d(P_{j'},P_i)/2\sqrt{\alpha t})}{d(P_{j'},P_i)} \right] d\omega d\varphi \tag{2-63}$$

其中，

$$d(P_j,P_i) = \frac{d(P_{ii},P_j) + d(P_{io},P_j)}{2}$$

$$d(P_{j'},P_i) = \frac{d(P_{ii},P_{j'}) + d(P_{io},P_{j'})}{2}$$

$$d(P_{ii},P_j) = \sqrt{\begin{array}{l}[x_{0i} + (R-r)\cos\varphi - x_{0j} - R\cos\omega]^2 + [y_{0i} - y_{0j}]^2 \\ + [z_{0i} + (R-r)\sin\varphi - z_{0j} - R\sin\omega]^2\end{array}}$$

$$d(P_{io},P_j) = \sqrt{\begin{array}{l}[x_{0i} + (R+r)\cos\varphi - x_{0j} - R\cos\omega]^2 + [y_{0i} - y_{0j}]^2 \\ + [z_{0i} + (R+r)\sin\varphi - z_{0j} - R\sin\omega]^2\end{array}}$$

$$d(P_{ii},P_{j'}) = \sqrt{\begin{array}{l}[x_{0i} + (R-r)\cos\varphi - x_{0j} - R\cos\omega]^2 + [y_{0i} - y_{0j}]^2 \\ + [z_{0i} + (R-r)\sin\varphi - z_{0j} - 2h - R\sin\omega]^2\end{array}}$$

$$d(P_{io},P_{j'}) = \sqrt{\begin{array}{l}[x_{0i} + (R+r)\cos\varphi - x_{0j} - R\cos\omega]^2 + [y_{0i} - y_{0j}]^2 \\ + [z_{0i} + (R+r)\sin\varphi - z_{0j} - 2h - R\sin\omega]^2\end{array}}$$

国内学者利用热阻法，也提出了一种基于大量简化假设条件下的工程应用的简单解析方法，得到了负荷（热流）与温升的解析关系式，并利用叠加原理处理变负荷作用时的温升。其模型主要描述如下[64]：

（1）确定埋深处土壤原始温度

由于水平埋管的埋设较浅，通常会受到太阳辐射的影响。地面一定深度处的地温可由式（2-64）进行计算。

$$T(\tau,y) = T_{\mathrm{m}} + A_{\mathrm{w}}e^{-y\sqrt{\frac{\pi}{aT}}}\cos\left(\frac{2\pi}{T}\tau - y\sqrt{\frac{\pi}{aT}}\right) \tag{2-64}$$

式中　$T(\tau,y)$——τ 时刻深度 y 处的岩土温度，K；

τ——从地表面温度年波幅出现算起的时间，h；

y——从地面算起的地层深度，m；

T_{m}——年平均温度，K；

T——岩土温度年波动周期，h，$T=365\times24=8760\mathrm{h}$；

A_{w}——地表面温度年周期波动幅度，K；

a——岩土的热扩散率，$\mathrm{m^2/s}$。

（2）平面热源传热模型

将水平埋管布置的区域看成是无限大介质，散热量平均分布在埋设水平螺旋埋管的平面内，水平埋管向两侧散热。水平螺旋埋管换热器温升问题可以采用无限大介质中面热源一维非稳态导热模型。在初始温度均匀的无限大介质中，如果从 $\tau=0$ 时刻开始有持续的面热源作用，可得面热源处的温度响应（即热源平面上的平均温升）Δt_1：

$$\Delta t_1 = \frac{q}{\lambda}\sqrt{\frac{a\tau}{\pi}} = q\sqrt{\frac{\tau}{\pi\rho c\lambda}} \tag{2-65}$$

式中　q——单位面积的热流密度，$\mathrm{W/m^2}$；

λ，ρ，c——分别为土壤的导热系数 $[\mathrm{W/(m\cdot K)}]$、密度（$\mathrm{kg/m^3}$）和比热容 $[\mathrm{J/(kg\cdot K)}]$。

热量从水平埋管平面向上下两侧扩散的热阻 R_1 为：

$$R_1 = \sqrt{\frac{\tau}{\pi\rho c\lambda}} \tag{2-66}$$

在计算流体的最大温升值时，可以把间歇工作的周期性脉冲热流简化为一个持续作用的平均热负荷和一个脉冲负荷之和，这样可以兼顾两种不同的作用，同时简化了计算。对变负荷的简化计算式为：

$$\Delta t_1 = \frac{\sqrt{a}}{\sqrt{\pi\lambda}}\left[\bar{q}_{\mathrm{c}}\sqrt{\tau_{\mathrm{a}}} + (q_{\mathrm{f,c}} - \bar{q}_{\mathrm{c}})\sqrt{\tau_{\mathrm{d}}}\right] \tag{2-67}$$

式中　$\bar{q}_{\mathrm{c}}$——整个夏季运行期内，单位面积土壤的平均冷负荷，$\mathrm{W/m^2}$；

τ_{a}——整个夏季的运行时间，s；

$q_{\mathrm{f,c}}$——夏季运行期内，单位面积土壤的峰值负荷，$\mathrm{W/m^2}$；

τ_{d}——峰值（设计）负荷的持续时间，s。

（3）从管内流体到热源平面的传热

忽略管内流体、管壁和埋管附近土壤热容量的影响，简化为稳态传热来处理。在分析该传热过程时，假定水平埋管在平面内是均匀分布的，埋管的密度可用单位面积土壤中平均布置的管长 β 来表示。如果单位面积土壤承担的热负荷为 q，则单位长度的埋管承担的负荷为 q_l：

$$q_l = \frac{q}{\beta} \tag{2-68}$$

管内流体到热源平面的传热热阻采用稳态热阻，各热阻引起的附加温升 Δt_2：

$$\Delta t_2 = qR_2 = \frac{q}{\beta}R_l \tag{2-69}$$

式中　q——按峰值负荷来计算，W/m^2；

　　　R_2——按面积计算的从管内流体到热源平面的传热热阻，$m^2 \cdot K/W$；

　　　R_l——按管长计算的热阻，$m \cdot K/W$。

单位长度埋管的热阻 R_l 可近似地表示为

$$R_l = R_p + R_g \tag{2-70}$$

式中　R_p——可以通过管道对流热阻与管壁导热热阻进行计算；

　　　R_g——管间热阻，即管道外壁到两管道中间区域的中点的热阻，可由式（2-71）
　　　　　　计算。

$$R_g = \frac{1}{2\pi\lambda_s}\ln\frac{1}{\beta d_o} \tag{2-71}$$

管内流体到热源平面的传热热阻引起的温升为：

$$\Delta t_2 = \frac{q}{\beta}\left(\frac{1}{\pi d_i h} + \frac{1}{2\pi\lambda_p}\ln\frac{d_o}{d_i} + \frac{1}{2\pi\lambda_s}\ln\frac{1}{\beta d_i}\right) \tag{2-72}$$

式中　λ_s——土壤的导热系数，$W/(m \cdot K)$；

　　　λ_p——管材的导热系数，$W/(m \cdot K)$；

　d_o 和 d_i——分别为水平螺旋埋管的外径和内径，m；

　　　h——流体工质与管内壁的表面传热系数，$W/(m^2 \cdot K)$。

（4）埋管内流体的进出口极值温度

根据以上的土壤初始温度、面热源表面处温升和由各个热阻引起的附加温升可以计算出地埋管换热器进出口流体的平均温度 $\bar{t}_f$ 为：

$$\bar{t}_f = t_{x,y} + \Delta t_1 + \Delta t_2 \tag{2-73}$$

夏季和冬季循环液的最高和最低温度 t_{max} 和 t_{min} 分别为：

$$t_{max} = \bar{t}_f + \frac{q_{f,c}A}{2Mc} \tag{2-74}$$

$$t_{min} = \bar{t}_f - \frac{q_{f,h}A}{2Mc} \tag{2-75}$$

式中　$q_{f,c}$，$q_{f,h}$——分别为单位面积换热器承担的峰值冷负荷和热负荷，W/m^2；

　　　　　A——每个环路的占地面积，m^2；

　　　　　M——每个环路的流量，kg/s；

　　　　　c——循环液的比热容，$J/(kg \cdot K)$。

3. 数值解模型

水平螺旋埋管的数值模型要比桩基螺旋埋管的计算简单，具体模型建立过程可以参考
2.3.2 中的数值解模型建立方法。文献[65]提供了一个水平螺旋埋管数值解的结果，具体

参见图 2-13。图 2-13（a）、（b）的计算条件为：1）间距为 1m，每环螺旋管的发热量为 40W，总共 12 环水平螺旋管。2）间距为 0.25m，每环螺旋管的发热量为 10W，总共 48 环水平螺旋管。

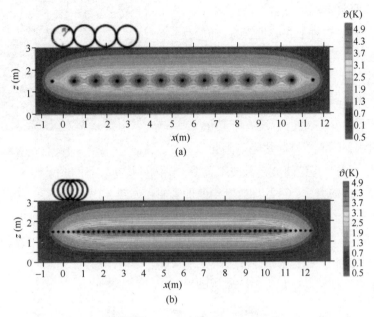

图 2-13　某水平螺旋埋管的温度分布云图

（a）螺旋间距 1m；（b）螺旋间距 0.25m

利用数值计算模型，对不同的运行时间进行计算，得到了如图 2-14 所示的两种布管方式中整体螺旋管中心位置附近的温度分布图。

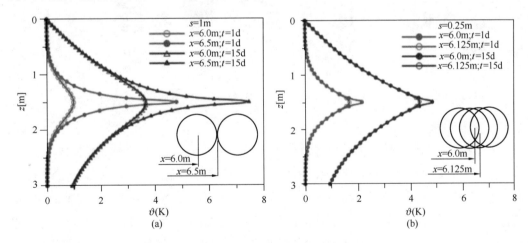

图 2-14　不同运行时间下埋管中心附近的温度分布图

（a）螺旋间距 1m；（b）螺旋间距 0.25m

2.3.2　桩基埋管换热模型

由于钻孔费用高一直是垂直埋管换热系统推广的主要障碍，若将埋管换热器安装在桩基钢筋笼内侧中，就显著降低了地埋管系统的造价。如图 2-15 所示，地埋管随预制的钢筋笼下放到桩井中，再浇筑混凝土，就完成了桩基埋管的安装。这种埋管方式，又称为"能量桩"。这种形式的埋管方式同时具备其他优势：第一是节约了埋管面积，直接利用桩基础进行埋管；第二是由于换热器埋设在混凝土中，相对土壤而言，有较大的导热系数；第三是由于没有了其他材料的回填过程，降低了接触热阻。因此，

图 2-15　钢筋笼中捆扎的埋管换热器

最近 20 年来，不管是理论研究还是技术应用，国内外均有较多的成果和工程应用项目。

按照不同的埋管方式，桩基埋管常用的埋管形式如图 2-16 所示。图 2-16（a）为单 U 形，图 2-16（b）为串联双 U 形（W 形），图 2-16（c）为并联双 U 形，图 2-16（d）为并联三 U 形，图 2-16（e）为螺旋形。通常情况下，桩基的埋深较浅，很难获得垂直埋管所需的深度要求。因此，螺旋形埋管成为桩基埋管的主要应用形式。

本节主要介绍螺旋形桩基埋管的换热模型。

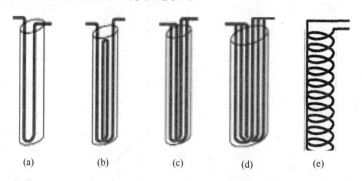

图 2-16　桩基埋管的常用形式

（a）单 U 形；（b）串联双 U 形（W 形）；（c）并联双 U 形；（d）并联三 U 形；（e）螺旋形

1. 解析解模型

对于螺旋桩基埋管传热模型，有如图 2-17 所示的几种热源假设[66]。图 2-17（a）为线热源，图 2-17（b）为圆柱面热源，图 2-17（c）为线圈热源，图 2-17（d）为螺旋线热源。对于线热源又分为无限长线热源和有限长线热源。圆柱面热源分为空心圆柱面和实心圆柱面热源。对于线热源和圆柱面热源简化，不仅与实际热源差距较大，更无法讨论螺距、管径等对传热的影响。但这两大类热源假设，确实也是早期螺旋桩基埋管传热模型的基础。

文献[66]提出的图 2-17（c）所示的线圈热源又分为两种模型：一种为无限长线圈模型，一种为有限长线圈模型。对于无限长线圈模型，就是把螺旋盘管简化为在圆柱面高度方向无数间隔相等的不连续的圆环，节距为 b，每个圆环的发热强度为 $q_l b$（q_l 为热源强

度），螺旋盘管的加热假定为从 $\tau=0$ 时刻开始连续均匀发热。显然，实际的桩基螺旋埋管长度是有限的，无限长模型忽略了桩基的有限长度和地面作为一个边界的影响，不适合用于能量桩的传热分析。而对于有限长线圈模型，则进一步考虑螺旋埋管是埋设在半无限大介质中的有限长热源，埋设深度从 h_1 至 h_2。则螺旋埋管可近似为 $m=\mathrm{int}\,[h_2-h_1]\,/b$ 个独立的环形线热源。同样采用虚拟热源法，把半无限大介质扩展为无限大介质，并在与边界对称的位置设置虚拟的热汇，强度为 $q_l b$。

与线圈热源模型不同，螺旋线热源模型是把设置在靠近桩基外侧的螺旋管简化为连续的螺旋线热源，更符合实际的情况。螺旋线热源模型同样分为无限长螺旋线热源模型与有限长螺旋线热源模型。实际工程中，桩基的尺度与热容量都不能忽略，为了讨论有限长度的热源引起的轴向导热，采用有限长螺旋线热源模型更符合实际。

以有限长螺旋线热源模型为对象，介绍其模型建立过程。

在有限长螺旋线热源模型中，单位长度螺旋线热源的发热率为 q_l，螺旋线起点的深度为 $z'_1=h_1$，即 $\varphi'_1=2\pi h_1\,/b$，螺旋线终点的坐标为 $z'_2=h_2$，即 $\varphi'_2=2\pi h_2\,/b$。同样采用虚拟热源法，在与 xoy 平面对称的位置设置一个螺旋线热汇，单位长度桩基中的螺旋线热汇的发热率为 $-q_l$，即对应于位于坐标 $(r_0,\ \varphi',\ z'=b\varphi'/2\pi)$ 的点热源，以及位于 $(r_0,\ \varphi',\ z'=-b\varphi'/2\pi)$ 的点热汇。如图 2-18 所示，其中 φ 为计算点的周向角。

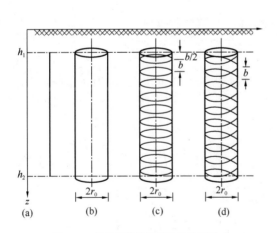

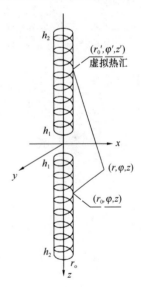

图 2-17　桩基埋管换热器简化热源形式

（a）线热源；（b）圆柱面热源；（c）线圈热源；（d）螺旋线热源

图 2-18　有限长螺旋线热源
模型及几何关系

则得到该问题的温度响应：

$$\theta_{\mathrm{s,f}}=\frac{q_l b}{2\pi\alpha}\int_0^\tau \mathrm{d}\,\tau'\left[\int_{2\pi h_1/b}^{2\pi h_2/b}G(z'=b\varphi'/2\pi)\mathrm{d}\,\varphi'-\int_{2\pi h_1/b}^{2\pi h_2/b}G(z'=-b\varphi'/2\pi)\mathrm{d}\,\varphi'\right]$$

$$=\frac{q_l b}{16\pi\alpha}\int_0^\tau\frac{\mathrm{d}\,\tau'}{[\pi a(\tau-\tau')]^{3/2}}\cdot exp\left[-\frac{r^2+r_0^2}{4a(\tau-\tau')}\right]\cdot\int_{2\pi h1/b}^{2\pi h2/b}exp\left[\frac{2r\,r_0\cos(\varphi-\varphi')}{4a(\tau-\tau')}\right]$$

$$\left\{exp\left[-\frac{(z-b\varphi'/2\pi)^2}{4a(\tau-\tau')}\right]-exp\left[-\frac{(z+b\varphi'/2\pi)^2}{4a(\tau-\tau')}\right]\right\}\mathrm{d}\varphi' \tag{2-76}$$

上式中，先对 τ' 积分，令 $u=\dfrac{1}{2\sqrt{a(\tau-\tau')}}$ ，则 $\tau'=\tau-\dfrac{1}{4au^2}$，$\mathrm{d}\tau'=\dfrac{1}{2au^3}\mathrm{d}u$

当 $\tau'=0$ 时，　　$u=\dfrac{1}{2\sqrt{a\tau}}$ 当 $\tau'=\tau$ 时，$u\rightarrow\infty$

上式可变为：

$$\theta_{\mathrm{s,f}}=\frac{q_1 b}{4\pi^{5/2}\kappa}\int_{2\pi h_1/b}^{2\pi h_2/b}\mathrm{d}\varphi'\cdot\int_{1/2\sqrt{a\tau}}^{\infty}[exp(-\rho_1^2 u^2)-exp(-\rho_2^2 u^2)]\mathrm{d}u \tag{2-77}$$

根据误差函数的理论 $erf(x)=\displaystyle\int_0^x exp(-u^2)\mathrm{d}u$ ，余误差函数为：

$$erfc(x)=1-\frac{2}{\sqrt{\pi}}\int_0^x exp(-u^2)\mathrm{d}u，且\int_0^\infty exp(-u^2)\mathrm{d}u=\frac{\sqrt{\pi}}{2}，及公式\int_{1/2\sqrt{a\tau}}^\infty exp(-\rho_r^2 u^2)$$

$$=\frac{1}{\rho_r}\left[\int_0^\infty exp(-\eta^2\mathrm{d}\eta)-\int_0^{\rho_r/2\sqrt{a\tau}}exp(-\eta^2)\mathrm{d}\eta\right]=\frac{1}{\rho_r}\left[\int_0^\infty\frac{\sqrt{\pi}}{2}-\int_0^{\rho_r/2\sqrt{a\tau}}exp(-\eta^2)\mathrm{d}\eta\right] \tag{2-78}$$

其中 $\eta=\rho_r u$

可以得到：

$$\theta_{\mathrm{s,f}}=\frac{q_1 b}{8\pi^2 k}\int_{2\pi h_1/b}^{2\pi h_2/b}\left[\frac{1}{\rho_1}\cdot erfc\left(\frac{\rho_1}{2\sqrt{a\tau}}\right)-\frac{1}{\rho_2}\cdot erfc\left(\frac{\rho_2}{2\sqrt{a\tau}}\right)\right]\mathrm{d}\varphi' \tag{2-79}$$

其中 $\rho_1=\sqrt{r^2+r_0^2-2rr_0\cos(\varphi-\varphi')+(z-b\varphi'/2\pi)^2}$

$$\rho_2=\sqrt{r^2+r_0^2-2rr_0\cos(\varphi-\varphi')+(z+b\varphi'/2\pi)^2}$$

令 $\theta_{\mathrm{s,f}}=\dfrac{k\theta_{\mathrm{s,f}}}{q_1}$，$R=\dfrac{r}{r_0}$，$Z=\dfrac{z}{r_0}$，$B=\dfrac{b}{r_0}$，$Fo=\dfrac{a\tau}{r_0^2}$，其中 k 为介质的导热系数

将公式无量纲得到：

$$\theta_{\mathrm{s,f}}=\frac{B}{8\pi^2}\int_{2\pi h_1/B}^{2\pi h_2/B}\left[\frac{1}{RR_1}\cdot erfc\left(\frac{RR_1}{2\sqrt{Fo}}\right)-\frac{1}{RR_2}\cdot erfc\left(\frac{RR_2}{2\sqrt{Fo}}\right)\right]\mathrm{d}\varphi' \tag{2-80}$$

其中　　$RR_1=\sqrt{R^2+1-2R\cos(\varphi-\varphi')+(Z-B\varphi'/2\pi)^2}$

$$RR_2=\sqrt{R^2+1-2R\cos(\varphi-\varphi')+(Z+B\varphi'/2\pi)^2} \tag{2-81}$$

2. 数值解模型

实际应用中，较多的研究通过数值求解来获得桩基埋管的换热性能。各种通用的 CFD 软件是常用的工具。对于桩基埋管的瞬态热平衡模型，已经有相应的软件——PILESIM，能够准确模拟包括桩基内部和外部的整个传热过程，并且利用管道地面蓄热模型（DST）提高了计算精度，该软件在苏黎世机场项目进行了应用。

和其他埋管一样，在建立螺旋桩基埋管传热模型时[67]，主要考虑的方程有：

基于质量流量方程（2-83）和雷诺方程（2-82），获得平均速度［方程（2-84）］。

$$Re = \frac{\rho v D}{\mu} \tag{2-82}$$

$$\dot{m} = \rho u_{\mathrm{m}} A_{\mathrm{c}} \tag{2-83}$$

$$u_{\mathrm{m}} = \frac{2}{r_0^2} \int_0^{r_0} u(r,x) r \mathrm{d}r \tag{2-84}$$

式中　Re——雷诺数，$\mathrm{kg/m^3}$；

$\quad$ ρ——密度，$\mathrm{kg/m^3}$；

$\quad$ v——水流速度，$\mathrm{m/s}$；

$\quad$ D——管道内径，m；

$\quad$ μ——水的动力黏度，$\mathrm{Pa \cdot s}$；

$\quad$ $\dot{m}$——质量流量，$\mathrm{kg/s}$；

$\quad$ u_{m}——水流平均速度，$\mathrm{m/s}$；

$\quad$ A_{c}——管道横截面积，$\mathrm{m^2}$；

$\quad$ r_0——管道半径，m。

考虑到能量传递速率见方程（2-85），进而计算出圆形管内不可压缩流体的平均温度见方程（2-87）。

$$\dot{E}_{\mathrm{t}} = \int_{A_{\mathrm{c}}} \rho u\, c_{\mathrm{v}}\, T \mathrm{d} A_{\mathrm{c}} \tag{2-85}$$

如果

$$\dot{E}_{\mathrm{t}} \equiv \dot{m}\, c_{\mathrm{v}}\, T_{\mathrm{m}} \tag{2-86}$$

$$T_{\mathrm{m}} = \frac{2}{u_{\mathrm{m}} r_0^2} \int_0^{r_0} u T r \mathrm{d}r \tag{2-87}$$

式中　$\dot{E}_{\mathrm{t}}$——能量传递速率，$\mathrm{J/s}$；

$\quad$ $c_{\mathrm{v}} T$——单位质量的内能，$\mathrm{J/kg}$；

$\quad$ T_{m}——水流平均温度，K。

根据方程（2-88）、方程（2-89），得到方程（2-90）：

$$q''_{\mathrm{s}} = h(T_{\mathrm{s}} - T_{\mathrm{m}}) \tag{2-88}$$

$$q''_{\mathrm{s}} = k \frac{\partial T}{\partial y} \mid r = r_0 \tag{2-89}$$

$$\frac{\partial T}{\partial y} = \frac{(T_{\mathrm{s}} - T)}{(T_{\mathrm{s}} - T_{\mathrm{m}})} \frac{\mathrm{d} T_{\mathrm{m}}}{d_{\mathrm{x}}} \tag{2-90}$$

式中　q''_{s}——热流量，$\mathrm{W/m^2}$；

$\quad$ h——对流换热系数，$\mathrm{W/(m^2 \cdot K)}$；

$\quad$ T_{s}——壁面温度，K；

$\quad$ k——导热系数，$\mathrm{W/(m \cdot K)}$。

管道内部的总传热速率通过方程（2-91）得到。

$$q_{conv} = \dot{m}\, c_p (T_{m,o} - T_{m,i}) \tag{2-91}$$

式中　c_p——比热，J/(kg·K)；

　　　$T_{m,o}$——出口平均温度，K；

　　　$T_{m,i}$——入口平均温度，K。

在考虑表面温度恒定的条件下，以下方程用来估算传热速率（$A_s = P \cdot L$）：

$$\int_{\Delta T_i}^{\Delta T_0} \frac{d(\Delta T)}{\Delta T} = -\frac{p}{\dot{m}\, c_p} \int_0^L h\, dx \tag{2-92}$$

$$\frac{T_s - T_m(x)}{T_s - T_{m,i}} = \exp\left(-\frac{p}{\dot{m}\, c_p}\, \bar{h}\right); T_s = \text{Constant} \tag{2-93}$$

$$q_{conv} = \bar{h} A_s \Delta T_{lm}; T_s = \text{Constant} \tag{2-94}$$

$$\Delta T_{lm} = \frac{\Delta T_0 - \Delta T_i}{\ln\left(\frac{\Delta T_0}{\Delta T_i}\right)}; \begin{cases} \Delta T_0 = T_s - T_{m,o} \\ \Delta T_i = T_s - T_{m,i} \end{cases} \tag{2-95}$$

式中　A_s——管道表面积，m^2；

　　　P——管道周长，m；

　　　L——管道长度，m；

　　　$\bar{h}$——整根管道的平均焓值。

文献[67]提供了某螺旋形桩基埋管的计算过程。其基本边界条件为：1）螺旋管换热器流量为 0.342m^3/h；2）入口进水温度为 35℃（308K）；3）管径为 20mm；4）岩土维度为 18.2℃（291.2K）；5）螺旋管的螺距为 0.2m。图 2-19 为螺旋形桩基埋管的三维模型图。图 2-19（a）为模型结构与网格划分，2-19（b）为桩基和螺旋管的三维网格结构图。

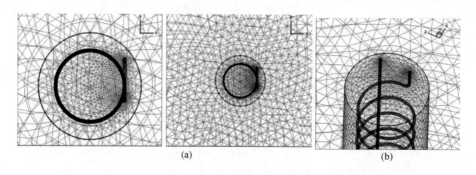

图 2-19　螺旋形桩基埋管的三维模型图

（a）模型结构与网格划分；（b）桩基和螺旋管三维网格结构图

图 2-20 为该计算对象的螺旋形桩基埋管 CFD 计算结果，经过换热器换热后，出水温度下降到 28.55℃（301.55K），进出水温差为 6.45℃，换热能力达到 102.5W/m。利用 CFD 的计算，不仅可以获得竖向上桩基内部的温度分布图，同时也可以获得管内和桩基外的温度场分布。三维的数值解需要一定的计算配置，但对于多参数、变工况的分析，其优势明显。

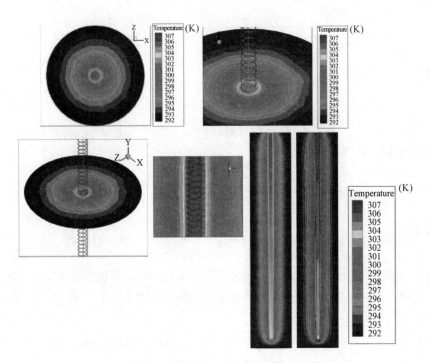

图 2-20 某螺旋形桩基埋管计算温度云图

第 3 章

地埋管换热计算方法与验证

3.1 概述

地埋管换热器是地埋管地源热泵系统中重要的组成部分，其换热性能决定了整个系统是否能高效地运行。因而，地埋管地源热泵系统的研究主要集中于对地埋管换热器传热性能的研究。

为了探究地质分层对地埋管传热过程的影响，很多解析解和数值解模型在既有均质模型的基础上进行了改进。这些改进更多集中在岩土域的计算上，因此针对各个计算模型对传热流体（地埋管）以及岩土域传热处理方法，将这些研究地质分层影响的计算模型大致分为三类（图 3-1）：(a) 一维（1D）或二维（2D）传热解析模型；(b) 结合一维（1D）埋管和三维（3D）岩土传热的模型；(c) 完全三维（3D）传热模型。

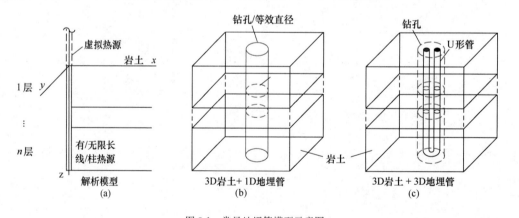

图 3-1 常见地埋管模型示意图

3.2 解析解方法

解析方法由于计算简便而被广泛应用，很多解析解模型将埋管简化为线热源[33]或柱热源[34]，并假设周围岩土采用均一材料。为了进一步考虑地质分层的影响，计算模型在假设孔内材料均一的基础上，对孔外岩土域考虑多层地质结构。Sutton 等[68]提出了一种可考虑多层地质结构的埋管传热解析算法，该方法将 U 形埋管简化为等效直径管，用于计算瞬态无限柱热源的温度响应。通过考虑不同地层间的传热，Abdelaziz 等[69]提出了一种改进的有限长线热源模型，该模型仍假设埋管向周围岩土均匀传热（沿管深方向具有相同的传热量），但通过各地层导热系数的强弱对输入到各层中的负荷进行修正。Hu[70]提出了一种改进的竖直埋管解析模型，该模型通过考虑埋管内均匀分布的单位孔深热量，来计算埋管向周围岩土的传热过程，并进一步分析了地质分层及渗流情况下的岩土温度场变化情况。

3.3　数值计算方法

准确性更高的数值方法常用于埋管传热过程计算[46]，尤其是当埋管周围岩土的地质情况较为复杂时。为了提高岩土域温度场预测的准确性，一些研究者对岩土域进行 3D 传热分析而将管内流体传热简化为 1D 传热。Perego 等[47]采用 3D 有限差分模型进行计算，并将埋管简化为柱热源。类似的，Ji 等[71]提出了一种改进模型，该模型考虑岩土域的 3D 传热，而将整个竖直埋管（包括循环水、U 形管、回填材料以及钻孔壁）简化为线热源，流体温度仅沿孔深方向变化。此外，许多研究者[50,51]选择适用于地下水模拟的有限元商业软件 FEFLOW，来探究地质分层和地下水的影响因素。竖直埋管被简化为 1D 离散元[72]，仅考虑沿孔深方向的温度变化，并通过与 3D 岩土域耦合来满足不同地质情况的需求。

为了进一步提升计算模型的准确性，很多研究者对流体的传热过程进行了优化。Florides 等[49]所提出的有限元模型，不仅考虑了 3D 岩土传热过程，还考虑了管内流体的 3D 导热、1D 传质和 1D 热对流传热过程。Lee[48]采用 3D 有限差分埋管传热模型来计算多层地质结构中管群系统的传热过程。此外，COMSOL[52]和 FLUENT[53]等商业软件也被广泛应用，均可实现埋管内流体与管外岩土域的完全 3D 传热过程分析。

3.3.1　数值模型比较

为了探究在考虑地质分层的情况下，沿管深方向埋管传热负荷分布形式对计算结果准确性的影响，基于文献综述中几种常见的地埋管传热模型，课题组选用并提出了三种数值模型（图 3-2）。为了考虑分层地质中的传热过程，各数值模型均考虑岩土域的 3D 传热过程，但埋管内的传热流体却因计算方法的不同而具有不同的负荷分布情况。如图 3-2（a）所示，3D 模型最符合实际埋管，可考虑传热流体在 U 形管内的流动。随着流体在管内流动，埋管向周围岩土的传热量逐渐减小，但整体分布仍呈现出埋管上部传热多而下部传热少的特性。

后两种模型均采用等效直径的方法对 U 形管进行简化，考虑流体从等效埋管的上部流入、下部流出，根据流体沿管深方向的换热量分布分为非均匀负荷等效模型（Q_v）和均匀负荷等效模型（Q_c）。如图 3-2（b）中所示的非均匀负荷等效模型，该模型考虑管内流体由上而下的流动过程，埋管上部向周围岩土传热更多。而图 3-2（c）中的均匀负荷等

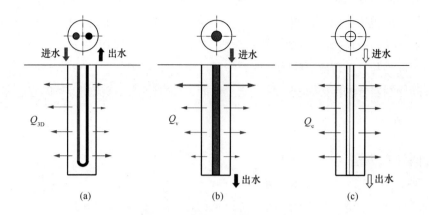

图 3-2　本研究中所用到的地埋管传热模型

(a) 3D 模型；(b) 非均匀负荷等效模型；(c) 均匀负荷等效模型

效模型，相当于有限长柱热源模型，仅考虑传热流体向周围岩土的径向传热，通过在管壁给定恒热流来计算周围岩土域的温度响应。

在此基础上，探究地质分层对埋管传热性能的影响，分析各计算模型的优缺点以及计算误差，进一步加深对埋管系统传热机理的理解。

为了方便地埋管传热过程的计算，将 U 形管简化为单根具有等效直径的埋管，称为等效直径法。通过保证稳态条件下等效前后的模型具有相同的管外热阻，等效直径的假设可基本满足对岩土域温度场准确预测的要求。因而，等效直径法被广泛应用于解析解[68,73,74]和数值解[75,76]模型当中。在本研究中采用等效直径法将实际的 U 形管简化为单根等效直管。等效直径 (D_{eq})[73] 可由式 (3-1) 进行计算：

$$D_{eq} = \sqrt{2D \cdot L_s} \qquad D \leqslant L_s \leqslant r_{BH} \tag{3-1}$$

式中　D——管外直径，m；

　　L_s——U 形管两支管中心间距，m；

　　r_{BH}——钻孔的半径，m。

对于采用沿管长方向非均匀负荷 (Q_v) 的数值模型 (图 3-2b)，考虑流体从埋管上部流入、下部流出。为了保证单位孔深具有相同温降，在等效直径埋管内的流体速度 (u') 可根据原 U 形管内流速 (u) 进行计算：

$$u' = u \cdot \left(\frac{D}{D_{eq}}\right)^2 \tag{3-2}$$

此外，等效直径埋管 (上标 $'$) 和原 U 形管相对应的几何参数、管材 (脚标 $i=p$) 和流体 (脚标 $i=f$) 的热物性参数应满足以下关系：

$$r'_{in} = \frac{D_{eq}}{D} \cdot r_{in}, h' = \frac{2\,r_{in}}{r'_{in}} \cdot h, k'_{pipe} = 2\,k_{pipe}, (\rho c)'_i = 2 \cdot \left(\frac{D}{D_{eq}}\right)^2 \cdot (\rho c)_i (i = p, f)$$

$$\tag{3-3}$$

式中　　r_{in}——埋管内径，m；

　　　　h——流体表面对流换热系数，$W/(m^2 \cdot ℃)$；

　　k_{pipe}——管材的导热系数，$W/(m \cdot ℃)$；

　　　ρc——管材（$i=p$）或流体（$i=f$）的体积比热，$J/(m^3 \cdot ℃)$。

　　非均匀负荷等效（Q_v）模型考虑流体的三维传热过程。由于所计算出的等效直径管内流体具有较低的雷诺数 Re，流体流动状态为层流。管材的传热在 FLUENT 中考虑为"薄壁热阻"[77]。埋管的进出水口分别采用"velocity inlet"和"outflow"的边界条件，其中埋管的进水口采用第一类边界条件，通过 UDF 输入动态的实测进水温度。

　　该模型计算结果中的埋管释热量（Q_v）可由式（3-4）进行计算：

$$Q_v = c'_f \cdot m'_f \cdot (T'_{in} - T'_{out}) \tag{3-4}$$

式中　　c'_f——等效直径管内流体的定压比热容，$J/(kg \cdot ℃)$；

　　　　m'_f——等效直径管内流体的质量流量，kg/s；

T'_{in} 和 T'_{out}——分别为等效直径管的进出水温度，℃。

　　值得注意的是，该模型在计算过程中对管内流体及管材的热物性进行了修改，这就意味着计算结果中的流体及管材部分的结果（主要为水温）为所采用的"替代物性材料"而非实际流体本身的结果。由于两者换热量是相同的，因而通过式（3-5）对计算结果中的水温进行修正：

$$T^*_{out} = T'_{in} - \frac{Q_v}{c_f \cdot m_f} = T'_{in} - 2 \cdot \left(\frac{D}{D_{eq}}\right)^2 \cdot (T'_{in} - T'_{out}) \tag{3-5}$$

式中　　T^*_{out}——折算后 U 形管的埋管出水温度，℃；

T'_{in} 和 T'_{out}——分别为等效直径管的进出水温度，℃；

　　　　c_f——折算后 U 形管内流体的定压比热容，$J/(kg \cdot ℃)$；

　　　　m_f——折算后 U 形管内流体的质量流量，kg/s；

D_{eq} 和 D——分别为等效直径管和原 U 形管的管外直径，m。

　　而在均匀负荷等效（Q_c）模型中忽略了埋管壁及管内流体，并假设埋管管壁具有沿孔深方向的均匀负荷（图 3-2c）。等效直径管的外壁面采用"恒热流"的边界条件，在 t 时刻载入的热流（q_c）可按式（3-6）进行计算：

$$q_c(t) = \frac{Q_g(t)}{A} \tag{3-6}$$

式中　　$q_c(t)$——t 时刻单位管壁面积上埋管向周围岩土的释热量，W/m^2；

　　　　$Q_g(t)$——t 时刻埋管向周围岩土的释热量实测值，可由流经埋管的传热流体的进水温度 $T_{in}(t)$ 和出水温度 $T_{out}(t)$ 进行计算：

$$Q_g(t) = \rho V C_p [T_{in}(t) - T_{out}(t)] \tag{3-7}$$

式中　V——埋管内传热流体的体积流量，m^3/s；

ρ——传热流体的密度，kg/m^3；

C_p——传热流体的定压比热容，$J/(kg \cdot \text{℃})$。

对于本计算而言，Q_c 模型中的土壤释热量即为土壤释热量的实测值。

埋管周围岩土的传热过程由式 (2-47) 进行计算。地埋管的等效三维传热模型采用 CFD 商业软件 ANSYS-FLUENT-16 进行计算。以图 3-3 所示的地质条件为例，砂和泥的初始温度保持一致，设定为土壤的平均初始温度。同时，岩土域远边界均选用恒定初始温度的第一类边界条件。

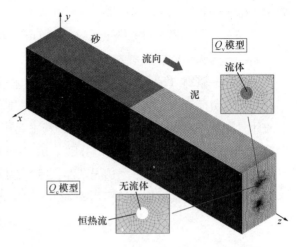

图 3-3   数值模型网格划分

对该模型进行了网格独立性检验，在兼顾计算效率与准确性的条件下，Q_v 和 Q_c 计算模型的网格数分别为 446209 和 251372，网格详见图 3-3。该瞬态传热过程取 180s 的定时间步长进行计算。计算初始参数依据实测值进行设定。

为了考虑埋管周围复杂的地质情况，本课题组建立了考虑管内流体及岩土三维传热过程的数值计算模型。对地埋管内的流体流动考虑对流传热，采用不可压缩的 Navier-Stokes 方程与标准 k-ε 模型[77]进行求解。地埋管管壁采用 FLUENT 软件中的薄壁热阻[77]来进行处理。假设分各层结构中材料具有均匀物性，砂和泥的热传导可通过式 (2-47)进行计算。

3D 地埋管传热模型的控制方程使用商用 CFD 软件 ANSYS FLUENT-16 进行求解。砂和泥的初始温度均给定为实测平均初始地温。同时，由于周围环境因素对实验台的影响可忽略，箱体壁面选用初始温度为 13.8℃ 的第一类边界条件。地埋管的进出口分别采用 "velocity inlet" 和 "outflow" 的边界条件，并通过 FLUENT 中的用户定义函数（UDF）输入动态变化的埋管进水温度。计算初始条件按照实验台的实际情况进行设置。选用 SIMPLE 算法、对流项的二阶迎风格式以及基于压力的不可压缩分离求解器进行求解[78]。该模拟采用 180s 的定时间步长进行非稳态计算。在 CFD 数值计算之前，进行了网格独立性检验。如表 3-1 所示，当网格数量达到 648315 时，网格数量的增加不会影响到出水温度的预测。此时，考虑到计算的准确性和效率，研究中采用网格数为 648315 的网格进行模拟，细分了地埋管近壁区域的网格以提高计算结果的准确性（图 3-4）。

网格独立性检验   表 3-1

流体域网格尺寸（m）	土壤域网格尺寸（m）	网格数量	出水温度（℃）
0.0050	0.10	267875	25.63
0.0020	0.06	403925	25.65
0.0012	0.04	648315	25.66
0.0010	0.02	750267	25.66

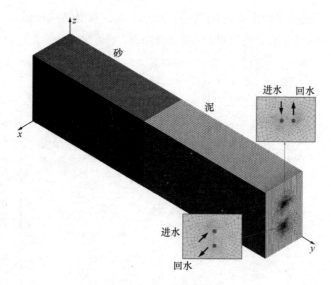

图 3-4　3D 数值模型网格划分

3.3.2　3D 数值模型验证

采用课题组自建的实验台（见 3.4.2.3 节）实测数据对该数值模型进行验证。对于输入 300W 恒定功率（水箱内）的 24h 释热实验，输入实测进水温度，模拟所计算出的埋管出水水温与实测值吻合很好，说明模型能准确预测出水温度（图 3-5）。

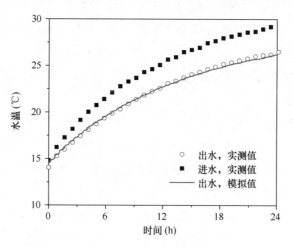

图 3-5　3D 模型出水温度验证

图 3-6 所示为位于两管之间（$x=0.5$m，$y=0.75$m）砂和泥的温度分布。在 24h 的运行过程中，由于砂的热扩散系数较大，实测和模拟计算所得的砂的温度均高于泥的温度。沿着埋管深度方向（从左到右），温度在地质交界处附近急剧下降，尤其是在位于 $z=2.9$m 和 $z=3.1$m 的两点间。砂和泥地层之间的温降随着时间的推移而更加明显，该温降在 $t=12$h 为 0.16℃，而在 12h 后增加到 0.30℃。数值计算结果在 $t=6$h 和 $t=12$h 时与实验数据一致，而在 $t=24$h 时却出现了较大误差，该误差可能来源于材料热物性的测量误

差。文献[69]中可给出类似结论：在距离钻孔 2.5m 处，双层结构中的上层泥的温度高于下层砂，且两者间的温度差异也随着时间的推移而更加明显。由于实验台各壁面假定为初始温度，因而上下端附近土壤域温度分布均有影响，从而导致处于 $z=1$m 处的砂的温度预测值略低于实测值。

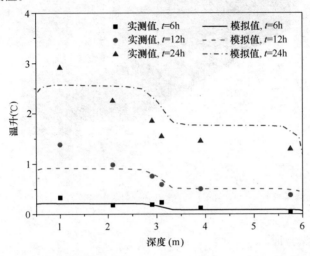

图 3-6   位于两管间位置（$x=0.5$m，$y=0.75$m）的砂和泥温度变化

在 24h 的释热期内，$x=0.5$m 处土壤的温度变化如图 3-7 所示。由于受到双管影响，两管中间砂和泥的温度高于单侧土壤的温度。砂的热扩散系数大于泥，因此升温更高、更快，且在 $t=18$h 时就出现了明显的管间热干扰（图 3-7c），而泥则在释热后期才出现较为明显的热干扰现象（图 3-7d）。由于两根 U 形管的安装角度不同，位于下部的垂直布置的 U 形管在横截面云图中呈现出较高的温度。而实际由于管径较小，两个 U 形管周围温度场之间的差异可忽略。

进一步分析埋管附近的温度场分布情况。图 3-8 所示为位于上部埋管处砂（$z=2.9$m，$y=1$m）的温度分布。虽然进水温度较出口温度高很多，但进出水管两侧的砂呈现相似的温度分布。由于测点 $Z=2.9$m-2 号更靠近埋管（距管 0.2m），其温度在 $t=12$h 时较 $Z=2.9$m-2 高出 2.31℃，两者温差在 $t=24$h 时升至 3.04℃，可见砂（$Z=2.9$m-2 号）温度的变化更为敏感。$Z=2.9$m-2 号测点的预测结果与实测值较为一致，而 $Z=2.9$m-2 号测点的误差偏大，尤其是在运行后期，该误差可能是由于埋管周围砂的不均匀填充所造成的。

图 3-9 所示为 24h 内，位于 $x=0.5$m 处深度分别为 2.1m 和 3.1m 的砂和泥的温度变化情况。由于砂的热扩散系数更大，位于 $z=2.1$m 处的砂的温度（图 3-9a）高于 $z=3.1$m 处的泥的温度（图 3-9b）。由于受到双管的影响，在 $t=24$h 时位于两管中心的砂的温度（$Z=2.1$m-3）较另两点高出 1.09℃，而相同位置处泥的温差为 0.82℃，因而可推测管间效应在具有较高热扩散率的材料（如砂）中更为显著。这点也侧面反映了设置合理埋管间距的重要性，传热性能较好的地质材料应该格外注意埋管间距的选定。

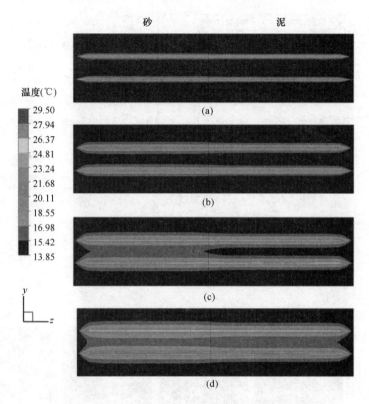

图 3-7　位于 $x=0.5\text{m}$ 处的土壤温度在 24h 释热期内的变化

(a) $t=6\text{h}$；(b) $t=12\text{h}$；(c) $t=18\text{h}$；(d) $t=24\text{h}$

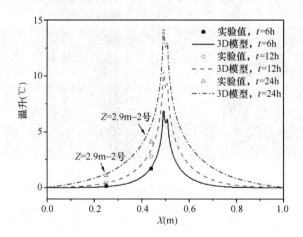

图 3-8　位于 $z=2.9\text{m}$ 和 $y=1\text{m}$ 的砂的温度分布变化

除了在 $t=24\text{h}$ 时，两管中间测点（$Z=2.1$，$3.1\text{m}-3$）的预测与实测值存在轻微误差外，其他时刻大部分砂和泥的预测结果都较为准确。且砂由于更易被均匀填充，相对误差更小。由于图 3-9 所示的截面穿过下部垂直 U 形管，所以图中所获取到的下管温度高于上管温度。

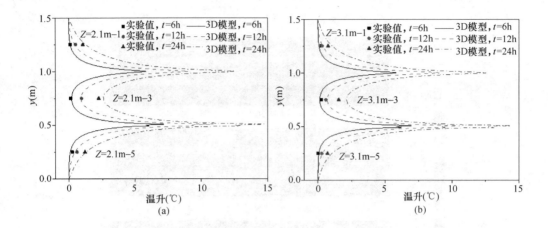

图 3-9   位于 $x=0.5$m 的 (a) 砂 ($z=2.1$m) 和 (b) 泥 ($z=3.1$m) 的土壤温度变化

(a) $z=2.1$m; (b) $z=3.1$m

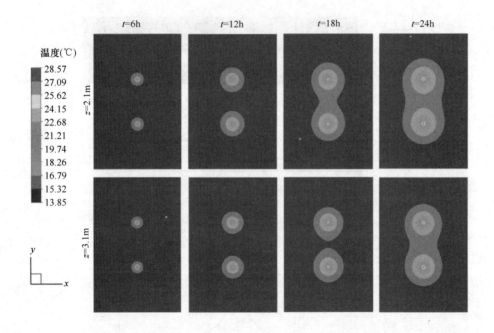

图 3-10   深度 2.1m 和 3.1m 处的土壤温度分布在 24h 内的变化云图

在 24h 释热期内,位于砂层 ($z=2.1$m) 和泥层 ($z=3.1$m) 的温度分布云图详见图 3-10。即使上下两管安装方向有稍许不同,所呈现出的埋管周围温度场分布基本一致,热量由高温埋管传向周围的砂或泥。从图中可以看到,热量在 24h 后还未到达远边界,也说明所选定的恒温远边界条件假设是可行的。砂的温度高于泥,且呈现出更明显的管间热干扰。虽然所选取的两个横截面相距仅为 1m,但仍能看出砂与泥之间的显著温度差异,说明材料的物性参数在温度场分布中起到显著作用。

3.3.3　等效模型比较与验证

依据实验台的实测数据，比较两种等效模型的计算结果。由于本节重点在于探究负荷分布形式的影响，所以两种计算模型中的释热量相等是土壤体温度场比较的前提。

1. 释热量

如图 3-11 所示，非均匀负荷（Q_v）等效模型在初始阶段低估了土壤蓄热量，随后给出了较为准确的预测，误差在最后 8h 内稳定在 5％以内。该误差主要是由于模拟过程中假设流速恒定，而实际过程中的水流速度存在波动，且在实验前期速度偏低。而次要原因来源于等效直径假设所带来的误差。对均匀负荷等效模型而言，土壤释热量即为实测值。因而，两个等效模型可视为具有相似的释热量，并能与实测数据较好地吻合。

然而，两模型中沿管深方向的换热能力确实不同的。图 3-12 比较了两模型所给出的 $t＝24h$ 时上埋管向周围土壤传热的热流密度分布。可以看到，Q_c 模型给出线性的热量分布，而 Q_v 模型将更多热量传至具有较高热扩散系数的砂。因此，埋管在砂中的传热量更大，沿着管深方向传热量递减，且在砂和泥的交界处出现了热量突降。即使在均匀地质材料中，也出现了传热量的较少。由于靠近埋管上端以及底端的侧壁温度设置为土壤初始温度，因而埋管两端传热更多。由于 Q_v 模型中的土壤释热量小于 Q_c 模型，因而其整体热量分布略低于 Q_c 模型。

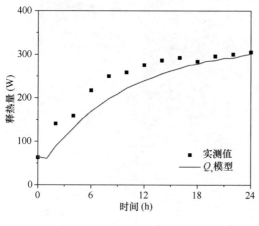

图 3-11　Q_v 模型释热量与实测值比较

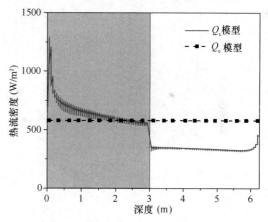

图 3-12　Q_v 和 Q_c 模型在 $t＝24h$ 时上埋管向周围
土壤传热的热流密度沿管深方向分布

然而，两模型中沿管深方向的换热能力确实不同的。图 3-12 比较了两模型所给出的 $t＝24h$ 时上埋管向周围土壤传热的热流密度分布。可以看到，Q_c 模型给出线性的热量分布，而 Q_v 模型将更多热量传至具有较高热扩散系数的砂。因此，埋管在砂中的传热量更大，沿着管深方向传热量递减，且在砂和泥的交界处出现了热量突降。即使在均匀地质材料中，也出现了传热量的较少。由于靠近埋管上端以及底端的侧壁温度设置为土壤初始温度，因而埋管两端传热更多。由于 Q_v 模型中的土壤释热量小于 Q_c 模型，因而其整体热量

分布略低于 Q_c 模型。

2. 地质层温度场分布随时间的变化

图 3-13 所示为两管中间位置处（$x=0.5m$，$y=0.75m$）的温度场分布。土壤温度在 24h 的释热期内越来越高，尤其是在热量积聚较多的上部砂的位置（$Z=1m\text{-}3$ 和 $Z=2.1m\text{-}3$）更为明显。由于砂的导热系数更高，砂的温度高于泥，这一特性能被非均匀负荷等效（Q_v）模型较好地反映出来。由于 Q_v 模型中的土壤释热量略小于实测值，该模型所预测的温度值也偏低。此外，除了在两种材料交界面处（$Z=2.9m\text{-}3$ 和 $Z=3.1m\text{-}3$）出现了温度突变，在均一材料中沿管深的方向上也能看到较为明显的温降。

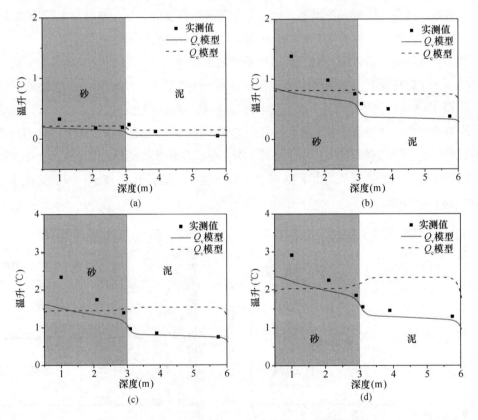

图 3-13　位于 $x=0.5m$，$y=0.75m$ 处的砂和泥温度场分布

(a) $t=6h$；(b) $t=12h$；(c) $t=18h$；(d) $t=24h$

然而，均匀负荷等效（Q_c）模型所提供的预测结果误差较大。在其所预测的温度分布中，前 12h 内砂的温度略高于泥。随着更多的热量被带入箱内，泥由于具有较小的热扩散系数而逐渐累积了更多的热量，温度逐渐升高并在 $t=18h$ 时超过了砂的温度，最终在释热期末比砂的温度高 0.12℃。此时，Q_c 模型严重低估了砂的温度但高估了泥的温度，其中泥（$Z=5.75m\text{-}3$）的温度在 $t=24h$ 时被高估了 76.6%（如图 3-13d 所示）。相较于 Q_v 模型，Q_c 模型仅在地质分层处出现了明显的温度变化，而同一材料中的温度基本保持一致。对于 Q_c 模型而言，由于更多的热量被分配给了下部埋管，使得泥的温度逐渐升高而远高于实测值。因而在砂和泥的交界面处出现了两种材料相对温度关系的反转，以及不

明显的温度分层现象。若对系统进行更为长期的结果预测，模型计算所带来的误差会更加显著。

3. 各地质层温度场分布随位置的变化

为了比较离管不同距离处的土壤温度场分布情况，选取 $x = 0.5m$ 截面上三个代表性位置处沿管深方向的温度分布进行比较。为了方便阐述，将上文所提到的两管间位置 $y = 0.75m$ 处命名为 L_1，该处可视为单个埋管的"远边界"；$y = 0.85m$ 处命名为 L_2，另取管壁（$y = 0.993m$）处进行分析。因此，以上埋管为中心，沿埋管径向依次遇到"管壁""L_2"和"L_1"。

图 3-14 比较了位于 L_1（$x = 0.5m$，$y = 0.750m$），L_2（$x = 0.5m$，$y = 0.850m$）以及管壁（$x = 0.5m$，$y = 0.993m$）处砂和泥的温度分布情况。温度随着离管距离的变化而变化，管壁温度较远离埋管的位置（如 L_1 和 L_2）高出至少 $5\,℃$。在 24h 的释热期内，Q_v 模型所预测的各位置处的温度分布规律类似：大多数情况下砂的温度高于泥。但在管壁处砂和泥的交界处，出现了泥的温度略高于砂的温度的相反现象，这是由于较大的导热系数使得砂中的热量被更快地带走了。同时，由于 Q_v 模型所携带的负荷在沿管深方向上逐渐减小，因而单一材料中也可呈现更强烈的温度变化，从而影响埋管周围不同深度处的温度场分布。由于砂的热扩散系数大于泥，且更多的负荷被上部的砂吸收，因而砂的温度更高。

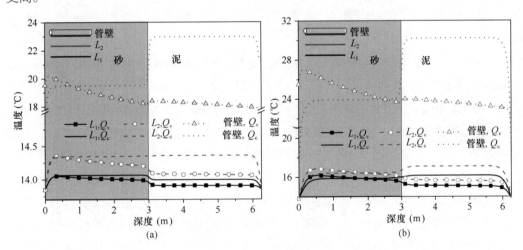

图 3-14　位于 L_1（$x = 0.5m$，$y = 0.75m$），L_2（$x = 0.5m$，$y = 0.85m$）和
管壁（$x = 0.5m$，$y = 0.993m$）位置处的温度场分布
(a) $t = 6h$；(b) $t = 24h$

但 Q_c 模型却呈现出不同的温度预测结果。如图 3-14(a) 所示，在释热初期（$t = 6h$），位于较远处 L_1 的砂具有更高的温度，而砂和泥之间的温差随着距管越近而逐渐减小，并在 L_2 处出现了温度趋势反转（泥的温度高于砂），此时在管壁处的泥的温度较砂高出 $3.48\,℃$。但在 $t = 24h$ 时（图 3-14b），Q_c 模型呈现出与 Q_v 模型相反的温度分布预测，即泥的温度均高于砂的温度。由此可知，若假设沿管长方向负荷分布均匀，将会导致

过多的负荷堆积在下部泥中。同时，由于泥的导热系数较低，积聚的负荷使得泥的温度进一步升高。文献[69]中也能看到相似结果：该解析解模型在线热源的基础上考虑了层间负荷修正，在一个上层为泥、下层为砂的双层地质结构中，发现两地层温度的相对大小关系也会在某一时刻和某一位置出现反转。值得注意的是，本算例仅为小尺寸实验台的24h运行预测，若研究对象更大，或运行时长更长、负荷更大，这种情况下 Q_c 模型中负荷均匀分布所带来的误差将更为显著，将严重影响传热过程预测的准确性。

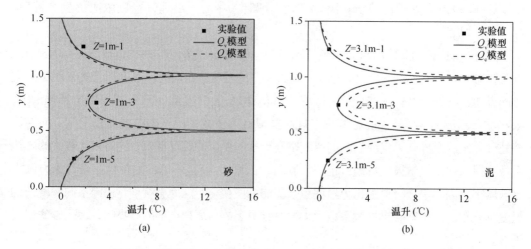

图 3-15　运行期末（$t=24$h）位于 $x=0.5$m 处砂和泥的温度场分布

(a) $Z=1$m；(b) $Z=3.1$m

如图 3-15 所示为 $t=24$h 时，位于 $x=0.5$m 横截面上的砂（$z=1$m）和泥（$z=3.1$m）的温度分布情况。在横截面纵向（y）方向上，两管位置处（$y=0.5$m 和 $y=1$m）的温度达到了峰值。由于受到双管的影响，处于两管中心位置的砂（$Z=1$m-3）和泥（$Z=3.1$m-3）的温度较边缘点（-1，-5）的温度更高。Q_v 模型的预测值能很好地吻合实测值，而 Q_c 模型在低估砂的温度（图 3.15a）的同时，高估了泥的温度（图 3-15b），其误差高达 41.9%（$Z=3.1$m-3）。计算模型中负荷分布形式不仅会影响土壤温度场的预测，也会进一步影响水温的预测及系统传热性能评价结果。

图 3-16 比较了位于 $x=0.5$m 处两个模型的温度场预测结果。在 24h 的释热期内，Q_v 模型中砂的温度高于泥的温度。同时，从 $t=18$h 时砂中就出现了较为明显的两管间热干扰，而泥自始至终都保持着较为理想的状态。沿管长方向，由于进水温度高，所以埋管上端出现了显著的热干扰。而 Q_c 模型所预测的温度场分布恰恰相反，呈现出泥的温度高于砂的温度。由于该模型沿管长方向负荷分布均匀，更多的热量累积使得泥的温度升高。同时，单层砂或泥呈现出相似的温度分布。在 $t=24$h 时，位于两管之间的砂和泥均出现了严重的管间热干扰现象。除此之外，Q_c 模型所预测的管壁温度也远高于 Q_v 模型的预测结果，呈现出更差的传热效果。总而言之，由于沿管深方向负荷分布形式的不同，水温和周围岩土的温度预测准确性受到了影响，因此埋管传热性能评价的可靠性也会进一步受到影响。

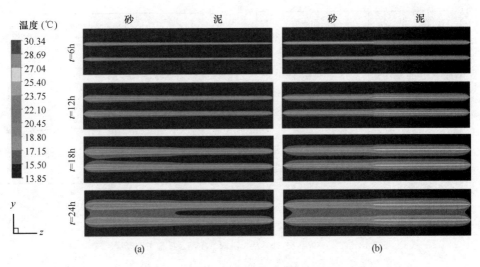

图 3-16　位于中轴面（$x=0.5$m）处的土壤温度分布预测

(a) Q_v 模型；(b) Q_c 模型

3.3.4　各数值模型比较与小结

从上文 3.3.3 节中可知，非均匀负荷分布的等效直径（Q_v）模型能很好地预测实验台中水温以及土壤温度的分布情况。为了探究该模型的准确性，本节依据小型实验台 24h 的实测结果，将 Q_v 模型与 3.3.2 节中所介绍的 3D 模型进行比较。如图 3-17 所示，等效直径模型所预测的释热量略低于 3D 模型的预测值以及实验值。等效直径模型与 3D 模型间的平均相对误差为 7%，实验后期输入负荷稳定期内与实测值的误差小于 5%。

与此同时，两模型均给出符合实验规律的土壤温度预测结果（图 3-18）。在沿管深方向上，从砂到泥温度逐渐下降，并在地层交界面处出现温度突变。由于等效直径模型的释热量偏小，其土壤温度预测也略低于实验值和 3D 模型的预测结果。相较于 3D 模型，等效直径模型中所预测的土壤温度在单层材料（尤其是砂）中波动更明显，这是由于该模型假定流体由埋管上部入口端流入、底部出口端流出，迫使更多的热量传向上部砂中。单比较实验

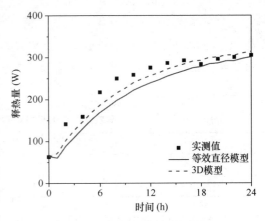

图 3-17　等效直径与 3D 模型释热量与实测值的比较

数据与两个数值模型，等效直径模型的预测结果更加切合实测温度的变化趋势，这点可能是由于实验中 U 形铜管的显著热短路效应而造成的，相当于强化了等效模型将双管简化为单管的效果。该模拟与实测的误差在可接受的范围之内。两个数值模型所预测的土壤温度在 $t=12$h 和 $t=24$h 时保持在 19.4℃ 和 20.6℃ 左右，两者间误差分别为 0.18℃ 和

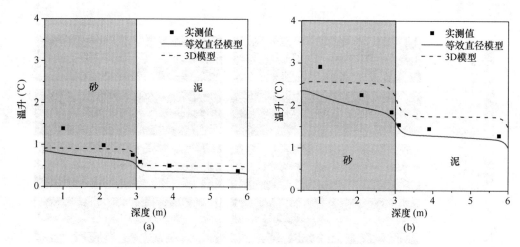

图 3-18　(a) $t=12$h 和 (b) $t=24$h 时，实测及模拟土壤温度比较

(a) $t=12$h；(b) $t=24$h

0.34℃，相对误差不超过 3%。

可以看出，等效直径模型与 3D 模型存在一定的误差，Q_v 模型稍微低估了实测以及 3D 模型所预测的水温和土壤温度。本文所采用的 Gu 和 O'Neal[73] 所提出的等效直径方法，虽然在多种采用等效直径的解析方法中是很好的[74]，但仍存在一定的误差。该等效直径计算解析方法中存在以下简化[73]：①在计算单独两管热阻时，假设两管分别位于孔中央，且仅考虑单管影响；②考虑足够远的远边界。文献[73] 在稳态情况下对二维等效单管和 U 形管的模拟结果进行对比，在无回填的情况下，两者间的误差在 54min 后小于 5%，并在 1d 后趋于 0，因而可近似认为这两点所带来的误差忽略不计。而在本例中，计算过程中考虑三维瞬态传热过程，且保证两个数值模型在单位孔深上具有相同的温降。在给定输入负荷的情况下，虽然两模型中所输入的平均流体热阻相同，但等效模型相当于将 3D 模型中 U 形管的两个支管靠的足够近，从而导致其散热能力更弱。综合多种影响因素，等效直径模型对水温和土壤温度的预测误差均小于 5%，在工程可接受的范围之内。

等效直径和 3D 模型的网格数及计算时长比较　　　　表 3-2

	3D 模型	等效直径模型
网格数	648315	446209
计算时长（s）	1854	1838

继而比较两种计算方法的计算时长与计算量。本次计算选用的计算机处理器为 Intel (R) Xeon(R) CPU E5-2620v4@2.10GHz，采用单核计算。如表 3-2 所示，等效直径模型的网格数较 3D 模型少 31.2%，将仅为半小时的总计算时长再次缩短 16s，且在建模过程中的耗时也相应减少。虽然计算时长变化不大，但该算例仅针对小型实验台单 U 形管内的 24h 传热过程进行模拟。若考虑双 U 形管管群模型进行长时间的模拟，则其计算量将会得到更大幅度的减少，优化效果更好。

由此可见，非均匀等效直径模型的准确性略微不如 3D 模型，但其误差在工程可接受的范围之内，保持在 5% 以内。而等效直径模型由于对 U 形管进行了简化，可大幅度减少计算模型网格数量，且可加速计算过程。因而，对于多（双）U 形管、大规模管群系统的长期计算而言，等效直径模型能兼顾计算的准确性与可行性，具有优化计算的潜力。

通过归纳和总结既有文献中可考虑地质分层的计算方法，提出并比较了 3D 模型、非均匀负荷（Q_v）等效模型和均匀负荷（Q_c）等效模型这三种沿管深方向负荷分布形式不同的模型。其中，3D 模型最为准确，用于探究地质分层对埋管传热过程的影响。通过比较 Q_v 和 Q_c 这两种等效模型，分析了流体传热负荷分布形式对于考虑分层地质结构的传热预测结果的影响。总结并分析了各个计算方法的优缺点及计算误差。本研究得出的结论总结如下：

① 3D 模型所预测的水温和各地质层的温度能较好地与实验值吻合，模型可靠性好。

② 地质分层影响沿管深方向的水温及换热量分布，进而影响埋管周围岩土的温度场分布。实验结果与 3D 模型的预测结果均表明，与埋管相同距离处的砂和泥具有不同的温度。在砂与泥的交界面处出现了温度骤降，且这一温降的斜率在释热期后的 12h 内增加了一倍。

③ 双管之间区域的地温高于埋管单侧区域的地温，且两管间的热干扰在导热系数大的材料（如砂）中更为明显。因而，对于导热系数大的地质结构，应该关注埋管间距的设计。

④ 在输入相同热负荷的情况下，Q_v 模型能较好地获取地温分布的特征，而 Q_c 模型弱化了地质分层的影响且高估了泥的温度，其误差在运行后期可达 76.6%。

⑤ 在 24h 的释热期内，沿管深方向负荷分布的不同导致所预测的土壤温度场在不同时间和位置呈现出不同的温度变化规律。在运行后期，Q_v 模型仅在砂的预测结果中呈现出明显的热干扰，而 Q_c 模型所预测的砂和泥的温度均显现出严重的热干扰。

⑥ Q_v 和 Q_c 模型计算结果的差异可由沿管长方向的热量分布来解释。对于稳定阶段，Q_v 模型传向上部砂中的热量较少，分层地质产生的层间传热量更大。由于埋管的传热过程受到热负荷分布和地质情况的耦合作用，因而在考虑地质分层的影响时，应选用具有沿孔深方向非均匀负荷分布的地埋管传热模型来进行模拟。

⑦ 通过比较三种模型，可知 3D 模型的准确性最高，而等效模型次之。但由于等效模型的计算量更小、计算时长更短，因而 Q_v 模型可兼具计算准确性和可行性，具有优化计算的潜力。该模型尤其适用于对大规模管群系统长期传热过程的模拟。

3.4　实验方法

实验研究方法可获取真实的地埋管系统传热过程，主要可分为现场测试和实验台测试两种。

3.4.1　现场测试

现场测试能真实反映地源热泵系统的传热过程和运行性能。由于实际性能不可能总是达到设计预期，现场测试所能提供的性能反馈进一步促进了地源热泵系统的发展。实验测试通常对水温以及不同埋管深度处的岩土温度进行监测，这些数据可用于计算系统的能耗，以便评价系统设计的合理性。

3.4.1.1 国外测试情况

在初步应用阶段，Hepbasli 等人[10]对实测数据进行了分析，发现由于系统设计问题，实际系统运行效率不高。测量值可用于计算系统能效比，可用于预测和评估地源热泵系统在特定区域的适用性[79]。Michopoulos 等人[80]记录了希腊北部地源热泵系统的首次三年运行过程。通过记录地埋管进出口温度来计算制冷/热负荷和能效比，与传统的加热和冷却系统相比，地源热泵系统的能量需求明显降低。同样地，一年的实验测量也证明了地源热泵系统的效率，分别节省了传统供暖和制冷系统一次能源消耗的(43±17)％和(37±18)％[81]。Ruiz-calvo 等人监控的 GSHP 系统小办公楼为 5 年[16]和 11 年[15]，测量操作数据包括地埋管进口和出口水温度、地面温度和能耗可用于系统操作性能的分析，以及验证计算方法的准确性。

在实际工程中，地源热泵系统通常只能提供 U 形管的水温、管壁温度[31]和 U 形管两根管之间中点处回填温度[16]的数据。一些系统有单独的测试井，以获取物理特性并监测垂直地质结构的温度变化[18]。Luo 等人[51]通过两口 80m 深的测试井，研究了测试井的热工性能和水力性能，以及温度分布。这两口抽油机井位于井底油田的上游和下游，泵送试验采用恒流量泵送的方式进行。如图 3-19 所示，Olfman 等人[21]研究了深部垂直钻孔

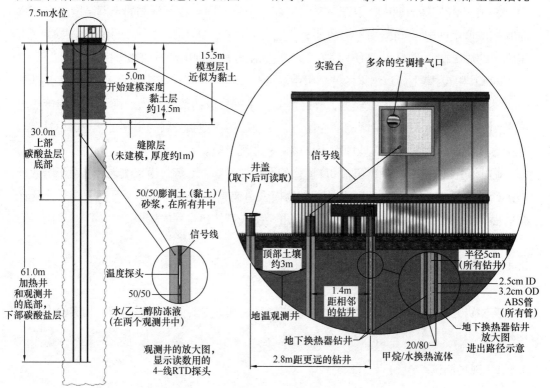

图 3-19 加拿大地埋管管群现场示意图[21]

采暖对地温响应的深度依赖关系。由地埋管和两个近场地温观测井（分别位于地埋管中心1.4m 和 2.8m 处）采集不同深度和距离地埋管的地表温度分布。研究发现，地温响应随深度变化显著，这表明钻孔单位深度的比热换率可以随深度变化，包括在个别地层内。但是，考虑到钻孔成本高，无法设置成组的探井进行监测，也难以获得地层的综合实测地温分布，更无法对其传热机理进行研究。

除了监测操作性能外，计算地面等效热物性的现场热响应试验（TRTs）可被视为测量试验。然而，使用现场热响应测试数据进行模型验证是不合适的，因为未知的热性能和不可控的测试不确定性可能导致自我验证[26]。

3.4.1.2　国内测试情况

地埋管地源热泵系统的实际工程通常可提供水温、管壁[31]或 U 形管两支管中心处[16]的岩土温度，或单独设置监测岩土温度变化情况的检测井[18]。受施工条件等所限，很难对岩土域内各个位置处的温度场进行全面监测，无法通过实验方法来进行传热机理的探究。而搭建室内实验台可以弥补这一不足，砂箱等实验台[82-84]可以获取更为全面的土壤温度场。与此同时，实验台的可控性更强，可提供更加准确的实验参数（如材料的热物性等）。因此，实验台所能提供的准确而翔实的参数和数据，为传热机理的深入研究和模型验证建立基础。通过搭建实验台的方法，很多研究者分析了热导率[85]、回填材料[82]和地质分层[53]等因素对地埋管换热器传热性能的影响。

在地源热泵系统研究初期，我国各大高校建立了多个实验装置[86-89]，以研究地埋管换热器的传热机理[90-94]。重庆大学课题组[38,86]所搭建的试验系统中有三个孔洞，采用实验的方式来研究套管与 U 形管式地下换热器换热性能的比较，分析了运行时间、流量以及串联运行形式的影响。同济大学课题组[87]对土壤源热泵冬季运行情况进行测试，对钻孔换热率等性能参数进行分析。

3.4.2　实验台测试

3.4.2.1　国外测试情况

由于实际地埋管管群测试很难获得岩土的热物性参数以及温度分布，因此搭建室内实验平台为研究地埋管传热机制提供了另一种途径。沙箱等实验平台[82-84]可以获得更多的地温数据采样点。同时，这些实验室设备的强大和精确的控制可以提供更精确的实验参数（如包装材料的热性能）。因此，实验台提供的准确、详细的参数和数据为进一步研究传热机理和模型验证奠定了良好的基础。

为了研究地下水对流对地下热源的热响应影响，Katsura 等人[95]搭建了室内实验台。如图 3-20 所示，该设备可模拟砂砾层中的渗流，填埋在砂层中的线型电加热器可产生恒定的热量。通过测量电加热器以及砂箱中各点的温度来探究渗流流速与线/柱热源的热响应之间的关系。

Gu and O′Neal[82]通过一个小型埋管装置验证了所提出的解析解模型。该装置由填充了粉质壤土的圆柱箱体以及管深 1.2m 的竖直铜制 U 形管构成。通过该实验砂箱，不同回

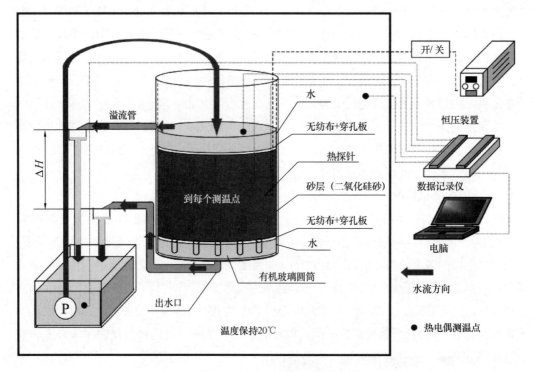

图 3-20 Katsura 渗流实验台[95]

填材料的影响得以探究。如图 3-21 所示，Salim Shiraziand Bernier[96]建立了一个 1.35m 高（直径 1.4m）的圆柱箱体以用于分析埋管瞬态传热过程。箱体内由均匀且特性良好的实验室级砂进行填充，并安装 48 对热电偶和一根 U 形铜管，管内流经温度高达 67.5℃的热水以确保传热过程的高效。该装置后来被 Cimmino 等人[97]采用以得到小尺寸埋管的实验热响应结果，同时被 Eslami-nejad 和 Bernier[98]用于验证考虑岩土冻结的埋管数值模型。基于一个 1m³ 的砂箱，用内装 12℃和 15℃恒温循环水的两根平行埋管分别模拟进、出水埋管，Erol 和 Francois（Erol & Francois 2014）进行了在干燥或存在饱和渗流的砂土中，采用三种不同回填材料的六次试验。结果表明，相较于回填材料的热物性参数，土壤的参数对传热过程的影响更为重要，尤其是具有较低物性的岩土参数（比如干砂），岩土热物性的提升将极大提高其传热性能。Wan 等人[99]通过搭建一个 1.1m 高的内置竖直

 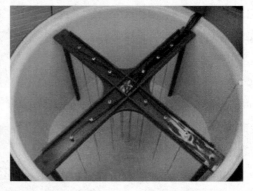

图 3-21 Bernier 实验中所采用的室内实验箱体[96-98]

U 形埋管的圆柱箱体，来研究管内流体不同雷诺数和温度对其传热性能的影响。同时，通过保持均匀砂子作为岩土材料，替换不同回填材料来探究其影响。此外，搭建其他实验装置用于研究螺旋管能量桩[84,100]，桩基埋管[101]和环形不锈钢埋管[102]等。值得注意的是，由于现有的实验装置大多规模较小，因而很难考虑地质分层以及多埋管的情形。

目前唯一的大型实验台装置来自 Beier 等人[83]，该砂箱实验台尺寸为 18m×1.83m×1.8m，箱体中部横置一根长达 18m 的埋管（图 3-22），该装置被认为是 2015 年前最成功且适用于模型验证的唯一装置[26]。该文献提供了连续以及间断 2h 的两套数据以供模型验证等研究进行使用。但该实验中仅有砂土这单一的土壤材料，因而数据多被用于简单的模型验证以及热响应测试的评估。

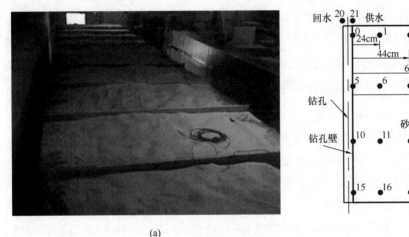
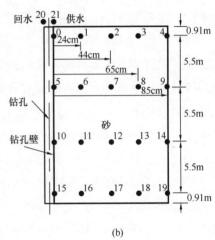

(a)　　　　　　　　　　　　　　(b)

图 3-22　Beier 实验中所采用的实验测试装置[83]

（a）实验装置照片：未封盖的木制砂箱；（b）砂箱内部温度测点布置图

3.4.2.2　国内测试情况

中国地质大学课题组[103]搭建了一个 2.5m×2.5m×1m 的换热砂箱，箱体内均匀分布了 9 根 1m 长的 U 形管，埋管间距为 0.625m。该装置被用于渗流水影响的研究，实验中渗流水沿管深方向流动，并通过箱体内各测点的压力来计算渗流流速。冯琛琛等[104]建立了单 U 形管的砂箱实验台，通过高低位水箱来控制地下水渗流的流速，采用实验方法来探究地下水渗流对地埋管换热性能的影响。范蕊[105]通过渗流实验台的实测数据来检验理论计算。砂箱内置一根电加热棒来模拟线热源，在此基础上探究了线热源功率、渗流水流速和温度等因素对埋管换热情况的影响。类似的，西安建筑科技大学课题组[106]搭建了一个高 1m 的砂箱实验台，通过布置多根电加热棒的方式来模拟管群系统在渗流工况下的传热过程。

同时，很多研究者采用热相似原理来搭建实验台。Yang 等[84,107]依据热相似原理搭建了采用螺旋管作为桩基埋管的实验装置，通过分析实测水温和土壤温度的变化，来探究进水温度等因素对换热器性能的影响。余延顺等[108]搭建了相似比例尺为 1∶8 的相似实验台，土壤选用黄砂和黏土的混合土均匀填充，相似比例尺的应用可极大地缩短系统长期测试的时间。毕文明等[109]搭建了一个尺寸缩小为原型 1/4 的相似实验台，对砂箱分别进行三种不同工况（干砂、饱和砂和地下水渗流）下的传热过程研究。华中科技大学孙心明[110]同样搭建了 1/4 原型大小的小型相似砂箱，用于检验土壤物性参数解析解的准确性。

此外，很多研究者通过搭建实验台的方法来研究螺旋管式桩基埋管[84,100]、锚索桩[101]、圆形聚丁烯和环形不锈钢地埋管换热器[102]的传热性能。但大多数实验台仅含有单管且箱体内填充单一材料，部分实验中 U 形埋管采用电加热器代替[111]或进回水管分开设置[98]，较难反映实际工程中常遇到的管群或地质分层等复杂工况。基于此，重庆大学课题组[53,112-114]搭建了 6.25m×1.5m×1m 的实验台，箱体内由砂和泥两种材料填充，并内置两根单 U 形管，可探究双管在复杂地质情况下的埋管换热性能分析。

虽然实验方法真实可靠，但较为费时费力，实验数据的准确性受限于测试仪器的精度，且可能受到周围环境的影响。其中，环境因素的影响在一些小型试验装置上更为明显，若在实验过程中远边界的壁温升高了 2℃[96]，则会严重影响实验热响应规律（g 方程）的计算[97]。

3.4.2.3 重庆大学课题组相似实验台介绍

这里重点介绍重庆大学课题组所设计建造的相似实验台。

大多数既有的埋管系统实验台仅能考虑单一地质材料中的单管传热，而不能考虑实际工程中常出现的分层和渗流等复杂地质，且难以反映管间传热干扰等特征。基于热相似原理，重庆大学课题组搭建了地源热泵相似实验台[53,112,113]。该实验台由砂和泥两种材料填充，内置渗流箱体可模拟不同渗流流速影响下的饱和及不饱和土壤工况，用于研究在渗流水影响下双根地埋管在双层地质结构中的传热过程。该实验台布置多个土壤测点，可以提供详尽的水温以及土壤温度实测数据。

为了比较地质分层对埋管传热过程的影响，选用常见的砂土和泥土作为试验箱填充材料[32]。但需要说明的是，由于砂的干湿物性差异较大，且回填的稳定性受到含湿量的影响，不宜作为回填材料在实际工程中使用。为了对地埋管系统的传热过程进行机理性分析，因而采用常见、易获取的砂和泥作为实验材料。实验装置中泥的热物性由热线法测得，砂的热物性查询自 ASHRAE 手册[32]。实验中所使用的地质结构热物性参数详见表 3-3。水箱内置电加热器来加热传热流体，流体将热量由铜管传向周围土壤后流回水箱。循环水的流量由流量调节阀控制，并通过涡轮流量计进行测量。流量计的精度等级为 1%，相对误差为 8.7%，在工程可接受的范围之内（小于 10%）。

实验中所使用的地质结构热物性参数   表 3-3

材料	导热系数 [W/(m·℃)]	比热容 [J/(kg·℃)]	密度 (kg/m³)	热扩散率 (m²/s)
砂	1.5	1798	1285	$6.49×10^{-7}$
泥	0.862	1439	1430	$4.19×10^{-7}$

如图 3-23 所示，该实验系统由①内置两根 U 形铜管并填充砂和泥的箱体，②装有电加热器的水箱，③辅助设备（管道、泵和流量调节阀）以及④测量装置（流量计、热电偶和数据记录系统）组成。实验台尺寸为 6.25m×1.5m×1m，且横置在地面上[83]。实验台中采用了实验测试中常用的 U 形铜管作为地埋管换热器[82,97,115]。由于铜管的管径过小，且在实际工程也常采用钻孔材料进行回填[32]，因而忽略钻孔。为了后续渗流实验研究的开展，两根铜管平行布置但截面成相交状，箱体内置长度为 2m 的小型渗流箱体。但本研究仅考虑干工况下的传热情况，因而渗流箱体内仍填充为干砂或干泥，并由薄钢板分隔开来。

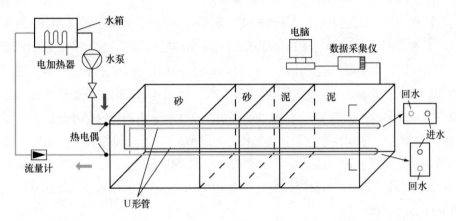

图 3-23　实验台原理图

相似实验台与实验原型的主要参数　　　　　　　　　　　　　　表 3-4

参数	原型	实验台
箱体长度（m）	12	1.5
箱体宽度（m）	8	1
箱体、U 形管深度（m）	50	6.25
U 形管壁厚（m）	0.004	0.0005
U 形管内径（m）	0.04	0.005
U 形管支管间距（m）	0.12	0.015
埋管间距（m）	4	0.5
水流速（m/s）	0.08	0.65
雷诺数 Re	3237	3237
努塞尔数 Nu	30.52	30.52
傅里叶准则数 Fo（水）	2018.30	2018.30
普朗特数 Pr（水）	6.12	6.12
时间（d）	64	24h

由于实际地源热泵系统过大，因此采用热相似原理来设计与搭建相似实验装置。两个系统之间形成热相似关系需要满足：两个传热过程性质相似、同名物理量相似且相似常数之间相互对应[116]。因此涉及传热过程的所有参数，包括实验和物理原型的几何、物理、

边界和初始条件都应满足热相似准则[117]。定义某物理量 x 的相似倍数 C_x 为相似模型值 x_m 与原型值 x_o 之比，则有：

$$C_x = \frac{x_m}{x_o} \tag{3-8}$$

相似实验台模型与原型的尺寸遵循式（3-8）之间的关系，此时几何相似倍数为 C_l。考虑到实际工程中常见的地埋管深度多为 $50\sim100m$，为了平衡所设计的埋管深度与管径尺寸，兼顾实验装置搭建的可行性与准确度，因此确定实验台与实际工程系统的相似比例尺为 $1:8$。则相似实验台的几何尺寸均为原型尺寸的 1/8。代入流体流动、传热等基本方程中进行转换[113]，可得到 4 个特征数相等：雷诺数（Re）、努塞尔数（Nu）、傅里叶准则数（Fo）和普朗特数（Pr）。相似准则数的具体推导过程详见文献[113]。若相似模型热物性与原型相同，则可得到埋管流速的相似倍数与几何相似倍数（C_l）成反比，而时间相似倍数与 C_l 的二次幂成正比。遵循几何与准则数的相似准则，所搭建的热相似实验台与实验模型的相应参数详见表 3-4。由表 3-4 可知，原型系统中的流速偏小，这主要是受限于水泵的额定流量。值得注意的是，实验模型与原型系统的运行时间也遵循相似准则，因而保持模型具有与原型相同的傅里叶准则数（Fo），即可通过 24h 的实验预测原型系统 64d 内的传热过程。此时，实验时间得到了极大缩短，可见实验结果也对实际系统的传热情况具有极高的预测价值。

如图 3-24 所示为实验装置的建造过程。首先，实验台由 240mm 厚的砖墙砌成，墙体内侧涂有 30mm 厚的隔热沥青（图 3-24a）。箱体内置不锈钢板用于固定和分隔砂与泥。如图 3-24(b) 所示，两根铜管和热电偶均采用铁丝固定，以保证安装位置的准确性。为了避免热电偶在安装过程中受到损坏，箱体内热电偶的探头均置于保护套内，如图 3-24(b) 所示。测点布置完成后，砂和泥被分别缓慢而均匀地倒入箱体内（图 3-24c）。为了减弱外环境的影响，在箱体建造完成后，箱体外加做了 50mm 厚的橡塑板用于隔热（图 3-24b）。

(a)   (b)

图 3-24   实验台施工过程（一）

（a）实验台箱体；（b）铜管和热电偶的安装

(c)   (d)

图 3-24　实验台施工过程（二）

（c）砂和泥填充；（d）外保温

为了监测进出水温度、管壁温度以及土壤温度，实验台安置了一系列的铜—康铜热电偶。其中，6 个热电偶用于水温监测：单独两管进出水温，总管进出水温；76 个热电偶用于监测管壁及箱体内砂和泥的温度（图 3-25）。土壤中的热电偶分布在十个具有代表性的

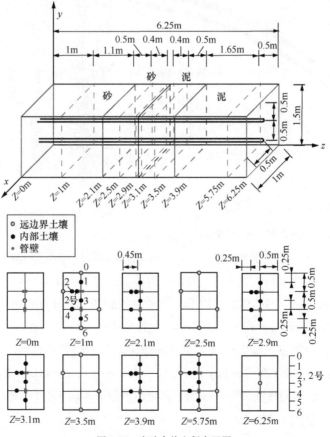

图 3-25　实验台热电偶布置图

横截面中，用于监测管壁、远边界、箱体内砂和泥的温度。为了获得管壁温度，24 个热电偶均匀而紧密地缠绕在外管壁上，每个测点间隔 1m。此外，详尽的箱体内土壤温度场分布由布置在不同深度和管距处的热电偶提供。其中，18 个位于箱体内壁的热电偶用于检测远边界的土壤温度；30 个位于箱体内的热电偶用于监测沿不同方向、不同管距处的土壤温度场分布。为了精确定位，热电偶采用铁丝和胶带进行固定，误差约为 $\pm 1mm$。热电偶沿管深方向从上到下（z 方向）布置：分别位于 0m、1m、2.1m、2.5m、2.9m、3.1m、3.5m、3.9m、5.75m 和 6.25m 的深度；在这十个横截面当中，每个截面从顶部（$y=1.5m$）到底部（$y=0m$）的竖直方向上，每隔 0.25m 设置测点，并编号从 0 到 6；分别用 F 和 2 号来表征远边界和靠近埋管处（距箱体边缘 0.45m）的测点。例如，$Z=5.75m-F2$ 是位于 $z=5.75m$，$x=0m$ 和 $y=1m$ 处的远边界点。

各测点温度均采用管径为 0.4mm 的铜—康铜热电偶（T 形热电偶）进行监测。该 T 形热电偶的精度为 $\pm 1℃$，标定后最大绝对误差为 $\pm 0.23℃$。采用数据记录仪系统将热电偶所采集的温度数据输入到计算机，数据记录仪的精度为 $\pm 0.5℃$。实验中温度数据记录的时间间隔为 15min。

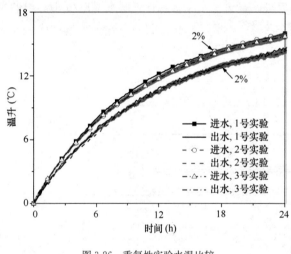

图 3-26   重复性实验水温比较

为了检验实验台的可靠性，着重考察了箱体周围环境的影响，并进行了多次重复实验。为了削弱实验装置内远边界温度的影响，选取 24h 作为实验运行时长，选定 300W 恒定功率的电加热器用于水箱内流体加热。实验过程中流体平均流速为 0.65m/s。在相同的实验条件下，重复实验三次。三组实验中的地埋管进出水温度之间的差异均在 $\pm 2\%$ 以内，可重复性良好（图 3-26）。考虑三组实验数据间的差异较小，选取其中数据最为齐备的 3 号实验组来进行具体实验分析。

如图 3-27 所示为 3 号实验组中 24h 释热期内的水温及土壤温度变化。虽然实验过程中水箱内置具有恒定功率的电加热器，但箱体内被加热的水中仅有一部分流体被用于埋管传热，因而实验初始时土壤的释热量较小。随着时间的增加，地埋管进出水温逐渐上升，且两者间的差异由 1℃ 升至并稳定于 3℃ 左右（图 3-27a）。图 3-27（b）进一步表明了周围环境是否对实验台内测试数据有影响。在 24h 测试内，即使实验台周围环境温度出现了 2.9℃ 的剧烈变化，但砂（$Z=1m-F_6$）和泥（$Z=5.75m-F_2$）的远边界测点温度基本保持不变。说明实验台的保温性能较好，而周围环境温度的影响极小，数据较为可靠。实验期间的土壤初始平均温度为 13.8℃。

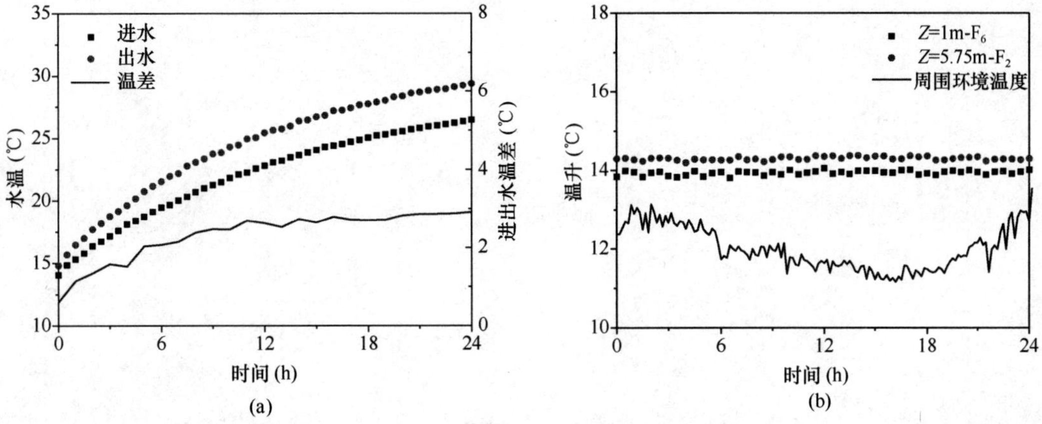

图 3-27　3 号实验组 24h 释热期内变化

（a）进出水温及其温差；（b）周围环境温度和远边界土壤温度

第 2 篇

工程设计与实践

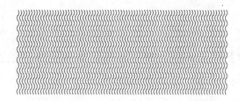

第 4 章

地埋管设计计算方法

4.1 地埋管地源热泵系统对应的负荷特征

对于传统冷热源系统，建筑负荷分析的主要目的在于指导冷热源系统方案以及冷热源设备的优化选择。对于地源热泵系统，其原理是将室内的冷热量通过热泵转移到大地中，通过季节转换从大地吸热或排热。其主要组成部分——地下换热器的工作性能直接与其承担的负荷特征有关，对拟采用地源热泵系统的工程进行负荷分析，其目的不仅仅是为设备选型服务，更重要的是分析地下换热器能否长期正常运行，尤其是不同建筑的负荷特征作用下地源热泵系统是否能适应。因此，冷热负荷的特性是构建地源热泵系统以及性能分析的前提，事关实际工程中地源热泵系统方案的可行性，其特性分析要比传统冷热源系统更为重要。

需要注意的是，地埋管承担的负荷与建筑负荷是两个不同的概念。地埋管承担的负荷是在建筑负荷作用下，地源热泵系统把建筑负荷转移到岩土的过程中地埋管冷热量的释放量。地埋管的负荷实际上受到建筑负荷、输配系统的得失热量、热泵机组的能效系数以及热泵机组启停控制与运行策略的影响，具体将在 4.3.3 节中详细论述其关系。地埋管承担的负荷虽然从系统上讲不直接与建筑负荷相关，但是其变化规律还是受到了建筑负荷的影响，即使其变化量不是一致的。比如办公建筑，周末建筑负荷为零，所对应的地埋管负荷仍然为零。因此，研究不同的建筑负荷特性，实际也对应了不同地源热泵系统的地下埋管系统的特性。居住建筑、办公建筑、商业建筑、宾馆建筑、医院建筑等的负荷特性分析，在笔者《动态负荷下地源热泵性能研究》的专著中有详细的分析，本书不再赘述。

本章讲述的地源热泵系统负荷，具体指的是地埋管承担的冷热负荷。

针对地源热泵系统的可行性和运行性能的变化，其动态负荷特征从工程实际应用出发，提出以下三个特征量来描述：历年负荷总量的累积特性、负荷强度的变化性以及负荷持续性。

4.1.1 负荷总量的累积特性

负荷总量的概念是指地源热泵的使用时间内，为了维持室内环境质量，要求地源热泵系统排放给大地或从大地提取热量的总和。对于地源热泵系统，室内的多余冷热量是通过地下换热器排放给大地。由于地下换热器与大地的换热状态是一种不稳定传热。热量的排放是以换热器为中心逐渐向周围岩土扩散；热量的提取是以换热器为中心，从周围岩土逐渐汇集。随着负荷总量即排放总量的增加，热量大量聚集在换热器附近的岩土中，热量的扩散更加缓慢，地下换热器换热能力是持续衰减的。地下换热器换热能力的恢复，要依靠从远边界岩土中将热量提取出来，反之亦然。如果历年累积的冷热负荷总量存在差异，并随使用时间的增加而累积起来，最终会使地源热泵难以正常运行。因此，负荷总量的累积特征对地源热泵系统影响很大，甚至可能是决定地源热泵系统寿命的关键因素。

　　图 4-1 表征了 3 种典型的负荷总量累积变化特征。第 1 种是"平衡型"，若工程是冬季开始投入使用，地源热泵系统从大地提取热量，地下换热器周围岩土中的热量逐渐减少，温度逐渐降低，取热条件逐渐恶化，地源热泵系统能效比逐渐下降，直到取热结束。过渡季后，转为夏季排热。冬季的取热为夏季排热创造了良好的条件。

　　地源热泵系统排热初期的能效比很高。排热使地下换热器周围岩土中的热量逐渐增加，温度逐渐回升，排热条件逐渐恶化，能效比下降到排热结束。过渡季后，又将转为冬季取热工况。若此时夏季的累积排热总量与上一个冬季累积的取热总量相等。换热器周围岩土的热量和温度将恢复为原状。若每年均如此，负荷总量变化曲线如图 4-1 中的曲线①，始终在零总负荷线下波动。每年触及 1 次零总负荷线，但不跨越零总负荷线。如果工程是夏季开始投入使用，则总负荷线在零总负荷线上波动，每年触及 1 次零总负荷线，但也不跨越零总负荷线，如图 4-1 中的曲线④。显然冬季开始投入使用的工程，有利夏季的季节能效比的提高；夏季开始投入使用的工程，有利冬季的季节能效比的提高。

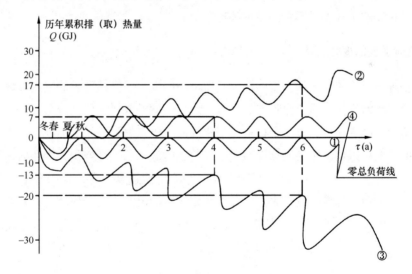

图 4-1　历年负荷总量累积曲线

备注：冬季开始投入运行：①平衡型；②累积排热型；③累积取热型

夏季开始投入运行：④平衡型。

　　在实际工程中，某一年负荷总量变化曲线可能向上或向下跨越零总负荷线。但必须在这一年后不长的时间内由相反的方向跨越零总负荷线，保持历年负荷总量累积曲线始终在零总负荷线上下波动。这样的负荷总量变化特征，表明地源热泵可能长期有效运行。第 2 种负荷总量变化特征是"累积排热型"。仍以工程是冬季开始投入使用为例进行分析。冬季的取热使负荷总量变化曲线从零总负荷线下降，到冬季结束时曲线下降到最低点，随后的过渡季中，曲线水平伸展。到夏季排热时，曲线转而上升，如果夏季排热总量超过冬季取热总量，曲线将向上跨越零总负荷线，下一个冬季的取热可能使曲线向下跨越零总负荷线，但由于取热量小于前一个夏季的排热量，曲线没有降到前一个冬季所达到的最低点。随后又一个夏季的排热，曲线再次向上跨越零总负荷线，并超过前一个夏季上升的高度。随着逐年的累积，负荷总量累积曲线越来越偏离零总负荷线，向上攀升，如图 4-1 中的曲线②。这意味着地下换热器周围岩土中累积的热量逐渐增加，温度逐渐上升，地源热泵排热的能效比逐年下降，最终不能运行。这种情况下必须采取措施增加取热量，将累积排热型调整为平衡型，才能实现地源热泵的长期持续使用。

第 3 种负荷总量变化特征是"累积取热型"。在这种负荷总量变化特征下长期运行，负荷总量累积曲线将逐年向下偏离零总负荷线，如图 4-1 中的③。这意味着地下换热器周围岩土温度逐年下降，使地源热泵取热的能效比逐年下降，最终仍不能运行。调整的关键措施是增加排热。上述分析表明，负荷总量的累积，决定了地源热泵系统的使用寿命，实际工程中，若不能消除累积取热型、累积排热型负荷总量变化特征，则不能选择地源热泵系统，因此可用累积热量作为表征负荷总量变化性的特征参数。如图 4-1 中的①和④的历年累积热量为零，而曲线②的 4 年累积热量为 7GJ；6 年累积排热量为 17GJ。曲线的③的 4 年累积热量为 13GJ；6 年累积排热量为 20GJ。曲线①和④的工程项目适宜采用地源热泵，曲线②和③的工程项目不宜采用地源热泵。

4.1.2 负荷强度的变化特性

对于地源热泵系统，负荷强度的概念是单位时间内为了维持要求的室内环境，需要地源热泵系统排放给岩土或从岩土吸取的热量。负荷强度的变化性可以分为日负荷强度变化特性、周负荷强度变化性、季节负荷强度变化性等。概念之间的区别主要在于考察变化性时间范围的不同，以便确定在周期性时间变化范围内的负荷强度变化，为评估地埋管与岩土的热量交换对岩土温度的影响。而对于周期性的负荷强度变化，是由多个时刻负荷组成。因此，时刻负荷的变化量是表征负荷强度变化性的尺度。负荷强度变化特性的特性参数用负荷强度的峰谷比 R_q 表示，其定义为在地源热泵系统的某持续运行时间段内，其峰值时刻负荷 q_H 与低谷时刻负荷 q_L 的比值，由式（4-1）表达。

即
$$R_q = \frac{q_H}{q_L} \qquad\qquad (4\text{-}1)$$

在持续运行时间段内，负荷强度的峰谷比 R_q 越接近 1，表示负荷稳定，对地源热泵地下换热器的影响容易评估，也给地埋管换热性能计算带来了方便。对于日负荷强度变化特性，用一日地源热泵系统运行时间段内的埋管承担负荷峰值与该日运行时间段内的低谷负荷的比值来表征；周负荷强度变化性、季节负荷强度变化性特征参数对应的时间段即为一周和一个运行季节。

负荷强度变化特性分析的目的在于工程的需要，以方便评估地埋管的换热性能。如果自一次运行结束后，第二次运行前有一段停止运行的时间，使地下换热器周围岩土温度能够恢复到接近初始状态（即地埋管换热器周围岩土温度降低或升高到运行前岩土的初始温度，这个时间过程称为地埋管换热器岩土温度的恢复期），则主要进行日负荷强度变化特性分析；如果一日内不含恢复期，一周内地下换热器具有恢复期，使第二周运行前地下换热器能够恢复到初始状态，这就应进行周负荷强度变化性分析；如果周运期内仍不能恢复，这就应进行季节负荷强度变化性分析。实际上，这种周期性分析为长时间的地源热泵系统能效分析带来了方便。如某季节内日负荷能够恢复，季节的计算就可以按照日负荷的结果来分析；若周负荷能够恢复，就可以按照周负荷的结果来评估整个季节的影响，但前提是每一个周期性负荷是相似的。这种方法显然降低了定量评估地埋管长时间运行性能的工作量。

定义负荷强度的目的是为分析一个周期内地源热泵系统的能效服务的，它考虑了在该时间段内的负荷的具体变化。以日负荷强度为例，由于一天内室外气象参数和室内使用情况的变化，地源热泵地下环路系统承担的负荷值也相应变化。有时很高，有时很低，甚至在某些时间段内，地源热泵系统地埋管承担的负荷可能为零。将一天 24h 的地源热泵系统负荷进行逐时统计，可得到日负荷强度变化曲线。

4.1.3　负荷的持续性

对于一个特定的建筑，在确定了室内设计参数后，地源热泵系统负荷是随时刻动态变化的。在某些时刻负荷大，某些时刻负荷小，甚至在某些时间段内负荷为零。地源热泵系统地下换热器的换热状态有两种情况，一种是换热器处于运行状态，即换热器内流体处于流动传热，室内余热或余冷持续作用在换热器上；另一种情况是换热器停止运行，即换热器内流体状态处于静态，以停止运行前的热状态和岩土进行传热，室内无余热或余冷作用换热器。在这两种状态下，换热器的传热状态是不同的。存在这两种情况的换热器实际处于间歇运行状态。系统不同的运行时间和不同的停机时间，对换热器的影响是不同的。因此，对于地源热泵系统，讨论负荷强度的变化性很重要。

在实际运行过程中，当负荷降低到一定程度时，设备设定的感知参数达到设备的停机条件，设备停机。停机后地下换热器处于一种恢复状态。这种恢复期状态持续的时间越长，对于地下换热器高能效运行越有利。如果系统处于连续运行状态，地下换热器处于连续换热状态，当运行时间达到一定程度时，地下换热器的换热能力到达一个极限值，如果负荷时间继续延长，地下换热器的换热性能开始恶化，并随时间的持续进一步降低，当持续时间到达岩土温度和进水温度接近时，换热器已无换热能力。系统的启停状态直接决定换热器的换热能力，因此，负荷的持续性所决定的热泵机组启停状态是影响地源热泵系统能效的重要因素。

负荷的持续性，由负荷持续时间（等于地源热泵机组不间断地持续运行的时间 τ_a）

以及负荷的中断时间（等于热泵机组两次连续运行之间的停机时间 τ_b）来表达。其特性参数是负荷持续系数，由式（4-2）表达。

$$R_\tau = \frac{\tau_a}{\tau_b} \tag{4-2}$$

R_τ 越大，负荷的持续性越强。负荷的持续系数可分为一日内的负荷持续系数，一周内的负荷持续系数和一个天气过程中的负荷持续系数。对于单独提出天气过程的参数，主要考虑的是建筑负荷受到天气过程的影响，从而间接影响地埋管的负荷。如在夏季雨天状态下，居住建筑若采用通风形式来处理室内冷负荷，此状态下，热泵系统不启动，负荷中断。实际该阶段地埋管承担的负荷为零。即使在雨天的天气状况下，阵雨和阴雨也是不同的负荷特征。在阵雨天气状况下的负荷强度高于阴雨天气状况下的负荷强度。负荷的持续性看，阵雨有负荷时间，而阴雨天气状况下，负荷时间可能为零。不同的建筑特性，其天气的影响过程也是不同的。

负荷总量和负荷强度既有联系，又有区别。负荷总量表征的重点是地埋管承担冷热量的总量，该总量是所研究的时间段内的负荷叠加值，但该参数无法体现在该时间段内的负荷变化。而负荷强度却紧密地把负荷的持续时间和状态联系起来。在相同负荷时间下，相对同一建筑，负荷强度的逐时叠加值和负荷总量在数值上相等。但两者对地下换热器的影响意义是不同的，相对不同的建筑，即使历年累积热量相同，负荷强度的变化特性却可能不一致。负荷强度表现为平稳型和不平稳型。因此可用高峰负荷延续时间和零负荷持续时间表征负荷持续性。平稳型的高负荷强度对地下换热器的换热不利；若负荷强度不平稳，在某些时间段内负荷强度大，在某些时间段内负荷强度小，甚至为零，这样的负荷特征使得地下换热器具备一定的恢复期，这对地下换热器的换热条件的改善是有利的。

4.2　层换热理论的提出

4.2.1　竖直 U 形埋管地下换热器的 3 区模型

地下换热器换热性能由换热时间、换热器内的流量以及换热器布局、岩土地质状况等多方面因素决定。地下换热器内水温度分布和换热器附近换热区域的岩土温度分布存在动态特征。

U 形垂直埋管地下换热器分为下降管（进水管）和上升管（出水管）。从实测和模拟数据看，下降管和上升管的温度分布和换热情况是不一致的。

在岩土保持初始温度条件下，地下换热器启动工作。初始的换热效率很高，此段时间内的平均传热系数达到最高。此时，水流一进入到下降管，就与岩土进行换热，温度从入口处开始变化。水温在换热器进水管段一定深度内变化很快。当运行时间达到一定程度后，换热器的平均传热系数开始逐步下降，最后达到一个准稳定期[118]。这一初始换热过程时间短。

当换热器换热时间达到一定程度时，换热器换热达到准稳定期。在进水温度保持不变的情况下，从下降管口到一定的深度范围内，水温没有发生明显的变化，而穿过这一深度后，水温开始发生明显的变化。这一深度称为换热起始深度。从这一深度起，随着深度的增加，冬季水温开始明显上升；夏季，水温开始明显下降。当水流继续下降到达某个深度时，水温已接近岩土温度。越过这个深度后，直到孔底，岩土温度不随深度变化，水温也不随深度变化，不发生换热，称这一深度为换热终止深度。水流在孔底转入到出水管，向上流动。出水管内水流，从埋管底部开始上升时，水温基本保持不变，但当流体上升到换热终止深度以上后，若出水管未保温隔热，由于受到变化后岩土温度的影响，出水水温开始发生变化。在冬季状况下，水流在上升中温度下降；在夏季状况下，水流在上升中温度上升。

对于下降管，从换热器内水温和换热器换热附近区域温度分布规律看，可以将换热器整个深度范围，分为 3 个不同状态的换热区。第一个为饱和换热区，从入口开始到换热起始深度止，用深度表达为 $L_{饱和}$。形成饱和区的机理是，当岩土温度为初始状态时，从冷凝器来的流体温度较高，一旦进入到地下换热器，立即通过换热器管壁与周围岩土进行换热。当换热量和换热时间达到一定程度时，从下降管入口开始的上部区域周围岩土温度逐渐接近下降管入口水温，从工程意义上说，当换热器周围岩土温度和换热器内的流体温度接近到一定程度时，换热器内流体与岩土换热量已不具有实际意义，在该深度范围换热器的换热能力无工程价值，这个深度范围内的区域即为饱和换热区。

第二个区为换热区，从换热起始深度开始，到工程意义上的换热终止深度为止。实际地埋管主要依靠该换热区与岩土进行冷热交换。当下降管内水流穿过饱和换热区后，进入到换热区，换热器周围岩土温度和水温存在明显温差，水流与岩土进行热量交换，水温沿深度变化，用深度表达即为 $L_{换热}$。

第三区为未换热区，从换热终止深度起，到换热器存在的孔底止。当换热器内水流穿过换热区后，温度降到与周围岩土的温度接近，换热量也不具有实际意义，水流在下降管内降到底，温度保持不变，用深度表达为 $L_{未}$。

4.2.2　地下换热器的 3 区变化规律

用 L 表示地下换热器的埋设深度，则三个换热区域的长度关系满足式（4-3）。

$$L = L_{饱和} + L_{换热} + L_{未} \qquad (4\text{-}3)$$

换热的三个区域深度，如图 4-2 所示，即饱和换热区深度 $L_{饱和}$、换热区深度 $L_{换热}$、未换热区深度 $L_{未}$，是动态变化的。如果换热量大，换热时间长，饱和换热区的深度 $L_{饱和}$ 大，并逐渐向换热器下部推移。若运行参数不变，换热 $L_{换热}$ 不变，但位置要随饱和换热区的发

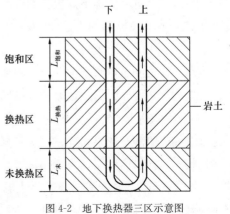

图 4-2　地下换热器三区示意图

展而向下移动。换热区的下移使得未换热区 $L_{未}$ 减小。当饱和换热区扩散到一定程度时，未换热区消失，$L_{未}=0$。当饱和换热区扩散到最大程度时，换热区和未换热区都消失，$L_{换热}=0$，$L_{未}=0$。此时若进水温度不变，换热器换热能力丧失，换热器已经不能换热。

对于上升管，未换热区存在的条件下，即 $L_{未}\neq0$，出水管没有换热能力，未换热深度消失后，即 $L_{未}=0$ 后，出水管换热能力才开始作用。

实验和数值分析均发现，不保温的换热器出水管，出水温度和其底部区域的水温不一致。相对于底部，出水温度夏季上升，冬季下降。其主要原因是来自底部换热后的深层水流要经过饱和换热区，该区域包围上升管的岩土温度接近进水温度，上升管内的水温存在反向温差，加热了降温后的水流或冷却了升温后的水流，明显降低了地下换热器的能力，当 $L_{饱和}$ 足够大时，甚至可使出水温度等于进水温度，地下换热器的换热能力发挥不出来。称此现象为饱和换热区对地下换热器的热封锁。出水管保温隔热是突破热封锁的有效措施。

三个区域的长短变化直接决定了换热器换热能力。而输入到地下换热器的热量强度和持续时间直接在 $L_{饱和}$、$L_{换热}$、$L_{未}$ 的数值上体现出来。$L_{饱和}$ 深度大表示换热器的持续换热时间较长；$L_{未}$ 深度大表示换热器持续稳定，换热时间长，如果 $L_{未}$ 深度浅则显示换热器的持续稳定，换热时间短。

系统持续运行时间长，换热器承担的换热量就是持续的，这就导致了换热器周围的岩土温度是持续上升或持续下降，换热器的换热能力也逐步下降。$L_{饱和}$ 的深度逐渐下移，若系统没有恢复时间，这个深度就会持续增加，$L_{未}$ 的深度逐渐减少。当系统在间歇运行状态下，换热器周围岩土具有一定恢复时间。在夏季状况下，换热器排热量逐渐向周围岩土进行扩散，在冬季状况下周围岩土热量向换热器区域扩散，使得换热器周围的岩土从下向上恢复，$L_{饱和}$ 的深度向上收缩，$L_{未}$ 的长度逐渐增大，换热器的换热能力逐步得到恢复。

在相同运行时间条件下，如果进水温度不同，同样会影响到换热器的换热能力。夏季进水温度越高，换热器承担的换热量就越大，在相同时间内，$L_{饱和}$ 的深度向下延伸的长度就越长，$L_{换热}$、$L_{未}$ 的长度就逐渐减少。当在夏季换热器达不到换热器的设计换热量，即 $L_{未}$ 的长度为零的条件时，地下换热器的出水温度就会过高（冬季出水温度过低），经过冷凝器之后，进入到地下换热器的进水温度就会持续提高，地下换热器的 $L_{饱和}$ 的长度逐渐增加，地下换热器的 $L_{未}$ 的长度逐渐减少，$L_{未}=0$ 后，地源热泵系统的 EER 开始下降。

同理，在相同运行时间条件下，如果进水温度相同，流量不同，同样会影响到换热器的换热能力。主要原因仍然是单位换热量提高，导致 $L_{饱和}$、$L_{换热}$、$L_{未}$ 的动态变化。

图 4-3 为在某地源热泵系统地下换热器冬季实测试换热器内水温分布图；图 4-4 为课题组建立的实验地源热泵系统，夏季实测的换热器内水温分布图。两个系统测试的状态均为运行状态，换热器埋深均为 50m。

从图 4-3 可以看出，换热器的进水温度为 14℃，下降到 2m 深度后，水温开始上升，当下降到 20m 深度后，水温停止上升保持在 17℃左右，已经和岩土的初始温度接近。水

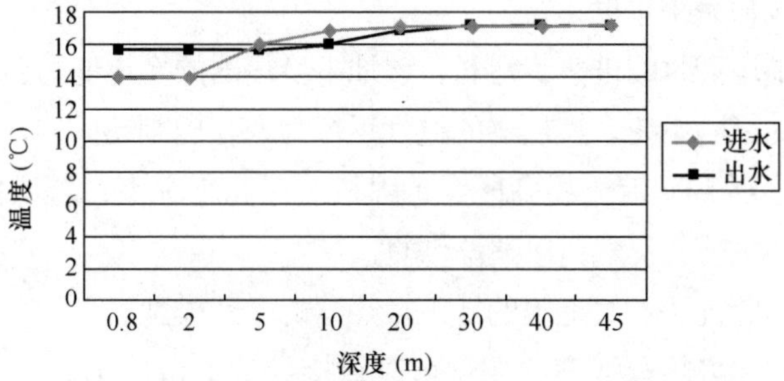

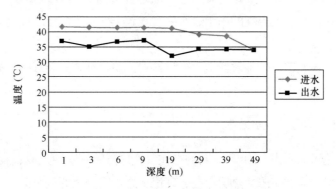

图 4-3　某地源热泵冬季地下换热器进出水温分布图

流经过换热器底部后开始进入到出水管，管内水温仍然基本保持不变，当水流上升到 20m 深度后，水温开始下降，达到出水管顶部时下降到 15.7℃。从实测数据分析，0～2m 区域为换热器的饱和区，2～20m 区域为换热区，20m 以下保持较长的未换热区。当流体从进水管到达出水管后，水温基本保持不变，主要原因是和岩土的初始温度接近。当流体达到 20m 左右时，水温下降，该区域为换热区，由于该区域进水管存在大量的热量交换，换热器周围的岩土温度受到了影响，即岩土温度相对初始温度已经下降，换热器内的流体温度开始受到影响。当流体进入到进水管内的饱和换热区时，岩土温度受到急剧影响，周围岩土温度远低于换热器内流体温度，对出水造成负面影响，出水温度降低。岩土的换热能力在该区域受到了损害，不能顺利带出换热器。

该系统的测试数据为运行 6h 后的测试数据，如果运行时间进一步延长，换热器内的层换热区域长度会相应发生变化。由于该系统为商业服务，夜晚系统不启动，地下换热器有一个较长的恢复期，第二日运行前，地温恢复。3 个换热区域周期性的变化，未出现 $L_{未}=0$，换热器性能下降的情况。

从图 4-4 可以看出，该系统运行时间长，在进水管到达 20m 以后才进入到换热区，0～20m 为饱和换热区，换热器内的水温和进水温度接近，为 41℃，当流体到达到换热器底部时，水温下降到 34℃，已不存在未换热区，$L_{未}=0$。换热区内的出水管产生换热功能，从孔底到 20m 深度左右，水温沿程下降到最低，为 32℃。此时，进入到饱和换热区，出水管内的水流被周围岩土加热，水温升高，到达出水管出口时，水温已升

图 4-4　某地源热泵地下换热器夏季测试数据

高至36℃。这说明了该系统过度运行。

可以预计，如果运行时间进一步延长，该地下换热器的换热能力会损失。值得注意的是该系统为课题组的试验系统，换热器的过度运行为人为控制造成的，实际工程中通常的热泵机组进水温度达到40℃就已经高压保护停机。在此工况下，若该换热器能够被提供足够的恢复时间，换热能力仍然可以逐渐恢复。

上述实测结果，验证了本文提出的地下换热器的3区模型。

综上，运行时间和换热量强度的变化可以直接导致 $L_饱和$、$L_换热$、$L_未$ 的变化。地下换热器换热各层的发展变化规律是：在某进水温度换热之初，此时饱和层尚未形成，$L_{饱和}=0$；从入口处开始到某一深度为换热层，其下为未换热层。随着换热的进行，入口处开始形成饱和层 $L_饱和$，换热层 $L_换热$ 下移，未换热层 $L_未$ 缩小。若负荷持续时间 τ_a 较短，饱和换热层 $L_饱和$ 较小，换热层 $L_换热$ 不变，且下移深度不大，未换热层 $L_未$ 保持较长深度。当负荷持续时间和强度提高后，饱和换热层 $L_饱和$ 逐渐增大，换热层 $L_换热$ 也增大并持续下移，未换热层 $L_未$ 逐渐减少。当换热到达一定程度后，换热器仅具有饱和换热层 $L_饱和$ 和换热层 $L_换热$，未换热层 $L_未$ 消失。这时地下换热器性能开始下降，最终丧失换热能力。未换热层 $L_未=0$ 时，地下换热器换热性能开始下降，当换热层 $L_换热$ 消失，即 $L_{换热}=0$，$L_{饱和}=L$，地下换热器换热能力丧失。因此，$L_饱和$、$L_换热$、$L_未$ 的动态变化值即是地下换热器换热能力变化的特性参数。

4.2.3 层换热理论

按照地下换热器的三区换热基本原理，实际也就得到了垂直埋管的层换热理论。即垂直埋管换热器的换热原理是分层换热的，地埋管换热器与地下岩土的换热是不均匀的，其突出的特征是竖向上的换热量是分层换热，其换热的值也是不同的，各自的换热量由换热器的冷热量释放量与岩土的温差决定。各层之间的 $L_饱和$、$L_换热$、$L_未$ 的分布现象直接说明了层换热理论的基本原理。

通过层换热理论，实际也解释了行业上对热短路认识的不足。ASHRAE 在地埋管换热理论分析中，基本强调的是进出水管（即下降管与上升管）的短路导致了出水管的出水品质受到了影响。实际上，热短路现象所导致的地埋管换热效率的降低并非是主要因素，根据层换热理论，饱和层的出现即由于进水温度导致上部岩土的温度提高才是主要影响出水管品质降低的主要原因。

层换热理论不仅能够有效地解释地下换热器的换热机理，更能够指导换热器有效长度的计算。

4.2.4 地下换热器的有效换热效率

从层换热理论可以看出，由于 $L_饱和$ 的存在，换热器无法发挥大地热能的最大利用率。在换热器的进水段，只要有未换热层存在，理论上进水管内水温均可以最大限度的接近大地初温。地下换热器在夏季放热状态下，较高温度的冷凝器出水进入到地下换热器的进水管，经岩土吸热后温度下降到接近大地初温，从传热温差看具有较大的换热效率；同理，地下换热器在冬季吸热状态下，较低温度的冷凝器出水进入到地下换热器的进水管，经岩土传热后温度能够温升到接近大地初温，地下换热器仍然具备较大的换热效率。而实际的状况是，不管是冬季状态还是夏季状态，地下换热器的出水温度均远离了大地初温，造成了换热效率下降，其根本原因就是由于 $L_{饱和}$ 的存在。夏季放热状态下，由于饱和层的温度远大于大地初始温度，地下换热器换热后的低温水经过饱和层后被加热，换热效率下降；冬季吸热状态下，由于饱和层的温度远低于大地初始温度，地下换热器换热后的高温水经过饱和层后被吸热，换热效率下降。

因此，定义地下换热器的实际换热量 q 与地下换热器理论上的最大换热量 Q 的比值为地下换热器的有效换热效率 ε。

$$\varepsilon = \frac{q}{Q} \tag{4-4}$$

举例说明，如岩土的初始温度为 19℃，按照地源热泵系统技术规程确定的最高流体温度为 33℃。夏季工况下，地下换热器的进出口温差为 5℃ 左右。按照公式（4-4）计算，此状态下的有效效率 ε 计算值为 0.357。即使按照目前地下换热器的进出口温度为 30℃ / 25℃ 的进出口温度进行计算，该换热器的有效效率 ε 的计算值仅为 0.454。

从有效换热效率值看，要达到 ε 为 1 的状态，其出水管的温度要接近岩土初始温度才能达到。实际工程中，出水管的温度都远大于岩土初始温度，即使在运行较好的 30℃ / 25℃ 的进出口温度条件下，换热器的效率 ε 仍然不到 0.5，这足以说明目前的地埋管换热器的效率还有待提升。

在动态负荷下，地下换热器的实际换热量由换热器的进水温度和流量以及运行时间等决定。地下换热器的理论最大换热量就是地下换热器的出水温度达到大地初温状态下的换热量。当地下换热器失去工程意义上的换热能力时，地下换热器的有效换热效率 $\varepsilon = 0$；可以假设，若地埋管的进水管与出水管之间保持足够的距离，底部能够联通，换热器呈现 ⊔ 的状态下，下降管能够保证换热温度接近岩土温度，出水管就能够有效保证出水温度与岩土温度接近，此时的 $\varepsilon = 1$。实际工程中，由于造价以及施工等原因，目前无法有效实现，U 形管换热器只能安装在同一个换热孔中，根据层换热理论，其出水温度根本无法达到岩土温度。但是，在现有的安装条件下，若地下换热器的出水管能够做到绝热处理，地下换热器的实际换热量就有可能达到最大理论换热量，此时 $\varepsilon = 1$。因此，有效换热效率 ε 在 0～1 之间变化。

由于饱和层的温度越高，饱和层的厚度越大，地下换热器出水管内的水温损失越大，即能量损失越大。因此，要保证地下换热器具有较高的有效换热效率，就要对地下换热器的出水管采取保温措施，其保温深度和饱和层的深度一致。

按照层理论分析，换热器埋深深度应该具有一个最佳长度。在这个最佳长度下，地下换热器的有效换热效率 ε 也达到最大。因此，在实际工程中，要根据运行时间和换热器的流量和进水温度等共同决定地下换热器的埋深。如果在运行周期末，地下换热器未换热层才接近 0，此时的埋深深度就是最佳的。利用该结果就能避免不考虑换热器承担的动态负荷状况，而盲目提高地下换热器埋深的错误技术措施。

4.3   计算方法的选择

4.3.1   合理埋管深度的确定原则

按照层换热理论，在季节运行期末未换热层刚刚消失，此时的地下换热器深度就是最佳的埋管深度。但从实际的工程运行看，大部分工程很难达到层换热理论提出的三区分层换热现象，其主要原因有：1）竖向上的地质特征是分层的，即竖向上不同的地质状况下，岩土的导热系数、热容等参数均不同，有可能打破分层换热现象。2）设计深度不够，即换热器埋管的深度没有达到有效深度，地下埋管换热器本身的换热量不够，此时的未换热层就不会出现。3）由于施工达不到要求，特别是回填的工艺中，竖向上的回填密实度不同引起竖向换热不均匀，甚至部分深度换热效率极低，也会导致分层换热现象不明显。从中国的大量地埋管出水温度看，夏季能够达到 25℃ 出水的工程

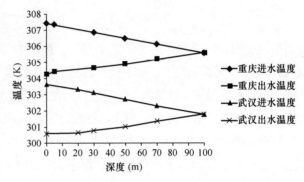

图 4-5   重庆与武汉的典型地质情况下的进出水温度分布

不多，说明设计与施工均有可能存在问题。因此，从地埋管的竖向温度分布看，较少有严格按照层换热理论的温度分布特点，基本呈现倒 V 形的进出水温度分布特点（图 4-5），达到埋管换热器底部的温度很难接近岩土初始温度的分布情况，基本都远高于岩土初始温度。但从竖向上的换热量分析看，主要的换热量仍然集中在中下部换热器发

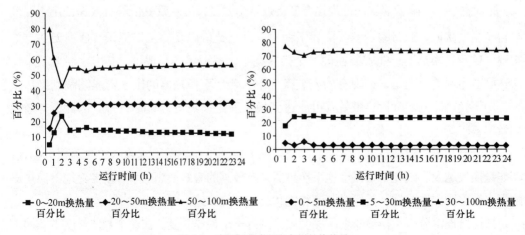

图 4-6   武汉与重庆竖向各层的换热量

挥作用，如图 4-6 所示。

　　图 4-6 的计算条件为输入热源功率为 8kW，埋深为 100m，埋管形式为双 U 管换热器，运行时间 24h。两种地质条件不同[119]，岩土初始温度重庆为 18.85℃，武汉为 17℃。

　　从图 4-6 可以看出，由于地质条件的不同，地下埋管换热器的换热能力差异决定了达到温度阶段的进出水温度不同。武汉地区典型地质条件下地埋管的出水温度为 27.43℃；重庆地区典型地质结构下地埋管的出水温度为 31.13℃。武汉与重庆的换热器底部水温均与岩土初始温度差别较大。说明地埋管换热器的输入功率过大或者地埋管换热器的设计深度不够。同时，也可以看到，由于地埋管在出水方向上温度仍然在降低，说明短期内的饱和层尚未形成（该结果是地埋管运行 24h 的结果），上部的岩土温度尚未达到饱和，仍然有换热的能力。这个案例从侧面也反映了短期运行的地埋管饱和层体现不明显，主要是累计的冷热量还不足以改变上部岩层的问题。但是，从层换热理论的角度分析，仍然是满足层换热理论的基本机理。

　　因此，要确定合理的埋管深度，层换热理论强调了计算中需要考虑的内容：1）如果负荷的动态变化使得地埋管换热器的未换热层保持在一定的深度范围内，在全年负荷时段内，继续增加埋管深度已毫无意义。2）埋管换热器的单位长度换热量只能作为方案阶段的估算依据，而不能作为实际确定地埋管换热器埋深的依据。从层换热理论看，埋管换热器的单位长度换热量是动态变化的，且不同埋深的单位长度换热量差异也很大。3）地埋管换热器在岩土中换热后，出水管到达地面前一定距离内，要经过饱和换热层。不管是冬季还是夏季，换热器在换热层进行热量交换后，升温后的流体或降温后的流体，均要损失热量。为防止饱和换热层对出水管的影响，对出水管在饱和换热层内进行保温是必须的，保温深度和饱和换热层的深度一致。

　　对于地埋管的保温对换热性能的作用，课题组在中冶赛迪办公楼地源热泵系统中进行了实践。该项目埋管深度为 80m，对地下 25m 的地下换热器出水管进行了保温（采用橡塑材料），测试结果表明，夏季出水温度降低了 1℃。按照中国大多数地埋管地源热泵的进出水温差看，基本保持在 4～5℃ 的范围。降低 1℃，实际地埋管换热效率已经效率提升了 20%～25%，足以见得其保温对地埋管换热效率的提升能力。对于保温方式，若要进行大规模的应用，采用传统方式进行保温对于施工与成本都可能带来一定的问题。若采用自保温的方式，在地下换热器生产工厂中就实现保温，不仅可以降低造价，还可能降低施工成本。中国国家知识产权局 2015 年公布了这种自保温的地埋管形式，专利号为 CN204388423U。即在保温深度的地埋管做成双层结构形式，两层之间为真空，自然形成保温层。若该结构造价低、易于生产，就能够实现大规模的应用。值得注意的是，由于保温的深度是饱和层，不同的项目，由于涉及负荷特性以及岩土地质条件的不同，其饱和层深度不同。因此，需要在设计中根据计算结果提出地下换热器的保温厚度，实现产品的定制。

4.3.2　合理埋管深度的计算方法

　　对于地下换热器合理埋管深度的计算方法，在本书第 3 章和第 4 章中分别论述了计算模型和计算方法。但是，作为设计人员，如何进行清晰的设计步骤，需要得到明确的设计流程。

对于实际工程而言，实际有三类地埋管的设计方法。第一就是解析解方法，第二就是采用数值计算方法，第三为解析解和数值解结合的方法。本节将针对这三类设计方法进行步骤与流程介绍，以明确设计方法。

4.3.2.1　解析解方法

解析解方法主要集中在一维和二维的计算方法上，具体详见第 3 章的埋管模型。对于一维的方法，主要的模型为线热源方法，即将埋管 U 形管简化成一个恒热源功率的热源。对于二维的计算方法，实际也是以一维模型为基础，将 U 形管的上升管和下降管分别看作两个不同功率的线热源，其本质仍然是线热源方法。

《地源热泵系统工程技术规范》GB 50366 附录 C.0.2 中有明确的地埋管深度计算方法。该方法可以分别计算制冷或制热状态下的地埋管深度，规范推荐在中小型的地埋管地源热泵埋管计算中采用。但是，对于大型的地埋管地源热泵，规范仍然推荐采用专用软件进行计算。

《地源热泵系统工程技术规范》GB 50366 附录 C.0.2 的计算方法实际是沿用了美国 ASHRAE 学会 1993 年出版的《地源热泵工程技术指南》。该方法来源于一维的线热源方法。线热源方法为典型的热阻解析解方法，可以迅速得到计算结果。目前，国内和国际的一些计算软件，包括国际地源热泵协会（GSHPA）推荐的部分计算软件，实际就是这种线热源方法。该方法忽略了地质条件、竖向不同换热量等精确的计算边界条件。从实际的应用看，公式中冬夏季水源热泵 EER 或 COP 实际都是变化的，也很难实现动态负荷对地埋管换热性能的影响评估。因此，使用者在选择国际或国内的计算软件，首先需要清楚该软件的模型建立情况。对于一维的计算方法，无法获得竖向上的动态换热规律以及耦合的岩土温度变化。《地源热泵系统工程技术规范》GB 50366 中的 4.3.5 推荐了几种专用计算软件。这几种计算软件中，有的仍然采用的一维的计算方法，部分考虑了二维的计算方法。

虽然一维和二维模型做了简化，但解析解的优势在于计算量小，也很容易编制出计算软件，对于工程应用带来了方便。

4.3.2.2　数值解方法

要精确计算岩土与地埋管的耦合换热情况，一般是按照三维或准三维的计算模型进行。计算模型在第 3 章中进行了详细的论述，国家标准也鼓励采用各种专用软件进行计算，仅对计算功能做了明确的规定。

三维数值计算存在建模问题，可以采用 CFD 中的各种软件进行建模计算。不管采用何种方法进行计算，均存在如何判断合理的埋管深度问题。可以采用两种指标判断方法进行，即层换热理论计算方法和进出水温度判断方法。

基于层换热理论方法，在前面已经明确了如何计算得到季节末，地下换热器的未换热层消失即为合理的埋管深度。因此，通过季节计算就可以得到冬季或夏季的合理埋管深度。这种方法必须要不断调整计算埋管的深度，通过季节的长时间计算，才能够得到计算深度。

若不按照未换热层的深度作为判断依据，就可以简单按照进出水的温度关系进行判断。对于地埋管地源热泵系统，其造价是远高于其他传统冷热源系统形式的。按照技术经济比较的基本方法，若回收期不控制在一定的范围，其合理性就值得考虑。如在夏季，需要控制地下换热器的进出水温度要远低于传统冷却塔的进出水温度，才能保证效率远高于传统冷热源方式，这才能够实现回收期的降低。以冷水机组＋冷却塔的传统冷源方式的工况为例，标准工况确定的是冷却水进出水温度工况为 30℃ /35℃（各地湿球温度不同，其实际运行工况有变化）。要保证地埋管地源热泵系统效率要高于冷却塔方式，其地埋管的出水温度就至少低于 30℃（在地下埋管循环系统的水泵能耗和传统冷却水系统冷却水循环水泵能耗相当的前提下），即要低于冷却塔的出水温度才能体现节能的效率。实际工程比较中需按照年为周期的计算，通过夏季和冬季节能率进行叠加计算才能获得全年的节能率。《地源热泵系统工程技术规范》GB 50366 中虽然规定"地埋管换热器出口最高温度宜低于 33℃；冬季运行期间，不添加防冻剂的地埋管换热器进口最低温度宜高于 4℃"，但是，需要注意的是这仅仅是一个限值，是一个最低要求。规范也明确了在有利于全寿命周期费用的条件下，应对地埋管的冬夏季水温进行调整。

合理的水温判断以及埋管深度计算方法，可以采用图 4-7 的方法进行。

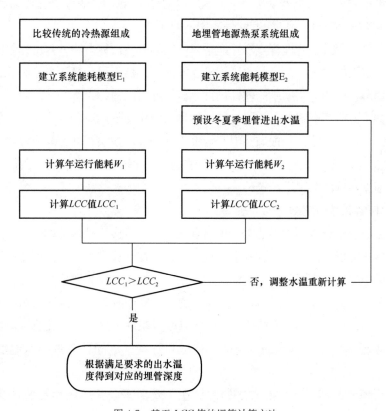

图 4-7　基于 LCC 值的埋管计算方法

图 4-7 中的能耗模型计算，目前均有相关的计算方法。能耗模型主要存在机组的能耗模型和水泵的能耗模型。对于冷水机组以及水源热泵，均可以通过冷却塔进、出水温度或地埋管进水、出温度回归关系式得到机组的能耗；若热源采用锅炉或其他热源设备，也有相应的计算方法得到冬季运行能耗。这里需要说明的是，不管是初投资还是年能耗计算，对于地源热泵系统而言，可以通过热响应实验得到的初步结果进行埋管的方案布置（如埋管负荷、埋管深度、间距、流量等基本参数），以该方案为基础进行详细计算比较。对于各自的循环水泵，也可以通过水流量回归关系式来获得水泵的能耗。因此，通过系统能耗模型 E_1 和 E_2 都能够获得计算结果。通过年运行时间就可以分别得到年运行能耗 W_1 和 W_2。需要注意的是，由于地埋管地源热泵的进出水温度在地埋管承担的冷热量不平衡的状态下，有可能导致每年的进出水温度不一致，此时就需要进行年能耗的逐年计算，而传统空调的能耗不受到热平衡的影响，可以根据 LCC 确定的具体年数进行叠加计算，就可以得到 LCC（全生命周期成本）期间的总运行费。

初投资和运行费涉及地埋管地源热泵系统是否经济，由于 LCC 值将初投资和总运行费进行了计算，其 LCC 值的大小就可以判断方案的经济性。因此，若传统冷热源方案（LCC_1）与地埋管地源热泵系统方案（LCC_2）的 LCC 进行比较，得到 $LCC_1 \leqslant LCC_2$，就说明采用地埋管地源热泵系统是不经济的。此时就需要重新调整地埋管的深度和数量，得到新的埋管进出水温度，重新计算投资与能耗，得到新的 LCC 值。当 $LCC_1 > LCC_2$ 时，此时的地埋管地源热泵系统就是经济可行的。由于在计算中，不断调整了埋管数量和深度，得到合理 LCC 值条件下的深度就是最佳埋管深度。

从上述计算步骤看，若埋管换热性能采用三维的数值计算方法，其工作量比较大。特别是埋管数量很大的情况下，目前的计算机性能很难满足工程计算要求，因此，大部分项目目前均采用解析解的方法编制的软件进行计算，这可以节约大量的计算时间。到目前为止，大量的文献说明解析解基础上的计算软件可以应用在长期运行的项目上，但目前无相关长时间运行项目验证的公开报道。但不管采用何种计算方法，从计算步骤看，规范所要求的做 10 年以上的岩土侧热平衡计算，实际在这个过程中已经完成了。因此，设计者或研究者可以根据不同的情况进行选择。

4.3.2.3　解析解和数值解结合的方法

解析解和数值解结合的方法的主要思路有两个：①将换热孔内地埋管换热器的换热过程采用稳态导热解析计算，孔外温度采用数值计算。在计算过程中，先利用钻孔壁初始时刻温度计算进出口温度，同时计算变热流边界条件下的该时刻孔壁平均温度，该温度作为下一时刻岩土区域的热流边界进行逐步递进计算。而对于孔外岩土区域就可以采用有限容积法等进行数值计算[120]。②将钻孔内的流体温度分布采用准三维的数值解计算，孔外采用有限长线热源模型，然后通过一定的程序进行连接，从而计算进出水温度和岩土温度场[121]。

对于解析解和数值解结合的方法的优势在于避免了全区域采用数值计算方法所带来的时长问题，降低了整体的计算时间，但计算结果仍然与实际换热过程存在一定的差异。

4.3.3　地埋管地下换热系统基本计算步骤

不管是采用哪一种方法，计算的核心是要获得埋管的进出水温度变化关系。因此，对于埋管的换热计算，其基本的步骤可以参照如下：

1. 热响应实验

热响应实验的目的是获得埋管区域以及深度范围内的岩土导热系数和比热容。在 20 世纪 90 年代，国内热响应实验还未普及的时候，通常采用两个方法进行。第一个方法是直接采用地质手册，通过钻孔的取样，根据埋管深度内的岩芯，判断是何种类型，然后对应地质层，查找导热系数和比热容。第二个方法采用实验测试方法，即将岩芯取样后到实验室进行相关热物性的测试，但这种方法与实际的导热系数仍然存在差异，主要原因是取样后的含水率将发生变化。同时，对于岩土，需要在实验室塑型后才能测试，这和实际的热物性存在差异。显然，这两种方法都无法获得准确的岩土热物性参数。

2000 年以后，国内外均采用了相对准确的原位测试方法，即热响应测试方法。实际上，在 2005 版的《地源热泵系统工程技术规范》GB 50366 中还没进行热响应测试的相关规定，到 2009 版的标准中才明确了热响应测试方法与步骤。之前部分高校和机构已经开始了不同热响应测试方法的实践。

对于热响应测试方法，通常采用恒热流和恒温法进行。对于恒热流方法，其核心就是采用恒定的加热功率确保地埋管的输入负荷，通过地埋管的温度变化来计算岩土导热系数和比热容，这也是国际上广泛采用的成熟方法。对于恒温法，就是采用定地埋管进水温度，分析地埋管的温度场变化情况来获得相关参数。当然，热响应测试方法的另外一个目的就是获得岩土的原始温度。不管采用哪种方法，其实验的基本构成如图 4-8 所示。

热响应实验首先根据需要确定测试孔位置、个数以及单孔所对应的竖向深度的温度传感器位置。对于测试孔的个数，《地源热泵系统工程技术规范》GB 50366 做了明确的规定，即工程供暖/制冷面积小于 10000m² 的建筑，垂直埋管测试孔（或勘查孔）数量确定为 1 个，10000m² 到 50000m² 的建筑，垂直埋管测试孔为 1～2 个，50000m² 及以上的建筑，垂直埋管测试孔至少 2 个。对于 2 个孔以上的测试孔，位置应尽量分散布置，使勘查结果可以代表换热孔布设区域的地质条件和换热条件。而对于单孔竖向上供水管的温度测点，在进出水管上的位置需要一一对应，根据需要确定间距，但至少要满足能够测试得到竖向上换热介质从进水管到出水管沿程上的温度变化情况，同时也要满足数据处理的要求。

热相应测试的基本构成有冷热源、保温水路、水泵、测试仪器等，和 U 形管换热孔连接成环路。冷热源可以是空气—水热泵，也可以为电加热水箱。实际上，热响应测试不是为获得单位延米的换热能力，而是通过不同数据求解获得岩土的热工参数。因此，放热与吸热的实验不一定同时完成，即进行放热实验就能满足热响应实验的要求。而对于测试

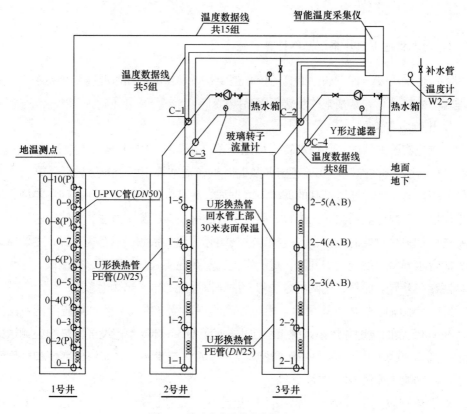

图 4-8　热响应实验的基本构成

仪器，除测试孔需要在深度上布置温度测点外，还需要测试管路的流量和进出水温度的变化。流量测试可以采用转子流量计，也可以采用电子流量表，达到精度±1％即可。对于进出水温度，温度探测点需要进入到管路中，满足真实的水温测试要求。

对于测试周期，《地源热泵系统工程技术规范》GB 50366 中规定了其连续测试时间不少于 72h，且实验中加热功率应保持恒定，地埋管换热器的出口温度稳定后，其温度宜高于岩土初始平均温度 5℃以上且维持时间不应少于 12h。

但实际操作过程中，可以按高出《地源热泵系统工程技术规范》GB 50366 的标准进行。即除按照标准规定的要求得到岩土热物性参数外，由于测试孔在实际工程建设的地埋管管群范围内，它的测试运行能力也代表了工程建立后的单孔换热能力。因此，可以根据建筑负荷的变化特性，进行动态的测试。如以办公建筑为例，可以采用每天工作时间进行连续运行，夜间停止运行，间歇运行天数为 5 天。最后两天停止运行，第 8 天继续测试，观测地埋管区域内的温度是否能够恢复到初始的岩土温度。这种测试方法，首先要预测其埋管承担的实际运行负荷，然后根据实际运行时间进行测试。这样做的目的，不仅能够得到岩土的热物性参数，而且能够实际预测地埋管的运行情况。更重要的是，可以根据测试结果对计算中建立的计算模型进行检验，在很大程度上保证工程设计计算的准确性。

图 4-9 为实际热响应测试的现场图。帐篷内为计算机和巡检仪等测试仪器。

图 4-9　实际热响应测试的现场图

2. 埋管负荷计算

冷热源方案的选择，其建筑负荷分析计算是最基本的要求。由于地埋管换热性能受到的是累积负荷的影响，逐时负荷计算才能满足负荷分析的要求。在前面已经分析了地埋管虽然不直接受到建筑负荷的影响，但要计算埋管承担的逐时负荷需要以建筑负荷为基础。

地埋管承担的冷热负荷通常按照式（4-5）和式（4-6）计算。

$$地埋管释热量 = \Sigma[空调分区冷负荷 \times (1 + 1/EER)] + \Sigma输送过程得热量$$
$$+ \Sigma水泵释放热量 \tag{4-5}$$

$$地埋管吸热量 = \Sigma[空调分区热负荷 \times (1 - 1/COP)] + \Sigma输送过程失热量$$
$$- \Sigma水泵释放热量 \tag{4-6}$$

实际上，地埋管承担的释热量和吸热量并非按照式（4-5）和式（4-6）的计算方法就能够获得真实的埋管负荷。埋管负荷受到了热泵压缩机的启停控制的影响，这在很多的研究中均没有考虑。热泵的运行启停规律直接控制了地埋管承担的负荷。如热泵机组在压缩机台数以及控制回路中，不是按照连续调节的方式进行，而是按照一定的负荷率在运行。当变化的负荷值在热泵的启停关系区间内，热泵仅仅按照运行控制策略运行。如热泵运行调节为四档调节，其中区间在 0～25％的运行负荷率为其中一档的调节控制，即使建筑负荷在 0～25％的变化区间内，如从 10％变化到 20％，热泵仍然按照 0～25％的所对应的该档功率以及冷热量排放下运行。若计算中直接按照建筑负荷率作为基础去计算埋管负荷，就无法实现真正的埋管负荷。实际的埋管负荷与热泵的运行策略相关。埋管负荷的详细计算步骤可以参照如下进行。

建筑负荷需求是地埋管系统负荷计算的基础。计算模型考虑了逐时动态变化的建筑负荷。根据室外气候条件、建筑围护结构、居住人员、照明和设备情况，采用建筑能耗软件如 DeST 计算建筑全年的逐时负荷（Q_b）。由于地源热泵机组的控制策略，在 t 时刻从建筑末端回流到热泵的水温（$T_{b,out(t)}$）为：

$$T_{b,out}(t) = T_{b,in}(t) + \frac{Q_b(t)}{C_p \cdot m_b} \tag{4-7}$$

式中 C_p 和 m_b——分别为建筑末端侧水流的定压比热容 [J/(kg·℃)] 和质量流量
　　　　　（kg/s）；

　　　　$T_{b,in}(t)$——建筑末端进水温度，℃。

由于冬夏季测试期内，机组正常运行时 $T_{b,in}$ 的范围分别为 46～48℃和 6～8℃，因此选取 7℃和 47℃分别作为运行工况下的初始值 $T_{b,in(0)}$。

$T_{b,in(t+1)}$ 用于评估热泵机组在下一时间步长（$t+1$）时的启停状态。当热泵机组处于运行状态时，$T_{b,in(t+1)}$ 可由下式进行计算：

$$T_{b,in}(t+1) = T_{b,out}(t) - \frac{Q_{hp}(t)}{C_p \cdot m_b} \tag{4-8}$$

式中 Q_{hp}——热泵机组所提供的负荷，W。在考虑热泵机组启停与控制策略的基础上，
　　　　　通过 MATLAB 计算 Q_{hp}。因此，为了满足建筑负荷需求，Q_{hp} 的值会稍
　　　　　大于建筑负荷 Q_b。

在热泵机组的另一侧，地埋管系统向大地的吸/释热量（Q_g）受到热泵机组能耗、水泵得热（P_{pumps}）[122] 和建筑末端系统能耗（$P_{distribution}$）的影响。因而制冷/热期间，向大地的释热量（$Q_{g,c}$）及取热量（$Q_{g,h}$）可依据《地源热泵系统工程技术规范》GB 50366，分别由式（4-9）和式（4-10）进行计算：

$$Q_{g,c} = Q_{hp} \cdot \left(1 + \frac{1}{COP_{hp}}\right) + P_{pumps} + P_{distribution} \tag{4-9}$$

$$Q_{g,h} = Q_{hp} \cdot \left(1 - \frac{1}{COP_{hp}}\right) - P_{pumps} + P_{distribution} \tag{4-10}$$

由于建筑末端能耗受到末端形式的影响而无法统一计算，且很多末端输送管道保温良好，因此可在岩土吸/释热量的计算中忽略末端负荷的能耗。则式（4-9）、式（4-10）可进一步简化为：

$$Q_{g,c} = Q_{hp} \cdot \left(1 + \frac{1}{COP_{hp}}\right) + P_{pumps} \tag{4-11}$$

$$Q_{g,h} = Q_{hp} \cdot \left(1 - \frac{1}{COP_{hp}}\right) - P_{pumps} \tag{4-12}$$

式中 COP_{hp}——热泵机组的能效比，可由机组所能提供的负荷（Q_{hp}）与机组输入功率
　　　　　（P_{hp}）相除计算：

$$COP_{hp} = \frac{Q_{hp}}{P_{hp}} \tag{4-13}$$

其中，机组能耗 P_{hp} 采用温度四次多项式进行拟合[32]：

$$P_{hp} = f(T_{b,out}, T_{g,out}, PLR)$$

$$= PLR \cdot P_{hp,n} \cdot \sum_{i=0}^{2} \sum_{j=0}^{2} D_{ij} (T_{b,out} - \overline{T_{b,out}})^i (T_{g,out} - \overline{T_{g,out}})^j$$

$$\tag{4-14}$$

式中　　　PLR——热泵机组的逐时负荷与额定负荷的部分负荷比；

　　　　　$P_{hp,n}$——机组的额定功率；

　　　　　D_{ij}——实际机组的拟合系数；

$\overline{T_{b,out}}$、$\overline{T_{g,out}}$——分别为 $T_{b,out}$ 和 $T_{g,out}$ 的时均值，均可由三维地埋管模型计算得到。

　　若地埋管系统传热完全，即热泵机组所携带的所有负荷均能被岩土吸收/释放时，由式（4-11）和式（4-12）计算所得的岩土吸/释热量（Q_g）可作为埋管模型的边界条件来连接地源热泵系统与埋管传热模型的计算。在 t 时刻，温度为 $T_{g,out}(t)$ 的埋管出水在吸收来自负荷 Q_g 后，温度升高至 $T_{g,in}(t)$ 作为埋管的进水温度。传热流体在地下埋管中循环，进一步将所吸收的热量传向周围岩土，释热后的流体温度为 $T_{g,out}(t+1)$，将作为 $t+1$ 时刻下一循环过程的起始温度。

$$Q_g(t) = C_p \cdot m_g \cdot (T_{g,in}(t) - T_{g,out}(t)) \tag{4-15}$$

式中　　　　　　C_p——水的定压比热容，J/(kg·℃)；

　　　　　　　　m_g——流经埋管流体的质量流量，kg/s；

$T_{g,in}(t)$ 和 $T_{g,out}(t)$——分别为 t 时刻流进、流出埋管的水温，℃。

　　从上述计算看出，在埋管计算过程中，需要耦合选型的热泵机组性能同时进行。

3. 热泵机组初步选型

　　当计算得到建筑负荷后，可以根据建筑负荷特性进行热泵机组的初步选型。在这里强调的是"初步"，主要的原因是，只有确定的埋管负荷，其理论计算才能进行。即当热泵机组不能满足埋管负荷要求时，就有可能重新选型。

　　在热泵容量确定后，就可以根据选型热泵的压缩机回路控制以及单台机组的启停控制编制程序，计算得到热泵需要通过地埋管排入或吸入岩土的换热量。

　　在地埋管地源热泵系统运行过程中，冷（热）量的转移发生在 3 个循环中，如图 4-10 所示，以夏季制冷为例，这 3 个循环分别为：末端用户负荷侧与蒸发器循环（$Q_1 \rightarrow Q_2$）、蒸发器与冷凝器循环（$Q_2 \rightarrow Q_3$）、冷凝器与大地岩土循环（$Q_3 \rightarrow Q_4$）。

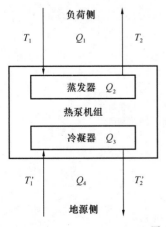

T_1——末端侧冷冻水进机组温度；

T_2——末端侧冷冻水出机组温度；

T_1'——地源侧冷却水进机组温度；

T_2'——地源侧冷却水出机组温度；

Q_1——末端侧的冷热负荷需求量（即建筑逐时末端负荷计算结果）；

Q_2——蒸发器在不同级数调节及启停控制策略下的出力负荷；

Q_3——冷凝器在动态机组 EER 下的吸热量；

Q_4——地源热泵系统向大地的释热量。

图 4-10　热泵机组冷（热）量的转移示意图

首先，由于热泵机组的运行受到与末端用户负荷需要相关的压缩机级数调节和与蒸发器出水温度相关的启停控制，需要寻求一个由 Q_1 向 Q_2 转移的计算方法。

其次，热泵机组的能效比是一个与蒸发器、冷凝器进水温度等参数相关的动态参数，需要寻求一个由 Q_2 向 Q_3 转移的计算方法。最后，冷凝器的释热量通过埋管侧循环水以非稳态传热的形式与大地岩土换热，需要建立更准确的模拟计算模型、边界条件及初始条件。

因此末端用户侧的冷热负荷需求量与地源侧向大地的释热量之间并不是简单的一一对应关系。在之前的数值计算中，直接使用建筑逐时负荷计算结果和静态机组 *EER* 去求得系统向大地的取（释）热量的这种做法使得数值计算结果与实际情况存在较大的差异，为了使数值计算中的大地取（释）热量更接近实际情况，需要对计算进行优化。

以某实际工程实测的结果看，该项目系统配置了两台热泵机组，其中一台为高温机组，为温湿度独立调控服务，夏季供水温度为 15℃ /20℃。另外一台机组为常温机组，夏季供水温度为 7℃ /12℃。

对常温机组运行周期进行测试，测试结果见图 4-11。全天 9:30~17:30 测试时间范围内：3 月 15 日启停次数为 88 次，绝大部分运行周期为 4~6min，在 13:49 附近出现 10 分钟的运行周期，每个运行周期内停机时间所占比例为 33%~83%；3 月 16 日启停次数为 85 次，绝大部分运行周期为 4~6min，在 13:48 附近出现 11 分钟的运行周期，每个运行周期内停机时间所占比例为 36%~83%；3 月 19 日（12:48 停机）启停次数为 24 次，绝

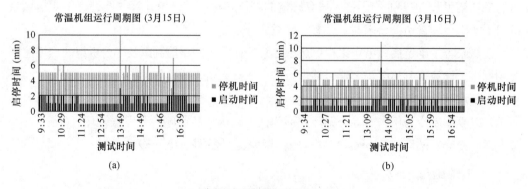

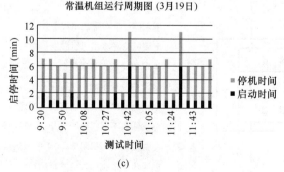

图 4-11   3 月 15 日至 3 月 19 日常温机组运行周期图

(a) 3 月 15 日；(b) 3 月 16 日；(c) 3 月 19 日

大部分运行周期为 6～7min，在 10:40 和 11:24 附近出现 2 和 11min 的运行周期，每个运行周期内停机时间所占比例为 46%～86%；3 月 20 日，全天停机。

从测试结果看，实际的机组运行是间歇的。因此，采用实际的运行边界条件才能得到准确的埋管负荷。

该项目 2 台热泵机组的启停控制策略如表 4-1 所示，控制策略参数只分为冬季运行工况和夏季运行工况，且在相同运行工况内参数不作调整。

热泵机组启停控制策略

表 4-1

	启停控制参数	机组运行临界值（℃）	机组停止临界值（℃）
夏季制冷	蒸发器出口水温	8.0	6.0
冬季供热	冷凝器出口水温	46.0	48.0

根据热泵机组的压缩机级数调节和启停控制策略来处理建筑逐时负荷计算结果，将末端侧的冷热负荷需求量 Q_1 转化为热泵机组的实际冷热负荷输出量 Q_2。以夏季制冷工况为例，根据项目的测试结果，热泵机组的压缩机级数调节有 4 级：0、33%、66%、100%，启停控制受机组用户端的出水温度控制（温度下限为 6℃，上限为 8℃）。对于冬季供热情况，需要将初始水温设定为 47℃，机组开机温度为 46℃、停机温度为 48℃。

程序计算流程图如图 4-12 所示。

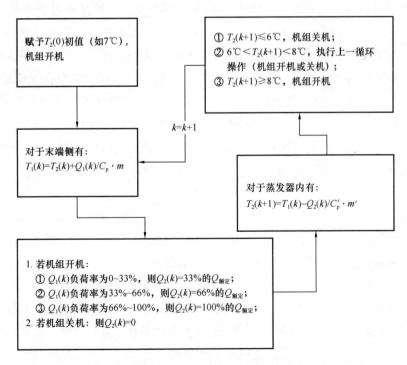

图 4-12　建筑末端负荷向机组出力负荷的转化流程图

图中，C，p：水的比热；m：水的质量流量；$C_{p'}$：机组制冷剂的比热；m'：机组制冷剂的质量流量；$Q_{额定}$：选定热泵机组的额定制冷量。

上述计算流程只适用于该项目机组和系统的运行，对于不同的热泵机组和系统，可能会有不同的压缩机调节级数和机组启停控制策略，应根据实际运行策略、设备生产厂家压缩机配置后确定相关参数，代入到图4-11所示的计算流程中进行计算。

得到实际的埋管输入负荷后，就可以利用公式（4-15）进行编制UDF程序，对地埋管输入负荷进行动态的确定，从而连接埋管计算模型，计算埋管的换热性能。

从系统本身角度出发，热泵选型在满足规范规定的要求下，适当增加热泵容量是有利地源热泵系统运行的。因为，热泵的容量增大后，由于机组的启停规律，可以在一定时间内保持地埋管换热器的间歇运行，从而降低了地下换热系统的输入总量，让地埋管高效运行。

4. 建立计算模型

在本书第2章和第3章已经详细介绍了地埋管的物理模型，可以通过对应的方法进行计算。实际的设计计算除采用《地源热泵系统工程技术规范》GB 50366中一维的解析算法外，若需要准确和长期的计算结果，还可以通过相关二维、三维计算方法进行。《地源热泵系统工程技术规范》GB 50366鼓励采用相关的推荐软件以及自建模型进行计算。但到目前为止，国内外还没有公认成熟的计算软件，大部分软件各自具备优势，也具备一定的缺陷。因此，从这个角度说，精确快速的地埋管换热性能的计算软件亟待开发。

相关的计算软件前面已经做了介绍。对于自建模型，一般是通过三维仿真的CFD数值计算方法进行。CFD方法是目前为止较为准确的计算方法，前面第3章已经说明了模型计算的精确性。但是，主要的缺陷在于计算时长太长，计算配置要求高，很难适合大众化设计计算。经过长期的比对，两个方向可以解决此问题。第一是利用线热源计算结果进行修正，需要找到合适的修正公式。第二是利用CFD结果，建立大量的数据库。对实际地埋管管群而言，很多单管换热器承担的负荷以及地质条件均具备相似性，将不同地质以及单管承担负荷的计算结果做成数据库后，就可以调用数据库中的计算结果直接利用，显著降低其计算工作量。可以看出，这两种方法的建立都需要大量的基础计算工作。

不管是利用何种软件或计算方法，均是要得到合适的埋管深度。通过计算模型，可以得到地埋管的出水温度，换热孔周围的温度场变化等参数。一个合适的地埋管地下换热系统设计，主要就是保证地埋管在寿命周期中，其能效高于传统冷热源，或者满足规范规定的计算温度，同时满足冬夏传热对初始地温的影响。《地源热泵系统工程技术规范》GB 50036对地埋管计算的要求是：1）夏季运行期间，地埋管换热器出口最高温度宜低于33℃；2）冬季运行期间，不添加防冻剂的地埋管换热器进口最低温度宜高于4℃。因此，通过计算方法就可以获得冬夏季的进出水温度是否在控制范围内。若出现了不满足的情况，就需要调整地埋管管长深度并重新计算来达到要求。

5. 计算不同周期的进出水温度

在计算目标中，需要得到埋管的冬夏季进出水温度。对于该参数的获得，需要通过不同的时间周期进行，若在一个小周期内能够满足进出水温度的要求，就可以降低计算工作量。以办公建筑为例，若将地下换热系统进行整体计算，按照工作时间和周末两天休息时间，即地下换热系统一周内仅 5 天的工作时间内，输入地埋管负荷，得到每天的进出水温度变化情况以及埋管间距中的岩土温度场变化情况。比对第二周的工作时间起始点的岩土温度是否恢复到了岩土的初始温度。若岩土场温度恢复达到了初始温度，表示设计的埋管换热器在周的周期中不会造成地埋管温度的变化，但前提是夏季的周输入负荷是相近的才能满足。若设计对象为宾馆或住院类建筑，其负荷分布是连续的，地埋管的负荷输入是连续的。其计算结果就有可能在周期内无法恢复到岩土初始温度状态，需要进行季节的整体计算。

对于计算周期中，间歇运行和连续运行的负荷输入选择，是一个值得讨论的问题，因为对于连续负荷输入的计算处理是相对简单的，不需要编制负荷输入程序，计算时长也可以减少。对于地埋管输入负荷总量一致的情况下，间歇运行和连续运行若能够在季节周期中得到相同的结果，就可以利用连续负荷输入的方法进行计算。目前，根据前期的计算分析以及相关文献，有一个初步结论是：在季节周期内，地埋管输入负荷总量一致的情况下，间歇和连续输入负荷在季节周期中能够能到相同的结果。但以年周期计算，涉及季节的变化以及年热量的积累，是否能够在全寿命周期内得到相同的计算结果，还无长期的数据检验结果。

由于年负荷输入是一致的，不管哪一种建筑，通常存在过渡季节，这对地埋管周围的岩土温度恢复创造了时间。若在年计算周期内，第二年计算起始点的岩土温度已经恢复到了初始温度，就表明完全可以满足地埋管运行要求，不必再进行长时间的计算。

实际上，若出现了年计算周期末，第二个年周期的初始时刻地温无法达到初始温度，就必须要进行长时间（如 10 年计算周期）的计算。而且，这种计算结果往往存在叠加效应，每年的计算结果都会逐步偏离初始温度，导致每年的初始温度发生较大的变化，岩土换热的热不平衡现象就会发生。在这种情况下，就应调整埋管间距或深度，或者寻找其它的辅助措施。

值得注意的是，周期性的计算，均涉及技术经济分析。若年周期内的进出水温度满足要求，其岩土能够恢复到初始温度，并不能说明这个系统是经济的，有可能因为埋管深度或间距过大导致初投资的提高。而年周期的温度变化偏离了岩土初始温度，也不能直接判断地下换热系统设计不合理。因为，若岩土温度逐渐高于岩土初始温度，对夏季不利，但会提高冬季能效。而岩土温度逐渐低于岩土初始温度，对冬季不利，但会提高夏季能效。实际的判断标准，应该通过全寿命周期内的节能率和能效标准同时进行判断。即计算结果首先保证能效达到国家标准规定的最低能效要求，在此基础上，进行全寿命周期内的节能率进行计算，若全寿命周期内的 LCC 值大于传统冷热源的能效，即使原始温度有一定的变化，其地下换热系统仍然是经济的。因此，地埋管的实际计算过程不仅仅是要满足性能要求，而且要关注其经济性。

4.4   埋管计算方法的验证

4.4.1   工程案例

以重庆某实际工程为例。该系统安装有两台并联热泵机组，用于一栋综合楼的供冷供热。地埋管系统为 60 根竖直埋管，呈 6×10 分布。每根 U 形管埋于直径为 0.13m、孔深 80m 的钻孔内。系统设计参数详见表 4-2。

地埋管参数   表 4-2

参数	数值	参数	数值
埋管外径（m）	0.034	钻孔直径（m）	0.13
埋管壁厚（m）	0.0023	钻孔间距（m）	4
两管间间距（m）	0.05	钻孔长度（m）	80
埋管种类	单 U 形管	平均流体流速（m/s）	0.818
钻孔数量（个）	60	初始温度（℃）	18.5

该实际工程的综合楼外立面、热泵机组和地埋管布置如图 4-13 所示。埋管系统装有精度为 ±0.5℃ 的 T 形（铜—康铜）热电偶，用于监测管群中两根埋管（7 号和 13 号）在 5m、35m 和 60m 深处的温度。该地源热泵系统于 2008 年建成，自 2009 年 1 月开始全面运行。系统在全年运行期间制冷 4 个月（6 月至 9 月）、制热 3 个月（12 月至次年 2 月），每天运行 17 个 h（从 6:00 到 22:00）。值得注意的是，由于受到系统运行启停以及控制策略的影响，系统实际运行时间将少于 17h，特别是在每个运行期的起始和末期、负荷需求少的情况下。该系统在第一年运行的供热期末（2009 年 3 月）以及第四年运行的制冷期间（2012 年 7 月）分别进行岩土温度监测，测试数据被用于计算方法的检验。

由该项目前期地勘资料可知，孔深 80m 的地埋管系统周围为泥岩，无地下水，存在不显著的地质分层情况：上层为强风化泥岩（5.8m），下层为中风化泥岩（74.2m）。相比之下，强风化泥岩里泥质含量高，抗风化能力弱；而中等风化泥岩里可能含有砂，抗风化能力强。其岩土特征详见图 4-14，具体材料物性参数如表 4-3 所示。

材料物性参数   表 4-3

	导热系数 $\lambda[\text{W}/(\text{m}\cdot\text{℃})]$	定压比热容 $C_p[\text{J}/(\text{kg}\cdot\text{℃})]$	密度 $\rho(\text{kg}/\text{m}^3)$	热扩散系数 $\alpha(\text{m}^2/\text{s})$
强风化泥岩	1.996	852	2400	0.976×10^{-6}
中风化泥岩	2.108	841	2350	1.067×10^{-6}
回填	2.3	900	1500	1.70×10^{-6}
管材 PE	0.4	1000	950	4.21×10^{-7}

该地埋管管群系统的三维计算模型如图 4-15 所示。采用非均匀负荷等效直径模型进

(a)

(b)

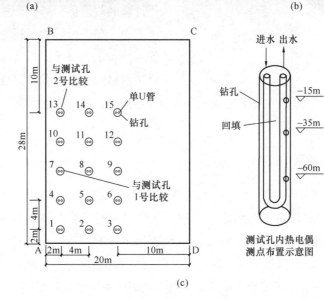

(c)

图 4-13　实际地源热泵系统

（a）建筑外立面；（b）水源热泵机组；（c）钻孔排布及热电偶的布置

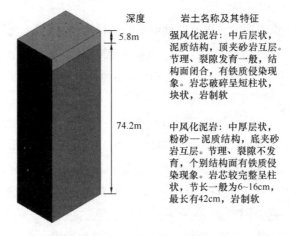

图 4-14　地质分层岩土特征

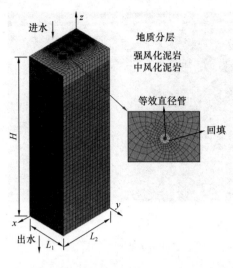

图 4-15   地埋管模型网格

行传热分析，假设流体从等效管上端流入、下端流出。对于岩土域考虑地质分层，假设各层材料分别具有均匀物性。岩土及回填上表面选用第三类边界条件，对于重庆地区，其地表面年平均温度为 19.35℃，通过计算地表与近地流动空气之间的表面传热系数 $h=9.5\text{W}/(\text{m}^2\cdot\text{K})$。对称面（如图 4-13 中 AB、AD 边所示）选取"symmetry"作为边界条件。水管进出水端面分别选取"velocity-inlet"和"pressure-outlet"进行计算。假设负荷被均匀地输入到管群各个地埋管中。在进行瞬时运行过程的模拟中所使用的时间步长为 1 天。在具体模拟计算之前，进行了网格独立性检验。对靠近流体的部分进行了网格细化（图 4-15）。为了兼顾计算效率及准确性，最终选取网格数为 603658 的网格进行计算。

4.4.2   计算结果验证

图 4-16 比较了供热期末（2009 年 3 月）以及供冷期间（2012 年 7 月）的数值计算与实测结果，测试管 1 号和 2 号均给出了较为准确的预测结果。2009 年 3 月处于运行第一年供暖期末的恢复期内，埋管管壁温度呈现逐日上升的趋势。由于实际工程在测试初期（3 月 12~14 日）仍在供热，因而在这段时期内测试温度较数值计算温度略低，但两者在测试末期吻合较好，误差均小于 0.7℃。由于测试井 1 号比 2 号更接近于管群中心，经过两个月的供暖期后，1 号的温度更低。由于间歇期内流体静止，不同深度处管壁温度近乎相同。而由于采用了等效直径计算模型，在供热期后岩土温度呈现沿孔深方向温度升高的趋势，因而孔深 60m 处的壁温偏高。

在 2012 年 7 月的供冷期内，岩土吸收更多的热量而逐渐升温。同时，由于 4 年运行期间热量的大量堆积，此时的壁温也较第 1 年以及初始温度有了较为明显的提升。由于计算模型中未考虑埋管侧的进出水总管，假设流经各地埋管的流体流速相同且输入负荷相同。此时，对于更接近管群中心的测试管 1 号而言，数值计算过程中所输入的负荷稍高于实际承担的负荷，因而 1 号的预测值较实测值偏高。类似的，位于管群边缘的测试井 2 号的预测值低于实测值。计算误差在可接受的范围之内，测试井 2 号管壁温度预测值的平均误差在 0.5℃ 左右，同时 1 号的预测值最大误差也不超过 8%。不同深度处的孔壁温度在系统运行时（如制冷期内）差异较大（图 4-16c、d），而在间歇恢复期内则差异较小（图 4-16a、b），这一规律在实测数据中更为明显。各深度上的壁温差异受到地质分层和沿深度方向的负荷分布两方面的影响。值得注意的是，实测数据为出水管管壁温度，而由于计算模型中的出水温度仅位于埋管底部，因而所预测的管壁温度较实测值偏高，尤其是埋深

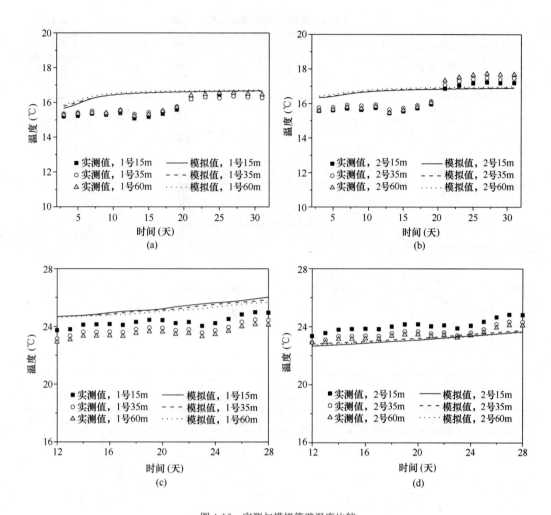

图 4-16　实测与模拟管壁温度比较

（a）2009 年 3 月测试管 1 号；（b）2009 年 3 月测试管 2 号；

（c）2012 年 7 月测试管 1 号；（d）2012 年 7 月测试管 2 号

较浅的地方。总体而言，该计算方法的预测结果较为准确，可为管群系统提供可靠的长期运行预测。

4.5　渗流对地埋管换热性能的影响

地表土层是能吸收、储存和以任何方向输送水分的多孔介质。在竖直方向上，以地下水面为界，可分为两个不同的岩土含水带。在地下水面以上，岩土含水量未达到饱和，称为包气带；在地下水面以下，岩土处于饱和状态，称为饱和带或者饱水带[123]。地下水是指埋藏于岩土孔隙、裂隙及溶洞中各种状态的水，按照埋藏条件可分为包气带水、潜水和承压水 3 个基本类型。文献资料[39,124]得到饱和岩土典型水力和传热特性（详见表 4-4），以及各岩土中常见的渗流速度[125,126]（详见表 4-5）。

饱和岩土典型的水力和传热特性   表 4-4

	岩土类型	渗透系数 (m/s)	孔隙率	饱和状态导热系数 [W/(m·K)]	体积比热容 [J/(m³·K)]
岩土	砂砾	3.0×10^{-3}	31.0%（32%）	0.98	1.40×10^6
	粗砂	7.3×10^{-5}	38.5%（39%）	1.02	1.40×10^6
	细砂	6.3×10^{-6}	40.0%（43%）	1.03	1.40×10^6
	粉砂	1.4×10^{-7}	47.5%（46%）	2.07	2.85×10^6
	黏土	2.2×10^{-10}	47.0%（42%）	1.25	3.30×10^6
岩石	石灰石、白云石	7.7×10^{-8}	10.0%	2.46	1.34×10^7
	水蚀石灰岩	1.0×10^{-4}	27.5%	3.56	1.34×10^7
	砂岩	4.2×10^{-8}	18.0%	4.5	3.56×10^6
	页岩	1.4×10^{-11}	5.3%	2.53	3.94×10^6
	有裂隙的火成岩和变质岩	1.5×10^{-6}	5.0%	4.61	2.20×10^6
	无裂隙的火成岩和变质岩	2.4×10^{-12}	2.5%	4.59	2.20×10^6

岩土中的地下水渗流速度   表 4-5

	岩土类型	渗流速度（m/y）	渗流速度（m/s）
岩土	砂砾	3050	9.67×10^{-5}
	粗砂	60.1	1.91×10^{-6}
	细砂	5.05	1.60×10^{-7}
	泥沙	0.094	2.98×10^{-9}
	黏土	0.000146	4.63×10^{-12}
岩石	白云石	0.244	7.74×10^{-9}
	石灰石	115	3.65×10^{-6}
	砂岩	0.0765	2.43×10^{-9}
	页岩	0.000085	2.70×10^{-12}
	断裂的变质岩浆岩	9.78	3.10×10^{-7}

　　国内外的学者对针对渗流对地埋管换热性能的研究，有较多的成果。对于渗流对地埋管的换热性能影响，也有很多的计算方法。但实际工程中，很难获得渗流速度和渗流方向等原位测试参数，工程上的处理，一般将其作为有利因素进行考虑。这种处理方法有可能导致与实际运行结果差异较大。

　　渗流对地埋管换热性能的影响程度，不仅与渗流层自身的特性有关（比如渗流速度、渗流水温、渗流方向以及渗流层岩土孔隙率等），渗流层在埋管竖直方向上所在的特性如渗流层的厚度以及渗流所在的标高也产生影响。在以前的一些研究中，首先将地质条件作为均匀地质条件来考虑渗流，没有考虑渗流所在的岩土物性的不同；第二，渗流在埋管方向上的厚度不同，也影响埋管换热性能。如在竖向上厚度较薄的渗流层，就有可能对换热性能影响较小。因此，实际渗流对地埋管的换热影响，必须要清楚了解整体的地质条件，才能获得真实的结果。同时，除渗流相关的参数外，地埋管的形式、布置及负荷特征也同样影响渗流对埋管换热性能的影响。

由于实际工程很难获得清晰的渗流计算所需的参数条件，课题组通过基于达西定律建立的相似模型实验台，能够完整的控制渗流条件（按照承压地下水渗流进行研究）和地质条件，从而获得了渗流主要因素对地埋管换热性能的影响。

4.5.1 渗流实验台介绍

图 4-17 为试验系统原理图。实验台设置两根并联的单 U 形铜管作为地埋管，与电加热水箱、水泵构成一个闭式换热环路。考虑到重力影响较小，为方便实验台的搭建，竖直 U 形管水平放置。U 形管 1 和 U 形管 2 的进出水支管所在平面分别与 Y 轴垂直和平行。电加热水箱尺寸为 $0.8m \times 0.5m \times 0.8m$，内部设置 4 个功率约为 300W 可独立控制的电加热器。水泵额定流量为 $1m^3/h$，额定扬程为 $15mH_2O$。

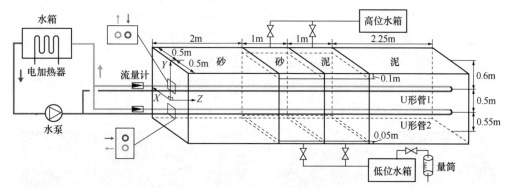

图 4-17 试验系统原理图

实验台岩土箱体尺寸为 $6.25m \times 1m \times 1.65m$，采用 240mm 厚的砖墙进行砌筑，砖墙内部增加 30mm 厚的保温砂浆，如图 4-18(a) 所示。岩土箱体外部增加 50mm 厚的聚苯

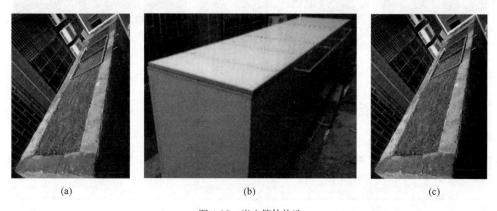

图 4-18 岩土箱体构造

(a) 主体结构和渗流箱；(b) 外保温；(c) 岩土箱体填土（砂和泥）

乙烯板，顶部采用 100mm 厚的聚苯乙烯板进行封闭，如图 4-18(b) 所示，目的是保证试验期间远边界不受室外温度的影响，与实际竖直埋管远边界的恒定性保持一致。虽然实验台地埋管水平放置，但也满足实际竖直地埋管的远边界条件。

岩土箱体中部采用不锈钢渗流箱进行岩土层分隔，同时实现渗流工况的测试，如图 4-18(a)所示。不锈钢渗流箱被隔板分为两个尺寸为 1m×1m×1.5m 的区域。参考地质调研情况，选择砂土和泥土作为本次试验埋土。沿埋管深度方向（Z 方向），岩土层分为砂土层（$Z=0\sim3m$）和泥土层（$Z=3\sim6.25m$），如图 4-18(c) 所示。其中位于渗流箱中的砂土层（$Z=2\sim3m$）和泥土层（$Z=3\sim4m$）可作为承压渗流岩土层。

为模拟地下水渗流，在不锈钢渗流箱入口和出口处，分别连接高度可调的高位水箱和低位水箱，如图 4-19(a) 所示。高低位渗流水箱尺寸均为 0.2m×0.2m×0.3m。渗流水通过高位水箱底部出水管流入渗流箱，并由渗流箱底部回流至低位水箱，经低位水箱溢流管溢出。高位水箱设置溢流管，并保证溢流管一直有水溢出，以维持高位水箱水位不变，从而保持高低位水箱水位差不变。根据达西定律，通过调节高低位水箱水位差，即可控制渗流速度的大小。

在渗流箱岩土区域顶部和底部分别设置 2 层 200 目的钢丝网和小孔承压钢板，如图 4-19(b)所示。顶部承压板距离密封盖板 0.05m，底部承压板距离渗流箱底 0.1m。其目的在于保证渗流箱岩土区域顶部和底部进出水压力和速度均匀稳定，同时防止岩土流失。同时，为避免岩土堵塞渗流箱底部的流体通道，在底部钢丝网上增设厚度约为 0.05m 的鹅卵石垫层后，再填充渗流层岩土，如图 4-19(c) 所示。

 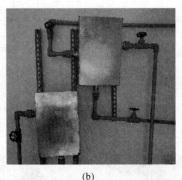 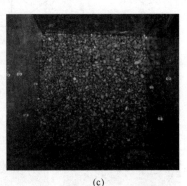

(a) (b) (c)

图 4-19　渗流装置

(a) 高低位水箱；(b) 小孔承压钢板；(c) 鹅卵石垫层

试验台各材料物性参数，如表 4-6 所示。

实验台材料物性参数　　　　　　　　　　表 4-6

材料名称	密度 （kg/m³）	比热容 [J/(kg·K)]	导热系数 [W/(m·K)]	热扩散系数 （m²/s）	孔隙率
非饱和泥	1616.91	2273	0.846	2.30×10^{-7}	50%
饱和泥	1838.35	2479	2.353	5.16×10^{-7}	50%

材料名称	密度 （kg/m³）	比热容 [J/(kg·K)]	导热系数 [W/(m·K)]	热扩散系数 （m²/s）	孔隙率
非饱和砂	1593.39	1348	1.133	5.27×10^{-7}	46%
饱和砂	1814.68	2592	2.033	4.32×10^{-7}	46%
渗流水	997.2	4179	0.607	1.46×10^{-7}	—
埋管水	998.2	4182	0.6	1.44×10^{-7}	—
铜管	8978	381	387.6	1.13×10^{-4}	—

说明：由于本次试验渗流水温约为 24℃，渗流水的物性参数取 24℃时的值，渗流水动力黏度为 0.000923Pa·s。

埋管水的物性参数取 20℃时的值，动力黏度为 0.001003Pa·s。

基于该相似实验台，可以方便地控制渗流速度、方向、地质条件、埋管情况、负荷等参数进行相应的实验。

4.5.2　渗流计算方法

在既有的文献中，有较多关于渗流计算的方法。本节就采用 ANSYS 15.0 Fluent 进行求解的方法中，针对渗流区阻力系数及导热系数的设置方法进行简单介绍。

1. 渗流区阻力系数

Fluent 中多孔介质渗流模型是在标准的动量控制方程中增加动量源项得到的，增加的动量源项由黏性损失项和惯性损失项两部分组成。在选用多孔介质渗流模型时有以下假设：多孔介质各向同性，过流断面充满流体，计算对流和扩散项时不考虑孔隙率。

多孔介质模型的流动阻力根据经验确定。由于地下水渗流速度低，大部分处于层流的状态。在层流流过多孔介质时，压降通常与速度成比例，可不考虑惯性损失项。在忽略对流加速和扩散后，多孔介质动量源项 S_i 可简化为用达西定律表示的形式，如式（4-16）所示。

$$S_i = -\frac{\mu}{k} u_{wi} \quad (i = x, y, z) \tag{4-16}$$

式中　μ——动力黏度；

k——渗透率，$\frac{1}{k}$ 代表黏性阻力系数，m^{-2}。

渗透率 k 与渗透系数 K 的关系[60]如式（4-17）所示。

$$K = \frac{\rho g}{\mu} k \tag{4-17}$$

式中　ρ——液体的密度，kg/m^3；

g——重力加速度，单位 m/s^2。

根据试验测试的渗透系数，计算得到渗流区域黏性阻力系数为 $7.25 \times 10^{-11} m^{-2}$。计算时重力加速度取 $9.8m/s^2$。对于各向同性情况，在 Fluent 中把各方向的阻力系数设置为相同的值。

2. 渗流区导热系数

通过 ANSYS Fluent15.0 计算多孔介质渗流能量方程时，假设多孔介质和流体处于热平衡。此时，在标准的能量控制方程中，瞬态项考虑了多孔介质固体区域的热惯性，扩散项使用多孔介质有效导热系数。Fluent 中多孔介质有效导热系数通过（4-18）计算。为使渗流区能量方程在计算时采用实测饱和岩土的导热系数作为多孔介质有效导热系数，根据饱和岩土导热系数实测值和渗流水的导热系数，通过式（4-18）反算得到数值模型中需要设置的岩土固相导热系数。式（4-18）中下标 e 代表饱和渗流区（多孔介质）有效值，wl 代表饱和渗流区液相，ws 代表饱和渗流区固相。

$$\lambda_e = \phi \lambda_{wl} + (1 - \phi) \lambda_{ws} \tag{4-18}$$

式中　λ——导热系数，$W/(m \cdot K)$；

　　　ϕ——孔隙率。

4.5.3　渗流速度方向对地埋管换热性能的影响

试验工况设定见表 4-7 所示。在干工况下，试验中各地层均无渗流层存在，各岩土层为非饱和状态，如图 4-20(a) 所示。在渗流工况下，位于深度 2~3m 处的砂变为饱和渗流状态，简称渗流区，位于深度 3~4m 处的泥变为饱和状态，简称饱和区，渗流工况各岩土层状态如图 4-20(b) 所示。

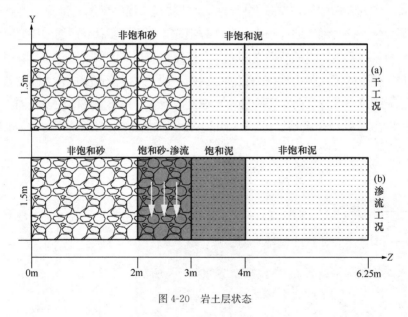

图 4-20　岩土层状态

每次试验均在两根 U 形管并联运行的条件下进行测试。表 4-7 中，"300W"代表恒功率控制，即运行期间水箱电加热器功率恒定为 300W 左右；"32℃"代表恒进水温度控制，即运行期间埋管进水温度控制为 32℃ 左右。"间歇 10h"是指地埋管运行 4h 后停 2h，再运行 4h 后停止，总计 10h；埋管流速中第一项代表地埋管 1 的平均流速，第二项代表地埋管 2 的平均流速。

试验工况   表 4-7

工况类型	试验编号	控制方式	运行时间	埋管流速 （m/s）	平均初始地温 （℃）	渗流速度 （m/s）	渗流水温 （℃）	试验时间
干工况	1	300W	连续 24h	0.59/0.64	15.3	—	—	2017 年 11 月
	2	300W	连续 24h	0.64/0.63	15.4	—	—	2017 年 11 月
	3	32℃	间歇 10h	0.63/0.63	20.4	—	—	2017 年 10 月
渗流工况	1	300W	连续 24h	0.66/0.63	24	1.49×10^{-5}	24.7	2018 年 5 月
	2	300W	连续 24h	0.64/0.65	23.9	1.29×10^{-5}	23.4	2018 年 5 月
	3	32℃	间歇 10h	0.65/0.64	24.2	1.09×10^{-5}	25.1	2018 年 6 月

图 4-21 呈现了干工况 2 和渗流工况 2 两根地埋管进出水温差的变化情况。两组工况中管 1 的平均流速均为 0.64m/s，管 2 的平均流速分别为 0.63m/s（干工况）和 0.65m/s（渗流工况）。在渗流工况下，渗流水先流经处于上游的管 1，再流经处于下游的管 2。

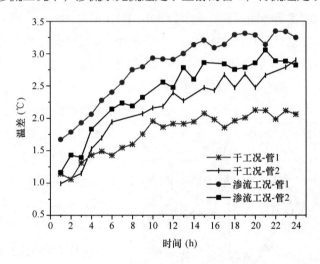

图 4-21　干工况和渗流工况下的进出水温差

在渗流工况下，管 1 的换热温差相比于干工况有明显提升，平均温差提升约 1℃；管 2 换热温差提升较弱，平均温差提升约 0.2℃。渗流工况下，管 1 的进出水温差大于管 2，说明管 1 的换热能力比管 2 强。一方面是渗流把上游的热量带到下游，影响了处于下游的地埋管换热能力，使得处于下游的管 2 换热效果变差。另一方面是管 1 和管 2 进出水支管在空间上相对于渗流方向的位置不同（图 4-17），影响了地埋管的换热性能。U 形管 1 的进出水支管所在平面垂直于渗流方向（-Y 方向），渗流同时流经 U 形管的进出水支管，使进出水支管的换热能力都得到增强。而 U 形管 2 的进出水支管所在平面平行于渗流方向（-Y 方向），且渗流先经过 U 形管的进水支管换热后，把进水支管的热量带到出水支管处，导致管 2 的换热能力变差。

在试验初期，水箱电加热器的热量一部分加热了地埋管中的水，另一部分加热了水箱的水，使得实际输入地埋管中的热功率值是随着时间逐渐增加的，从而导致图 4-21 中的温差随着时间逐渐增加。

由表 4-7 可知，虽然渗流工况 2 的初始地温（23.9℃）明显高于干工况 2 的初始地温（15.4℃），不利于地埋管散热，但是由于渗流增强了岩土换热性能抵消了由初始地温带来的不利影响，使得渗流工况 2 的地埋管换热能力高于干工况 2。渗流工况 2 的渗流水温23.4℃接近渗流层初始地温 23.9℃，若渗流水温高于或者低于初始地温，也会影响地埋管的换热能力。

从以上实验分析可以看出，对于埋管排列，按照渗流方向，处于上游的埋管性能要优于下游，这是由于上游的热量通过渗流水带到了下游，从而使下游的换热能力降低。同样，同一个埋管，U 形管两管所在平面为基础，渗流方向与平面垂直，有利于加强渗流带走埋管热量的能力；而渗流方向与平面平行，就正如上游与下游的关系，进水管的热量将被渗流带到出水管，对换热产生影响。

4.5.4　渗流对于地温的恢复作用

渗流不仅在地埋管运行期间影响地埋管换热和岩土温度的分布，而且在地埋管停止运行期间对地温的恢复也有影响。选择表 4-7 中恒进水温度间歇运行的干工况 3 和渗流工况3，分析渗流对地温恢复作用。间歇工况下地埋管运行 4h 后停 2h，再运行 4h 后停止，总计 10h，地埋管进出水温的变化情况如图 4-22 所示。

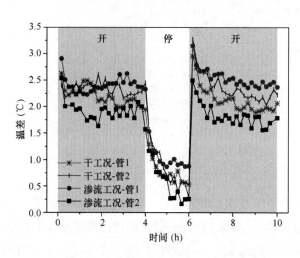

图 4-22　间歇运行条件下的进出水温差

在渗流工况下，渗流水沿 $-Y$ 方向流动，先与管 1 换热，再与管 2 换热。选择位于渗流区（深度 2～3m）的岩土温度测点 $Z=2.1\text{m-}3(S_3)$ 和 $Z=2.1\text{m-}5(S_5)$（测点位置详见图 3-25）进行分析。S_3 是管 1 下方（$-Y$ 方向）0.25m 处的岩土测点，并且位于两管中间，S_5 为管 2 下方（$-Y$ 方向）0.25m 处的岩土测点。图 4-23 为 $Z=2.1\text{m}$ 截面上，岩土测点 S_3 和 S_5 的温度从试验开始至结束 10h 以及之后地温恢复期 24h 内的温度变化情况。

由图 4-23 可知，10h 后地埋管停止运行，地温进入恢复期。地埋管周围岩土热量开始向外扩散，逐渐扩散至离埋管一定距离的测点 S_3 和 S_5 处，导致其温度升高。地温升高至一定数值后开始逐渐降低，直到恢复至初始地温。干工况岩土测点 S_3 和 S_5 的温度最大值出现在 14～15h，渗流工况岩土测点 S_3 和 S_5 温度最大值出现在 12h。这是因为渗流加快了地埋管周围岩土热量沿渗流方向进行扩散，使得岩土测点 S_3 和 S_5 的温度升高得更快，升高至某个温度值以后开始逐渐降低，地温开始恢复。渗流提前了岩土温度达到最大值的时间，从而提前了地温开始恢复的时间约 2～3h。

根据图 4-23，干工况下岩土测
点 S_3 和 S_5 的温度有一定差异，但
是渗流工况下岩土测点 S_3 和 S_5 的
温度几乎一致。在干工况下，岩土
测点 S_3 受两根地埋管共同影响，
相比于只受管 2 影响的岩土测点
S_5，温升更大。而在渗流工况下，
岩土测点 S_5 位于渗流的下游，渗
流水流经管 1 和管 2 之后到达岩土
测点 S_5，使 S_5 也间接受到了上游
管 1 换热的影响，导致渗流工况岩

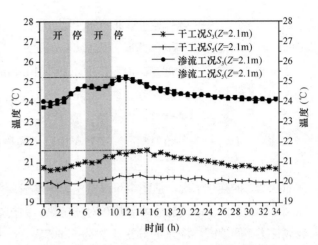

图 4-23　间歇工况下岩土温度测点 S_3 和 S_5 的温度

土测点 S_3 与 S_5 同样受到两根地埋管的共同影响，温度变化类似。

4.5.5　回填区渗流对地埋管换热性能的影响

由于回填区和换热孔外的孔隙率不同，回填区不同的孔隙率对地埋管的换热性能影响
不同。图 4-24 为某计算对象换热孔中回填区不同孔隙率下的换热结果。

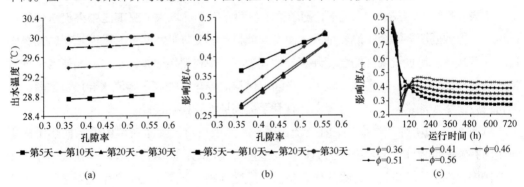

图 4-24　孔隙率对出口水温的影响

（a）出口水温与孔隙率；（b）影响度与孔隙率；（c）影响度与运行时间

图 4-24 中影响度 $I_{\phi-q}$ 可通过式（4-19）～式（4-21）计算。

$$T_{out} = a_{out}\phi^{b_{out}} + c_{out} \tag{4-19}$$

$$q_l = \frac{c_p\rho V_w S}{l}(T_{in} - T_{out}) \tag{4-20}$$

$$I_{\phi-q} = |q_l'| = \left| \frac{c_p\rho V_w S}{l}(-a_{out}b_{out}\phi^{b_{out}-1}) \right| \tag{4-21}$$

式中　　　T_{out}——地埋管出口水温，℃；

　　　　　ϕ——渗流区回填材料孔隙率；

a_{out}、b_{out} 和 c_{out}——地埋管出口温度和渗流区回填材料孔隙率拟合关系式系数。

　　　　　q_l——地埋管单位延米换热量，W/m；

　　　　　c_p——流体比热容，取 4182J/(kg・℃)；

ρ ——流体密度，取 998.2kg/m³；

V_w ——为流体速度，取 0.64m/s；

S ——地埋管截面积，取 1.96×10⁻⁵m²；

l ——埋管深度，取 6.25m；

T_{in} ——地埋管进口水温，取 34℃；

$I_{\phi-q}$ ——回填材料孔隙率对单位延米换热量的影响度。

图 4-24(a) 是渗流工况下运行第 5 天、第 10 天、第 20 天、第 30 天的单位延米换热量随孔隙率的变化情况。从图中可以看出，地埋管单位延米换热量随孔隙率增加而减小。原因是渗流层回填区传热分为导热和对流传热，由传热规律可知，传热量和介质的传热系数成正比，回填区渗流水的导热系数为 0.607W/(m·K)，比热容为 4179.4J/(kg·K)，而回填材料湿砂的导热系数为 4.863W/(m·K)，导热系数为 780 J/(kg·K)。表 4-8 提供了各孔隙率下的回填区的综合导热系数和综合比热容的变化关系。

不同孔隙率下回填区导热系数和比热容　　　　表 4-8

孔隙率	0.36	0.41	0.46	0.51	0.56
导热系数 [W/(m·K)]	2.299	2.072	1.867	1.683	1.516
比热容 [J/(kg·K)]	2003.784	2173.754	2343.724	2513.694	2683.664

由表 4-8 可知，在渗流工况下，随着回填材料孔隙率的增大，回填区中渗流水体积占比增大，导致回填区综合比热容增大，使得回填材料温变降低，从而导致回填材料向孔外传导速度减慢，地埋管周围的温度升高，地埋管向回填材料传热量减小，从而使得地埋管换热性能降低。因此，在实际工程中，当回填材料的导热系数高于渗流水导热系数时，回填材料应该尽可能密实，减小孔隙率，有利于提高地埋管换热性能。

从图 4-24 (b) 中可以看出，在渗流工况下，回填材料孔隙率对单位延米换热量的影响度随孔隙率增大而升高。由于回填材料与地埋管换热时，回填材料同时存在吸热作用和传热作用，内层回填材料进行吸热作用将自身温度升高，与外层岩土产生温差之后将热量传递出去，孔隙率增加促进回填材料综合比热容增加，回填材料吸热能力增加，相同运行时间中回填材料孔隙率增加促进温度降低，孔隙率变化引起地埋管与回填材料之间的温差越大，从而回填材料孔隙率对地埋管换热性能的影响度随孔隙率增加而更加显著。

图 4-24 (c) 是回填材料 5 种孔隙率对单位延米换热量的影响度随运行时间的变化。从图中可以看出，回填材料孔隙率对单位延米换热量的影响度随运行时间增加逐渐减小，这是因为随着运行时间增加，回填材料温度升高后，地埋管与回填材料之间温差减小，回填材料孔隙率改变所引起的地埋管单位换热量的改变逐渐减小，所以短期运行中孔隙率对换热性能的影响比长期运行更为明显，影响度随运行时间增加而逐渐减小。

4.5.6　不同渗流温度对地埋管换热性能的影响

通常情况下，渗流温度基本与岩土温度一致。但某些情况下，如温泉、雪水的温度均与地温不同。在以前的研究中，工程人员将渗流作为有利因素来考虑。实际上，渗流也可能产生不利影响。本节就不同渗流温度对地埋管的换热性能进行讨论。

1. 渗流温度高于岩土初始温度对地埋管换热性能的分析

图 4-25 为某项目不同渗流温度下的计算结果。主要参数为：渗流速度为 1.25×10^{-6} m/s，孔隙率为 0.46。渗流温度为 19.5℃ 的工况为基本工况，提高渗流水温度，通过对比制冷运行和制热运行中，地埋管单位延米换热量，与基本工况的累计换热量差值，来分析渗流水温度比岩土温度高时，渗流水温对地埋管换热的影响。

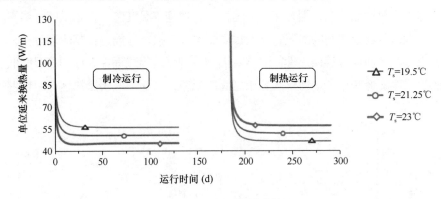

图 4-25　单位延米换热量

从图 4-25 可以看出，在制冷运行中，随着渗流温度的升高，单位延米换热量降低，当渗流温度高于岩土初始温度 19.5℃，温度升高带来的是地埋管换热性能的下降，是因为制冷运行过程中，地埋管温度高于岩土温度，渗流水温度上升导致地埋管与岩土之间的温差减小，从而减小了地埋管的换热性能；在制热运行中，随着渗流温度的升高，单位延米换热量上升，当渗流温度高于 19.5℃ 时，温度升高使得地埋管换热性能提升，是因为制热运行中岩土温度高于地埋管温度，渗流水温度升高加大了地埋管与岩土之间的温差，从而使得地埋管与岩土之间的换热量增加。

累计换热量差值　　　　　　　　　　　　　　　　　　　表 4-9

渗流温度（℃）	制冷运行（kJ）	制热运行（kJ）	全年累计（kJ）
19.5	0	0	0
21.25	−3277610.967	2503026.718	−774584.249
23	−6557377.882	5003395.953	−1553981.929

表 4-9 为运行工况累计换热量与基本工况累计换热量的差，从表 4-9 中可以看出，在渗流温度高于岩土温度的运行工况的全年累计换热量小于渗流温度等于岩土温度式的全年累计换热量，说明在全年换热中，渗流温度升高使得地埋管全年运行性能下降。从图 4-25 中可以看出，在运行稳定后，相同温差带来的单位延米换热量差值基本相同。渗流温度造成地埋管全年运行性能下降的原因是因为制冷运行和制热运行的时间长短不同，其中制冷运行共 130 天，制热运行 105 天。在制热运行时渗流温度升高是地埋管运行的不利因素，地埋管较长时间在不利因素条件下运行，因此造成了地埋管运行性能下降。累计制热负荷大于累计制冷负荷时。渗流温度高于岩土温度有利于提高地埋管全年运行性能。

因此，渗流温度升高对系统运行有利有弊，有利的是在制热运行中能够提高地埋管的换热量，对系统不利的是在制冷运行中降低了地埋管换热量。由于夏热冬冷地区全年制冷负荷大于制热负荷，导致在全年运行中渗流温度升高带来的整体效应是不利的。

2. 渗流温度低于岩土初始温度对地埋管换热性能的分析

相同计算条件下，图4-26是渗流温度为16℃、17.75℃、19.5℃时，地埋管全年运行的单位延米换热量随运行时间的变化情况。从图中可以看出，在制冷运行中，渗流温度降低促使地埋管换热性能升高，因为在制冷运行中，地埋管温度高于岩土温度，渗流温度降低加大了地埋管与岩土之间的温差，从而提高了地埋管换热性能；在制热运行中，渗流温度低于岩土温度促使地埋管换热性能降低，因为在制热运行过程中，地埋管温度低于岩土温度，渗流温度降低减小了地埋管与岩土之间的温差，从而降低了制热运行中地埋管换热性能。

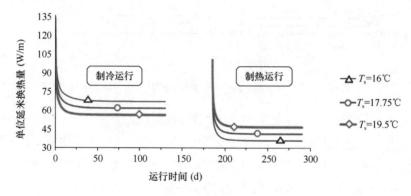

图4-26　单位延米换热量

累计换热量差值　　　　　　　　　　　　　　　　　　　　　　　表 4-10

渗流温度（℃）	制冷运行（kJ）	制热运行（kJ）	全年累计（kJ）
16	6394793.831	−5013663.404	1381130.428
17.75	3195405.775	−2503325.29	692080.4851
19.5	0	0	0

表4-10为渗流温度低于岩土温度的工况与渗流温度等于岩土温度的工况累计换热量之差，从表中可以看出，在渗流温度低于岩土温度时，全年运行累计换热量高于渗流温度等于岩土温度的运行工况，说明在全年运行中，渗流温度低于岩土温度有利于提升地埋管的全年综合运行性能。图4-26中可以看出，相同温差带来的单位延米换热量的差值基本相同。渗流温度低于岩土温度造成的地埋管全年运行性能提升主要原因是制冷运行和制热运行时间不同，制冷运行期130天长于制热运行期105天，地埋管长期在有利条件下运行从而使得全年运行中性能得到提升。

3. 小结

从以上简单的案例可以看出，对于不同渗流温度对于地埋管换热性能的影响，不仅涉及渗流温度，同时也和制冷季和制热季的时间有关系。因此，要进行渗流对地埋管换热性能的影响，不能仅从单季的能效来分析，还需要从全年的角度来分析。

第 5 章

地埋管地下换热系统的热平衡理论与工程措施

5.1 热平衡的定义

由于地埋管地源热泵在运行的过程中，地埋管换热器需要向岩土进行冷量和热量的排放，而传递到岩土中的热量中会导致冬季与夏季蓄存的冷热量不同，这种能量的不匹配就会导致岩土温度的变化，也就是行业上讨论的热不平衡问题。从过程看，实际是地埋管全年冷热量排放不同长时间导致的。对于这个问题，我们需要注意两点：第一是这种热量的排放量具体指标指什么？第二是大地蓄能的意义是什么？只有弄清楚这两点，我们对热平衡的定义就清晰了。

实际工程中，建筑负荷转移到岩土中的过程由三个阶段组成。首先是建筑负荷通过末端系统将冷热量传递给机组。然后机组通过冷凝器或蒸发器将热量或冷量传递给地埋管。最后才是地埋管将冷热量传递给岩土。从传热的三个阶段可以看出，建筑负荷实际没有直接与岩土发生任何的关系，岩土所接收的冷热量实际被热泵机组所控制。例如建筑负荷变化量非常小，即这种变换量若不能改变热泵的运行状态。如热泵机组容量较大，其末端负荷的变化不足以引起冷热水参数信号反馈到热泵机组实现工况的变化调整，在低负荷下的变化下不足以启动热泵运行，系统通过管网中循环流体的冷热容量足够消化建筑负荷的变化。这种情况下，建筑负荷就无法转移到岩土中。实际运行过程中，还涉及热泵机组的启停控制策略。因此，通过建筑负荷来判断岩土的热不平衡是不正确的。另外一个过程是热泵的冷热量通过地埋管转移后，岩土的蓄热性能要将冷热量吸收后再向远边界转移，这个转移过程对岩土初始温度的影响是累积的，而不是瞬时的。而且我们比较指出的热平衡是指年周期，是季节的不同，而非同一个季节中来讨论此参数。因此这个热量是累积热量，即年总量的冷热平衡关系。但是总量平衡不代表岩土蓄热是平衡。因为冷热量在岩土中热扩散的速度是不同的，从热响应测试以及实际工程地埋管冬夏季不同的换热性能就可以理解此观点。

对于大地蓄能，我们不能忽视大地本身的蓄热量。较小的热量传递到岩土中，岩土本身就会消化，不足以影响地温的变化。从第 8 章国内案例 1 就可以看出，实际仅仅是冬季取热，在某些条件下也有可能不对岩土温度引起重大的变化，其关键参数是冷热量的排放不能超过一定的度，即岩土自身对热量的消化能力。若超出了岩土的自平衡能力，岩土温度就会发生变化。

不管在何种情况下，岩土温度发生变化，关键是知道如何评估对系统的影响。若岩土的温度发生变化，但变化不大，就对系统的影响小。如何定量评估温度变化的具体值，这实际需要靠系统能效来评估，因为从工程的角度出发，我们仍然直接关心的是对系统能效的影响。地源热泵系统的能效与传统冷热源系统进行比较，不管是冬季还是夏季，即使地源热泵系统的能效降低了，但有可能仍然高于传统的冷热源系统。若在全寿命周期中，控制岩土温度在一定的变化范围内，这种地源热泵系统 LCC 值仍然低于传统冷热源系统，就可以忽略这种地温变化对系统的影响，虽然系统对岩土释放的冷热量是不平衡的。从工程的角度出发，仅仅对这种系统影响小的对岩土冷热量排放不平衡就实施辅助冷热源系统来满足热平衡，实际就会导致没有必要的工程投资。

但是，如果由于设备系统的匹配不合理，导致地埋管地源热泵系统对岩土的排热量或排冷量严重不平衡，岩土温度偏离初始温度过大，就会导致地下换热器无法有效地将冷量或热量排放给岩土，直接的系统表现就是地埋管到热泵的进水温度过高或过低。在恶劣情况下，不仅热泵机组的能效已经低于传统的冷热源系统，甚至已经超过热泵能够正常运行的温度范围。这样的系统形式所导致的岩土冷热量的排放就是不平衡的，在进行系统设计的就应该引起注意，避免后期出现问题。

在实际工程中，热泵系统对岩土的冷热量排放严重失衡是多方面因素引起的。首先应该是建筑负荷特性，在前面已经分析了，建筑负荷值本身虽然没有直接和地埋管向岩土的热传递发生关系，但是源头在于建筑负荷特性，这不仅与负荷强度有关，而且与负荷时间相关。在实际工程中，我们需要的是通过建筑负荷特性耦合热泵的运行规律去分析，而不能直接通过建筑负荷值去判断。另外的原因就是岩土的热物性不能满足热量排放的需求，导致了地埋管不能有效地将需要排除的冷量或热量传递给岩土。

综上看，对于工程意义上的热平衡的定义，需要从建筑负荷特性、传热过程、岩土自平衡能力、系统能效等多因素进行考虑，才能得到相对完整的解释。为此，我们可以定义地埋管地源热泵系统岩土蓄热的热平衡为：在环控系统正常使用周期内，以给定的建筑负荷特性为基础，以年为单位计算时间，如果地埋管地源热泵系统的系统能效恒大于常规冷热源系统的系统能效，并且热泵机组不失效，则称该负荷特征性对应下的地埋管地源热泵系统对岩土的冷热量排放是平衡的；否则，是不平衡的。

有了对热平衡的理解，就能够通过其影响因素建立热平衡的评价计算方法去判断系统性能，从而为工程上如何处理热平衡建立理论基础。

5.2   热平衡评价方法与工程案例评价分析

5.2.1   热平衡评价方法的建立

根据地埋管地源热泵系统对岩土的冷热量排放是否平衡的定义，建立图 5-1 所示的热平衡评价体系。

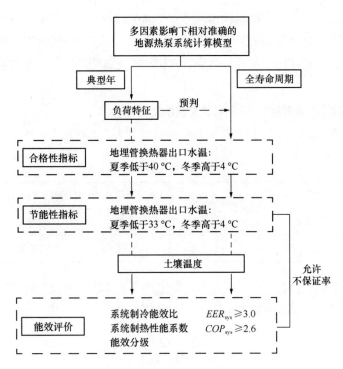

图 5-1　地源热泵系统热不平衡评价方法

　　准确的地埋管地源热泵系统计算模型是评价的基础，该模型可预测在考虑动态负荷、地质结构等多种因素耦合作用下，系统在全寿命周期内的运行情况。系统评价可分为典型年和全寿命周期两个维度。典型年内的负荷变化可用来推测全寿命周期内系统性能及温度分布等的趋势。在此基础上，由于埋管出水温度直接决定了热泵机组的正常运行与否，因而选定系统可正常运行时埋管出水温度的临界参数作为合格性指标，即埋管出水温度应低于 40℃ 且高于 4℃。地源热泵系统夏季应具有优于冷却塔的换热效果，因而夏季埋管出水温度应低于 33℃（以夏热冬冷地区为例）。岩土温度的变化与分布也是衡量系统是否正常运行的特征之一。最后，计算冬夏季系统能效比，系统能效比应满足《可再生能源建筑应用工程评价标准》GB/T 50801 中，夏季 $EER_{sys} \geqslant 3.0$ 以及冬季 $COP_{sys} \geqslant 2.6$ 的要求。

　　值得注意的是，此评价方法主要适用于地埋管地源热泵系统长期计算结果的评价，因而计算结果是逐时或者逐天的。由于标准年气象参数与实际气候等有差异，系统可能与预测负荷一致运行，因此在水温节能性指标以及系统能效评价这两点上可允许一定的不保证率。具体分析中选取工程中常用的 5% 为不保证率，但实际合适的数值值得做进一步的探究。

5.2.2　工程案例评价分析

　　系统岩土吸释热量间的不平衡是系统性能下降的主要原因，热不平衡性越高则系统运行能效下降越快，失效的可能性也越大。因而部分研究者[127]以及地方规范[128]推荐通过限定累积冷热负荷的不平衡率来评价地源热泵系统的适用性。本书仅针对热不平衡率这一评价指标，分析并总结具有不同以及相同热不平衡率的各个工况在全寿命周期内的计算结果。从而说明热不平衡率对系统影响的复杂性，而且无法用单一指标来直接进行判断。以下采用具有不同岩土蓄能热不平衡率以及具有相同岩土蓄能热不平衡率的系统比较结果来进行证实。

5.2.2.1　具有不同岩土蓄能热不平衡率的系统比较

以某实际工程为例（案例1），其建筑负荷特征如表5-1所示。

典型年建筑负荷特征　　　　　　　　　　　　　　表5-1

峰值负荷（kW）		运行时长	累积建筑负荷（kW·h）		累积冷热负荷差
制热	制冷	(h/d)	制热	制冷	(kW·h)
223.61	258.78	17	143462.34	219239.78	75777.44

通过固定冷负荷、调整热负荷的方式，拟定具有不同热不平衡率的案例，计算结果见表5-2所示。热不平衡率的计算方法如式（5-1）进行。

$$TIR = \frac{Q_c - Q_h}{\max(Q_c, Q_h)} \times 100\% \tag{5-1}$$

式中　Q_c——（累积）冷负荷，可表示夏季建筑负荷、机组输出功率以及释放到岩土中的热量或某时段内的累积热量，$kW/(kW \cdot h)$；

　　　Q_h——（累积）热负荷，可表示都冬季建筑负荷、机组输出功率以及从岩土中吸取的热量或某时段内的累积热量，$kW/(kW \cdot h)$。

若热不平衡率为正，则表示系统的冷负荷高于热负荷，更多的负荷被排入岩土中。对于该工程中的地源热泵系统，各种负荷的热不平衡率详见表5-2。可以看出，虽然建筑峰值冷热负荷相近，但较长的夏季使得冷负荷的需求量更大，建筑累积冷热负荷的不平衡率为34.56%。由于系统的运行特性等原因，最终累积岩土吸释负荷之间差异较大，出现了48.57%的热不平衡率。通过表5-2也可以看出，建筑负荷、机组出力、岩土吸放热量的累计负荷都不同的。

系统负荷热不平衡率　　　　　　　　　　　　　　表5-2

峰值建筑负荷	累积建筑负荷	累积机组出力功率	累积岩土吸/释热量
13.59%	34.56%	35.48%	48.57%

表5-3中，3个案例地埋管地源热泵系统中的岩土吸释热量的不平衡率分别为48.57%、2.55%和78.13%。在岩土吸热量基本相同的情况下，案例2中制热负荷更多，因而岩土吸释热量基本持平；而案例3的制热负荷需求更低，岩土吸释热量间的负荷差异更大。可以预判，相较于案例1，案例2在全寿命周期内温度变化平稳、运行高效，而案例3中岩土内累积负荷过大，可能会出现系统失效的现象。

典型年内岩土累积负荷特征　　　　　　　　　　　　　　　表 5-3

案例	岩土释热量（kW·h）	岩土吸热量（kW·h）	吸释热量差值（kW·h）	不平衡率
1	193170.97	375568.89	182397.92	48.57%
2	374180.89	383987.20	9806.31	2.55%
3	81742.22	373707.70	291965.48	78.13%

　　全寿命周期内埋管的进出水温度以及岩土温度如图 5-2 所示。案例 1 中整体温度平缓升高，案例 2 中的温度仅呈现周期性变化，整体温度恒定。而案例 3 中热不平衡严重，埋管出水温度在第 3 年夏季就超过了 33℃，并在后续几年内逐渐升高（图 5-2a）。虽然运行期内系统未出现停机，但夏季过高的埋管出水温度势必会使得能效降低。如图 5-2（b）

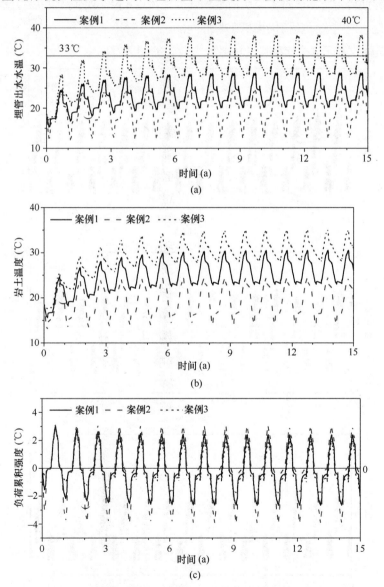

图 5-2　不同热平衡率案例的温度变化曲线

（a）埋管出水温度；（b）7 号深度 15m 处岩土温度；（c）8 号负荷累积强度

所示，埋管 7 号深度为 15m 处的岩土温度也可看到相同的现象，案例 3 中堆积了更多的热量，因而岩土升温更快，由于间歇期的存在岩土升温略微减缓。而案例 1 中虽然制热需求大，但相对平衡的冷热负荷使得岩土温度呈周期性波动，虽然冬夏季的温度波动范围较大，但岩土温度均能在间歇期内得到充分恢复。

如图 5-2（c）所示为 3 个案例中 8 号埋管处岩土的负荷累积强度变化。可以看出案例 2 在冬夏季的负荷累积强度峰值最大，说明对管群中的单个钻孔而言，管壁处与两管间距中点处的温度差异最大，向外传热能力最强。在以典型年为周期的每一个循环都具有相同的负荷分布，各点温度在间歇期内恢复良好。反观案例 3，虽然制热负荷最小，但巨大的冷热负荷差异使得岩土蓄热过多，负荷累积强度整体逐年降低，间歇期后管壁温度明显低于埋管较远处，说明大量负荷仍堆积在管群内部。

图 5-3 具体比较了 3 个案例中的能效比变化，能明显看出案例 2 的系统能效最高，案

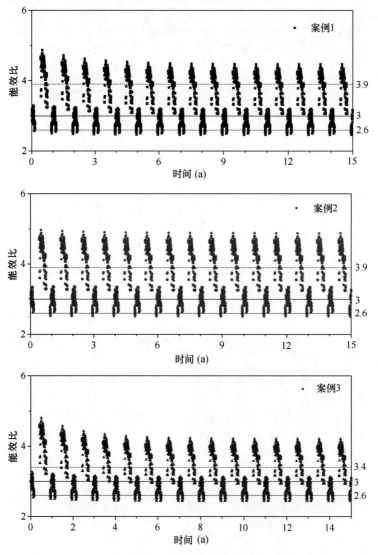

图 5-3 具有不同岩土热平衡率的系统案例能效比变化

例 1 次之，案例 3 最低。若选定 5％的不保证率，案例 1、2 合格，案例 3 制热能效比不达标。案例 1、2 中制热能效比均为 3 级能效，案例 1 制冷能效比为 3 级，案例 2 制冷能效比虽然有 78％的比重超过 3.9，但整体能效仍为 2 级。就案例 2 而言，即使吸释热量基本相等，只有系统运行的负荷率提升，且冬季埋管出水温度不宜低于 14℃的情况下，才能使该地源热泵系统达到 1 级能效。由式（4-14）可知，系统中占比最重的机组能耗主要受到部分负荷比、埋管出水温度以及建筑侧回水温度等多因素的综合影响，很难给出具体的温度适宜运行范围。因而对一个运行过程中的系统而言，冬季较高的岩土温度、夏季较低的岩土温度，以及更多饱和负荷运行的情况，会使得系统能效比更高。

　　总而言之，对于具有相同埋管规模、类似负荷量级的地埋管地源热泵系统，岩土蓄能热不平衡率的增加使得岩土内吸/释热量堆积，整体水温以及岩土温度上升/下降，系统能效下降，严重者会出现埋管出水温度过高、机组停机、系统失效等情况。

5.2.2.2　具有相同岩土蓄能热不平衡率的系统比较

　　即使地埋管地源热泵系统具有相同的热不平衡率，地质结构等因素也会加剧热不平衡对系统运行特性的影响。因而，本节在案例 1 的基础上，将原本的强风化、中风化泥岩全部替换为常见的填土单层结构，等效导热系数由 2.1W/(m·℃) 下降至 1.2W/(m·℃)，称之为案例 4。由于热物性调整后的案例 4 传热能力较弱，因而在运行过程中岩土吸收以及排出的热量均较小（详见表 5-4）。

典型年岩土累积负荷特征　　　　　　　　表 5-4

案例	岩土释热量（kW·h）	岩土吸热量（kW·h）	吸释热量差值（kW·h）	不平衡率
1	193170.97	375568.89	182397.92	48.57％
4	192748.97	374133.90	181384.90	48.48％

　　图 5-4 详细比较了岩土蓄能热不平衡率基本相同的两个地埋管地源热泵系统案例的运行情况。从图 5-4（a）看出，由于案例 4 中岩土热积聚现象明显，整体的埋管出水温度升高较快，在运行后期夏季的埋管出水最高温度接近 33℃。在最初运行的 4 年内，两个案例的差异主要体现在夏季的高峰负荷，而此后岩土的热积累进一步加剧了两者在整个运行期内的差异。从图 5-4（b）中岩土的负荷累积强度可以看出，较弱的传热能力使得案例 4 在运行期间管壁处与两管中间处的温度差异更大，且这种差异在间歇期内也很明显。虽然两案例中的冬季能效比相近，但案例 4 的夏季能效比低于案例 1。此时，案例 1 的系统制冷能效可以完全合格，而案例 4 中制冷能效合格的比例为 96.5％，其他等级的达标率也相应减少。由于案例 1 中埋管设计与负荷匹配较好，地质条件（案例 4）所带来的影响有限，并不会导致系统失效。但可以预见，若系统埋管设计勉强满足负荷需求，即使各个系统的热不平衡率相同，处于恶劣情况（如地质材料具有更小的热扩散系数、更为密实的管群布置结构、更近的管间距等）下的系统运行失效的可能性更大。

　　因此，在进行地源热泵系统的性能评价时，不应仅采用热不平衡率来限制系统的应用，以此来断定某一地区是否适合使用地源热泵系统。即使系统具有相同的热不平衡率，

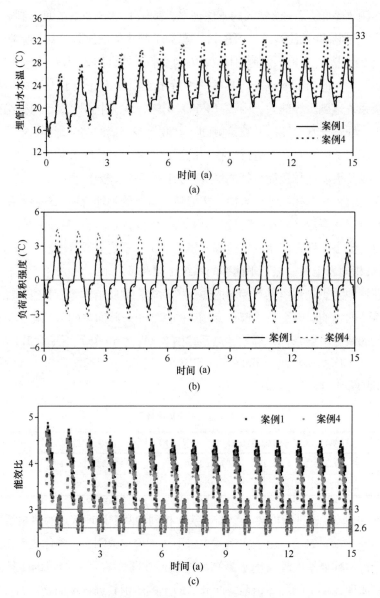

图 5-4   具有相同岩土热平衡的地埋管地源热泵系统案例比较

（a）埋管出水温度；（b）8 号岩土处负荷累积强度；（c）能耗比

地质结构、管群等因素的不同也会导致系统的运行情况差异较大。因而，实际工程应用应以具体项目为计算依据，进而评价系统的长期运行性能。热不平衡率的应用具有一定的局限性，这也意味着若将热不平衡作为系统适用性的评判指标，应保证所比较的案例与基准案例具有相似的系统设计、地质结构与负荷要求等。

5.3   热平衡的工程意义与技术处理方法

在 5.1 节中定性地对热平衡定义进行了分析。在实际工程中如何确定热平衡，需要进行一系列的计算，才能确定系统对岩土冷热排放的热平衡。具体的计算方法和评价方法在 5.2 中已经做了分析。本节主要探讨的是热平衡的工程意义与技术处理方法。

5.3.1　热平衡的工程意义

对于地埋管地源热泵工程，其核心是利用了大地的蓄能能力，或者称为跨季节蓄能。由于要满足冬季和夏季的环控需求，以大地作为低位冷热源，利用埋管换热器从岩土中去吸热或放热，从而实现室内冷热负荷的转移。由于冬季和夏季建筑负荷的不同，必然存在转移到岩土中的换热量不同。在前面已经谈到，虽然建筑负荷不等于埋管负荷，但是实际埋管负荷的不同主要就是建筑负荷引起的。地埋管从岩土中吸热与放热的不平衡从而引起埋管换热能力在冬季或夏季中的衰减情况，就是工程意义上说的热不平衡情况。即对于地源热泵工程而言，首先是要满足热平衡。前面已经详细阐述了如何理解热平衡，但在工程中如何处理，除了详细计算以外，不能忽略大地的热平衡能力。即使出现地埋管从大地吸热与放热的负荷不平衡，但这种不平衡没有超过大地的自调节能力，从工程意义上说，是不会影响地埋管的换热能力的。这种热不平衡不影响地埋管的换热性能，实际由较多的因素引起，如埋管换热强度低或埋管运行数低等。

以某医院地埋管地源热泵项目为例，该医院地埋管地源热泵的系统图如图 5-5 所示。

该项目设计的初衷是夏季利用地埋管和冷却塔共同承担夏季室内负荷的转移，冬季全部采用地埋管承担冬季负荷。由于冷却塔设计时考虑了在初夏或夏季的夜晚采用冷却塔来降低埋管的运行时间，同时冷却塔的投资低，因此其容量按照全部承担夏季水

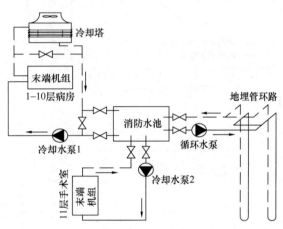

图 5-5　医院地源热泵系统图

环热泵的排热量进行实际配置。而在实际运行中，运行人员运维时，没有按照设计进行冷却塔与埋管系统的转换。夏季完全采用冷却塔运行，冬季才使用地埋管。按照这种运行方式，从基本理论上讲该工程一定会出现岩土换热的热不平衡现象。而实际的运行结果与预计结果完全不同。这个结果有助于我们理解实际工程中有哪些因素影响了岩土换热的热不平衡，更能加深理解大地的自调节能力。

这个项目的核心就是利用了 $830m^3$ 的消防水池辅助地埋管蓄能。该消防水池处于地下一层，处于地面标高以下，成为天然的蓄能装置。在德国的一些项目中，直接将水充注在地下的大型水池中，利用跨季节实现地下水池蓄能。该医院项目原有设计的出发点是由于地埋管与水环热泵的连接高度超压，为保证地埋管的安全，才采用消防水池进行隔压。即出发点不是蓄能，但实际的运行结果起到了蓄能的作用。由于地埋管换热后的循环水通过

开式系统在消防水池中进行了蓄能，降低了地埋管的运行时间，而运行时间的降低，就是输入到地埋管中的负荷小，不足以引起岩土温度的剧烈变化。大地的自调节能力能够消化其输入热量，从而没有引起岩土由于换热的热不平衡导致的温度变化。

当消防水池温度达到 20℃ 后，该温度已经接近岩土的温度，若继续开启地埋管循环水泵，地埋管换热效果差，同时增加了水泵能耗，该段时间循环水泵停止运行。当末端用户供水温度低于 18℃，即消防水池中的水温低于 18℃，此时启动循环水泵，经过地埋管换热，消防水池中的水温升高，升高到 20℃ 后循环水泵又停止运行。与常规的地源热泵系统相比，加入消防水池后，这种系统运行方式可以提高末端机组的供水温度，使得机组的效率大大提高。连续测试 3 年的运行情况如图 5-6 所示。

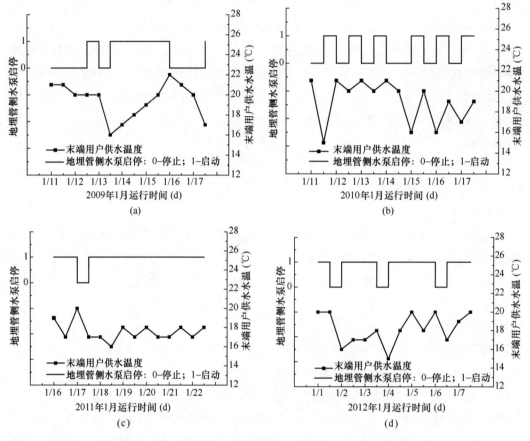

图 5-6   2009 年至 2012 年地源热泵系统运行情况

(a) 2009 年 1 月；(b) 2010 年 1 月；(c) 2011 年 1 月；(d) 2012 年 1 月

由图 5-6 可以看出，地埋管在仅冬季取热情况下，整体的地埋管温度并没有因热不平衡率导致地温的变化。主要的原因为：

根据测试 2006 年 8 月岩土初始自然温度为 21.3℃。2012 年 1 月 7 日系统运行了一个月，管壁周围平均温度 18.9℃，见图 5-6 (d)。此时地埋管侧流量为 201m³/h，进出水温差为 1~1.5℃，即地埋管提供的热量为 233~350kW，约为 DeST 软件计算出的建筑热负荷的 31%～50%。地埋管承担的热负荷比设计热负荷小，根据实际使用情况调查，主要有以下几个原因：一是手术室的使用时间根据手术安排，并不是 24h 连续开启；二是实际医院入住率基本保证在 100%，大部分科室走道中也增加了床位，同时白天探病的亲人较多，人数大幅增多，从而增加了人体散热量，使得热负荷减小；三是医院新风主要靠卫士间排风和自然通风，冬季病人一般不喜欢开窗，则新风热负荷减小；四是根据不同病人的情况，一些病人手术后因为供暖时空气干燥而容易缺水，则并未使用。

以上的分析其核心原因就是输入到地埋管的冷量过小（实际为取热量），没有超过大地的自调节能力。

工程的具体情况不同，实际热平衡分析受到多方面的影响，包括系统形式。因此，从工程意义上来讲地埋管换热平衡性，没有一个唯一因素可以决定。通过以上的案例我们可以得到，工程意义上的热平衡只能通过全面与系统的分析才能得到。从工程角度出发，判断热平衡的失误，不仅会造成工程的经济性差，而且直接导致系统能耗的增加。因此，判断热平衡对工程的影响非常大，应引起高度重视。用负荷的单因素来判断，是无法判断热平衡的，不能过大或过小的夸大热平衡对工程的影响。实际工程中，行业是过大的夸大了热平衡的影响，其主要原因就是利用单一的负荷总量来判断。

5.3.2　技术处理方法

若工程分析中，确实出现了岩土换热的不平衡，就需要进行相应的技术措施来保证系统的安全与节能运行。

对于夏季排热量过大的情况，通常是采用冷却塔系统来降低地埋管负荷，包括部分采用冰蓄冷、热回收等方式来补充地埋管负荷的不足。在目前的研究中，还有部分学者已经开始对夜间辐射制冷装置与地埋管连接来降低夏季埋管的负荷进行了研究，也获得了一定的成效。而对于冬季取热量过大的情况，主要是采用太阳能辅热或其他热源方式，对于太阳能的利用，主要有两种方式：一种是利用太阳能集热系统直接与地埋管并联，提高地埋管的供水品位，另外一种是利用地埋管的地下环路系统与集热器连接，在部分时间内，为地埋管输入热负荷，提高岩土的运行温度，从而整体提高地下换热系统的冬季供热性能。这两类辅助冷热源的方法均是基本和常见的技术途径。但实际设计中，需要考虑的因素有很多。

只要低位冷热源换热装置不仅仅是地埋管，我们可以称为复合式地埋管地源热泵系统。对于复合式地埋管地源热泵系统，有几方面的优势或考虑，即热平衡问题、间歇运行问题、初投资问题。实际上，20 世纪 90 年代美国俄克拉何马州州立大学对地埋管复合冷却塔的地源热泵系统的经济性就进行了研究，但其主要出发点是如何降低地埋管的投资。实际上，对于地埋管地源热泵系统，其初投资的痛点就是地埋管的投资过大。而在我国的应用，主要考虑的是热平衡问题、间歇运行问题。对于不同的考虑方向，与国外的主要区别在于我国的项目规模比国外大得多，其热平衡等问题远比国外严重。这实际就是和项目的特点相关。

本书主要针对地埋管与冷水机和冷却塔系统的复合系统来分析其技术处理措施。

对于采用冷却塔系统，目前与地埋管联合运行的系统方式有两种形式，即串联与并联方式。其系统示意图详见图 5-7 和图 5-8。

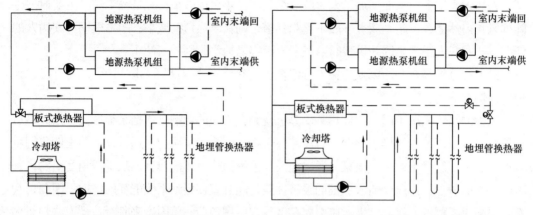

图 5-7   辅助冷却塔串联系统示意图   图 5-8   辅助冷却塔并联系统示意图

对于辅助冷却塔与地埋管系统串联系统，其优缺点如下：

优点：冷却塔和地埋管联合运行时，冷却水先经过冷却塔，使得热泵机组出口的高温冷却水先经过冷却塔降低一部分温度后再送入地埋管系统换热，这有利于地埋管换热器的运行。

缺点：首先冷却塔不能独立运行，当冷却塔效率较高时，不利于系统整体最优。其次在供冷季，地埋管系统需要一直运行，对于建筑负荷特征为 24h 需要连续供冷的情况下，无法提供岩土温度恢复时间，不宜选用。最后夏季所有冷却水需要经过地埋管换热器，而在设计时地埋管换热器的循环水量是按照地埋管承担的冷负荷计算的，则无法满足夏季空调最大负荷时冷却水流量，即此时地埋管总流通截面可能过小，地埋管内水流速过大，增加了循环水泵的功率。

辅助冷却塔与地埋管系统并联系统，其优缺点如下：

优点：一是室外湿球温度较低，冷却塔可以独立运行，充分发挥冷却塔的优势；二是冷却塔可以独立运行，可以为地埋管系统提供岩土温度恢复时间，避免埋管周围热量堆积；三是在供冷季后期，地埋管周围岩土温度升高，可能导致系统的运行效率降低，此时也可以独立运行冷却塔，使得系统整体达到最优。

缺点：如图 5-8 所示，冷却塔出水与地埋管出水按照一定比例混合后再进入机组，此时需要注意热泵机组冷凝器设计温度与冷却塔进出水温度存在差异的问题。以重庆地区为例，冷却塔标准工况下出水温度为 32℃，进水温度为 37℃。同时还要考虑板式换热器至少 1℃温差。而热泵机组夏季冷凝器设计温度为进水温度 25℃，出水温度 30℃。此时按照冷却塔出水与地埋管出水按照一定的比例混合，难以实现热泵机组冷凝器进水温度为 25℃的设计工况，将会影响热泵机组效率的影响。并且为了保证冷却塔正常运行，地埋管系统和冷却塔系统的流量比控制较为复杂。

混合连接系统结合了以上两种基本形式，既可以并联运行又可以串联运行。其系统示意图见图 5-9。

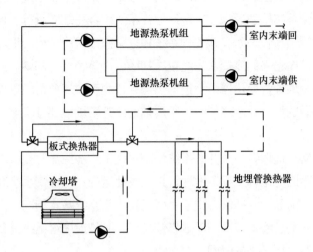

图 5-9　辅助冷却塔混合连接示意图

对于混合连接的系统既能实现串联运行工况又能实现并联运行工况，但系统的设计和控制更为复杂。

以上几种形式均涉及冷却塔与地埋管之间的转换与控制问题。实际工程设计中，为降低系统控制难度，设计院常采用的系统形式如图 5-10 所示。

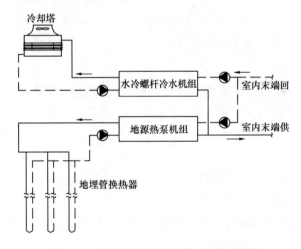

图 5-10　冷水机组与地源热泵复合系统示意图

对于冷水机组与地源热泵复合系统，其优缺点如下：

优点：一方面具有辅助冷却塔与地埋管系统并联连接的优点，另一方面地埋管系统和常规冷却塔空调系统独立设置可以避免热泵机组冷凝器设计温度与冷却塔进出水温度存在差异的问题，从而充分发挥地源热泵技术和冷却塔技术的优势。同时，系统中不需要使用板式换热器，减少热量损失和初投资。

缺点：系统中增加了常规冷水机组，若冷却塔和地埋管的负荷分担不正确，容易造成两种机组的容量选择不恰当。

从以上的分析可以看出，对于辅助冷却塔与地埋管系统串联系统，主要能实现两种运行工况：一是地埋管系统单独运行；二是地埋管系统联合冷却塔运行。地埋管系统单独运行工况主要用于建筑负荷较小时，地埋管系统独立承担建筑冷负荷。地埋管系统联合冷却塔运行工况，热泵机组出来的冷却水先经过冷却塔，再将经过冷却塔降温后的冷却水送入地埋管换热器，减少地埋管换热器所承担的热量，适用于建筑负荷超过地埋管所承担的能力时或地埋管换热器的换热效率降低时，采用辅助冷却塔承担部分峰值负荷，以提高系统效率。

对于辅助冷却塔与地埋管系统并联系统和冷水机组与地源热泵复合系统，相比串联连接，可以实现三种不同的运行工况：地埋管系统单独运行、地埋管系统联合冷却塔运行以及冷却塔独立运行。前面两种控制方式适用情况和串联系统基本相同，但冷却塔独立运行工况主要适用于：一是过渡季节冷却塔效率较高时；二是地埋管系统需要间歇运行时，即为地埋管周围岩土温度提供恢复时间。

辅助冷却塔复合式地源热泵系统进一步扩大了地埋管地源热泵系统的适用范围，在一定的气候地区，与单独的地埋管地源热泵系统相比，具有节省初投资、降低运行费用，解决岩土热平衡问题，提高系统可靠性等优点。但该系统也面临着待解决的问题，即冷却塔及其运行方式，如地埋管换热器与冷却塔的负荷分担、冷却塔优先运行还是地埋管优先运行以及系统控制方式等。

对辅助冷却塔复合式地源热泵系统的设计及选型方法还没有统一的规范和标准。目前，冷却塔容量选型方法主要有以下几种：

1. ASHRAE 推荐的选型方法

1995 年，ASHRAE 推荐的选型方法主要是计算作为埋管辅助散热设备的冷却塔的容量，按下式计算：

$$Q_{Rej} = \frac{Q_{Tot. Rej} - Q_{Loop. Rej}}{2 \times Hours} \tag{5-2}$$

式中　　Q_{Rej} ——辅助冷却塔设计散热量，kW；

$Q_{Tot. Rej}$ ——设计供冷月总散热量，kW·h；

$Q_{Loop. Rej}$ ——设计供冷月通过地埋管排放到岩土中散热量，kW·h；

$Hours$ ——设计供冷月小时数，h。

2. Kavanaugh 和 Rafferty 提出的选型方法

1997 年，Kavanaugh 和 Rafferty 在最大负荷的基础上，提出了辅助冷却塔复合式地源热泵系统的设计选型方法。利用峰值负荷分别确定供冷和供热所需埋管长度，然后确定辅助冷却塔的容量，其选型步骤如下：

（1）选择恰当的热泵最高和最低进水温度设计值 T_{max} 和 T_{min}。根据 *Commercial/Institutional ground-source heat pump engineering manual* (1995)[129]，T_{max} 是指设计热泵进液温度不高于某一值，即最高温度限值。若 T_{max} 越小，即制冷工况时，所希望热泵进

液温度越低，要求的埋管长度越长。T_{min}是指设计热泵进液温度不低于某一值，即最低温度限值。若T_{min}越大，即供热工况时，所希望热泵进液温度越高，要求的埋管长度越长。

（2）计算机组在制冷工况下的 *EER*（为了将机组 *EER* 和系统 *EER* 区分，本文将机组在制冷工况下的 *EER* 统一用 *COP* 表示）和制热工况下的 *COP*，根据建筑冷热负荷，获得地埋所需负担的放热量和吸热量。其中根据岩土全年平均温度T_a、T_{max}和T_{min}，取机组进水温度范围的平均值为计算机组性能系数参数，即制冷工况下为（T_a+T_{max}）/2，制热工况下为（T_a+T_{min}）/2。

（3）查出在制冷和供热下满足设计条件所需的埋管长度。根据 *Commercial / Institutional ground-source heat pump engineering manual*（1995）中推荐的经验图表，查出制冷和供热工况下所需的埋管长度L_c和L_h，并根据当地岩土物性参数进行修正。

（4）计算辅助冷却塔所承担的冷负荷q_{cooler}，见式（5-3）：

$$q_{cooler} = \frac{L_c - L_h}{L_c / \left(q_{lc} \times \dfrac{EER+1}{EER} \right)} \tag{5-3}$$

式中　q_{lc}——建筑冷负荷，kW。

3. Kavanaugh 改进的校正选型方法

针对并联复式岩土源热泵系统，Kavanaugh 提出了改进的校正选型方法，计算得出埋管长度和辅助冷却塔容量。但其考虑了维持每年的岩土热平衡，对冷热负荷不平衡的地区有着重要意义。其主要选型步骤如下：

（1）利用峰值负荷方法确定供冷和供热时所需的地埋管长度L_c和L_h，同时确定管内流速。

（2）按照式（5-4）计算辅助散热设备的水流量Lpm_{cooler}：

$$Lpm_{cooler} = Lpm_{sys} \times \frac{L_c - L_h}{L_c} \tag{5-4}$$

式中　Lpm_{sys}——热泵机组冷凝器侧总冷却水量，L/s。

（3）修正在有辅助设备散热情况下的当量满冷负荷运行时间如下：

$$EFLH_{cooler} = EFLH_c \times \left(1 - \frac{Lpm_{cooler}}{2 \times Lpm_{sys}} \right) \tag{5-5}$$

式中　$EFLH_{cooler}$——辅助冷却塔运行的当量满负荷运行时间，h；
　　　　$EFLH_c$——系统供冷运行时间，h。

（4）根据计算出的$EFLH_{cooler}$重新选择L_c和L_h，并得出新的Lpm_{cooler}，重复进行这四步，最终使得全年换热平衡和峰值运行条件都满足。并根据Lpm_{cooler}进行设备选择。

（5）根据式（5-6）计算出辅助散热设备所需工作的时间：

$$Hours_{cooler} = \frac{C_{fc} q_{lc} EFLH_c - C_{fh} q_{lh} EFLH_h}{Lpm_{cooler} Range \times 4.19} \tag{5-6}$$

式中　C_{fc}、C_{fh}——制冷和制热工况下，热泵机组性能修正系数；
　　　　Range——辅助散热设备冷却塔水进出水温度，℃；

q_{1h}——供热工况下的额定热负荷，kW。

由于地埋管换热器和冷却塔共同承担建筑的冷负荷，则其两者之间存在一定的联系。冷却塔容量的大小对地埋管换热器长度、地埋管系统的运行时间以及系统的能效都有影响，选择合适的冷却塔容量对系统的节能性有重要的意义[45]。在全年动态空调负荷的基础上，冷却塔容量的大小直接关系到系统设计是否合理。

在上述所提到的方法中，冷却塔容量的确定原则主要是：考虑冷热负荷的差异大，地埋管换热器按照冬季热负荷大小设计，从而夏季地埋管换热器所能承担的冷负荷有限，小于建筑的峰值负荷，则夏季超出地埋管换热器承受范围以外的冷负荷由辅助冷却塔承担。辅助冷却塔的作用：一方面可以调节岩土的热不平衡率，另一方面可以调节峰值负荷。如对办公建筑，地源热泵系统运行的时间一般为8：00到18：00，则在夜间和周末有足够的时间来保证岩土温度的恢复，辅助冷却塔容量的选择时可以只考虑岩土的热平衡和调节峰值负荷。

在辅助冷却塔的容量选择时，还应结合建筑的负荷特征和系统的使用情况，考虑岩土温度恢复的时间。如对于医院类建筑，地源热泵系统需24h连续运行，则在冷却塔容量的选择时除了考虑岩土的热不平衡和调节峰值负荷，还要结合建筑负荷变化情况和系统形式，保证为地源热泵系统提供足够多的岩土温度恢复的时间，但同时在此期间保证建筑用户的需求。

总之，冷却塔容量的确定需要结合建筑的负荷特征，综合考虑多方面因素，对系统节能潜力的发挥起着关键作用，是系统的一个关键参数。因而，分析冷却塔容量的大小对实际工程具有重要意义。

第6章

地埋管地源热泵系统运行策略和检测方法

6.1 地埋管地源热泵系统构成特点与运行特性

地埋管地源热泵系统由地下换热子系统、辅助冷热源子系统、冷热源设备以及末端子系统组成。不是每一个地源热泵系统都需要辅助冷热源系统，应通过地下换热系统的热平衡计算来确定是否采用。地源热泵系统核心的冷热源设备主要有两类，即水—水热泵和水—空气热泵。水—水热泵在地源热泵系统中，大冷量机组主要通过冷凝器与蒸发器的水路转换来实现冬夏季的供冷与供热任务，而水-空气热泵是通过四通换向阀的转换来实现供冷与供热的转换。

由于地源热泵系统的构成与传统冷热源系统的构成有差异，部分子系统与设备有独有的特点，这在安装与设计方面需要引起注意。

1. 热泵机组选型以及地下埋管的承压

对于浅层地源热泵系统，地下换热器大部分深度在 $60\sim100\mathrm{m}$ 之间。而末端系统，可能服务于各种高层建筑。地埋管的承压能力按照式（6-1）进行计算。

$$P = P_0 + \rho g h + 0.5P_\mathrm{h} \tag{6-1}$$

式中　P——管路最大压力，Pa；

　　　P_0——当地大气压力，Pa；

　　　ρ——地埋管中流体密度，$\mathrm{kg/m^3}$；

　　　g——重力加速度，$\mathrm{m/s^2}$；

　　　h——地埋管承压最不利点与闭式循环系统最高点的高度差，m；

　　　P_h——水泵扬程，m。

需要注意的是，参数 h 正常情况下应该是机房地埋管侧最高点与地埋管埋深最低点的高度差。对于地埋管换热器的承压能力，主要型号有 1.2MPa、1.6MPa、2.0MPa 等。通常采用水-水热泵的系统，由于末端系统和地下换热系统是相互独立隔开的，一般不会超出 1.2MPa。但是，在冬夏季转换过程中，蒸发器与冷凝器各自连接的水路转换阀门需要进行切换才能满足冬夏季的供冷与供热的转换，若存在阀门质量问题，就可能导致地下环路与末端系统联通，即参数 h 不仅仅是地下闭式系统的高度差，还应加上末端系统的高度差，即使一个 50m 的建筑，都有可能导致地下埋管的承压能力超过 1.6MPa。若地下换热器的选型承压能力按照地下环路系统的承压能力去对地埋管选型，就会导致地下埋管超压，导致地下环路损害。而一旦地下埋管破裂，是无法修复的，将会导致无法弥补的损失。实际有部分工程已经出现了此问题，造成了工程事故。鉴于地埋管的安全性，部分热泵生产企业已经改变了热泵机组的结构形式，简单通过制冷剂环路的手动切换来完成冬夏季的功能转换。即在制冷剂环路中压缩机的排气和吸气管路各设置两个阀门，当实现冬季与夏季转换时，在机组内部将蒸发器与冷凝器的制冷剂管路进行换向，实现手动功能转换，如图6-1所示。在夏季供冷模式中，打开阀门1、2，关闭阀门3、4，实现制冷剂供冷的循环；在冬季供热模式中，打开阀门3、4，关闭阀门1、2，实现制冷剂

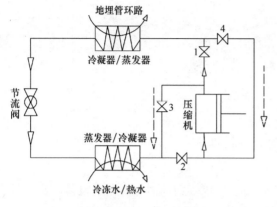

图 6-1   热泵冷热转换制冷剂手动切换示意图

供热的循环。注意，该转换类似四通换向阀的功能，但不同于四通换向阀。在地源热泵系统选择的热泵机组中，小冷量（如制冷量1000kW以下），通常选择以四通换向阀转换的热泵机组。而对于大冷量，通常采用的是水路转换。由于四通换向阀目前的控制系统或安全性无法做到大冷量。因此，热泵的功能转换可以通过冷量的大小来选择水路转换还是四通换向阀转换的机组。如前所述，部分工程中，涉及安全性的地源热泵系统，水路转换的热泵机组逐渐会被制冷剂管路手动转换的机组替代。

以上针对的是水-水热泵机组，而对于水-空气热泵机组（水环热泵）还存在水管路的承压问题。如式（6-1）所示，由于水-空气热泵的水管路是直接与地下环路系统连接的，如图6-2所示。即参数h必然是热泵机组的最高点与地下环路最低点的高度差h，为水环

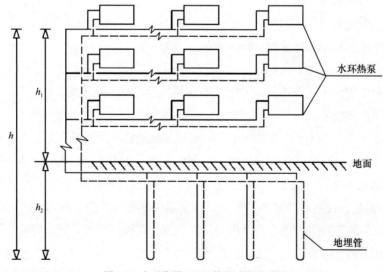

图 6-2   水环热泵＋地埋管的系统原理图

热泵所在建筑的高度 h_1 以及地埋管深度 h_2 的和，为地埋管承受的最大静压。100m 的埋管深度，一般 30m 高的建筑地下埋管的承压能力就有可能超过 1.6MPa。因此，对于采用水-空气热泵地源热泵系统，更应注意其建筑高度。若水环热泵与地埋管之间采用换热器来进行隔压，不仅降低了地埋管的出水品位，而且增加了一组水泵的循环功率，整体系统的节能率将显著下降。

在夏季运行过程中，若有卫生热水的需求，应尽量采用热回收热泵机组。地源热泵系统在夏季运行过程中，热泵机组冷凝器承担的负荷要转移到地埋管中。若建筑本身有卫生需求，就可以先将这部分热量转移给热回收器以供应卫生热水，从而降低冷凝器转移到地下埋管的负荷，这对于夏季的运行是有利的。通常情况下，夏季埋管负荷设计大于冬季埋管负荷设计，冬季有卫生热水负荷也可能满足冬季的地埋管运行负荷要求。但有卫生负荷的需求，需要做详细的分析计算才能确定。

2. 地下环路系统分区

地下环路系统的设计不仅涉及运行管理，同时也涉及埋管的安全性。地下环路系统首先是要进行分区，分区的目的是保证建筑负荷调节时能够保证各埋管区域不连续运行，通过负荷的变化降低每一区域的运行时间，从而尽量保证整体埋管区域的高效换热能力。不同的建筑特性，所对应的运行特性也不一致。如办公建筑、居住建筑、商业建筑等，即使在季节运行期也都有一个较长的间歇运行时间。即使在运行期间，负荷也会发生变化。因此，对于负荷特性的分析就非常重要。即通过负荷分析的运行小时数，来划分不同的埋管区域，从而实现运行期的埋管运行区域的变化。对于宾馆建筑、医院建筑，其负荷强度大，但仍然存在一定的负荷变化区间。即使在夏季中，日间负荷和夜间负荷差异也较大，同样可以根据负荷的变化来调整埋管运行区域。在医院建筑中，可能全年存在负荷，但是过渡季节与冬夏运行季节负荷差异也较大。因此，分区条件可能全年都有可能实现。

分区设计还涉及埋管的安全性。在以前的设计中，较少考虑埋管的安全性，即一个环路连接大量的地埋管。《地源热泵系统工程技术规范》GB 50366 对地埋管每组连接数量做了一定的规定，即"每组集管连接的竖直地埋管数不宜超过 8 个"。这项设计建议的出发点，是保证每一个埋管区域的安全性。即使某一组中的埋管出现问题，也最多造成该区域中的 8 个换热器无法使用。由于地下埋管系统通常无法在每一个埋管入口安装阀门，这样的规定也是将埋管损害对系统的影响降低到最低。每一个区域可以由多组地下换热器组成，埋管换热器可通过水平供、回水环路集管分组连接，也可采取多个单孔分组并联连接到中间分、集水器的方式。通过这种设计连接方式，就实现了小分区到大分区的埋管分配，不仅保证了安全性，同时也实现了分区调节的可能性。

对于地埋管地源热泵，埋管面积是决定是否能采用该技术的前提。在上述的埋管分区原则中，实际是包括了地面无建筑的区域以及地面有建筑的区域。对于地面有建筑的区域，可以将埋管埋设在建筑底部，即在土建施工前就可以将地下换热孔安装后，将出地面的进出水管进行保护，等待建筑地板浇筑后，按照专用地沟连接各地下换热孔，然后汇集到机房。对于埋设区域有建筑的地下换热系统，务必做到与土建施工的配合，否则土建施工时对地下埋管的损害较大。

对于埋管区域同时出现在地面无建筑的区域以及地面有建筑的区域，不一定要相互独立来划分区域，主要的原则仍然按照前述的方法进行，同时也要考虑整体的地下环路是否连接安装方便，是否能满足调节要求。

对于大面积埋设在车库地板的埋管系统，应在夏季做好车库的通风。从前期的计算以及部分工程的测试看，由于地下埋管换热器的放热需要通过地面来散热，若热量完全释放在车库中而不进行通风及时将热量带走，实际对地埋管散热的影响较大。

在每一个区的布置中，为保证岩土换热的平衡性，布置埋管还有一些方法，其主要原则是保持内区的埋管有足够的换热条件，不至于输入负荷过大，尽量保证外边界埋管的数量，从而避免内区不利埋管的热堆积。这些布管方法，可以参考相关文献。

3. 地下环路流量调节

地下环路分区的目的之一就是实现变负荷下流量的调节，这可以显著降低地下环路的输送能耗。而在同一个区中是否可以实现流量的调节，这涉及地下埋管换热器的换热能力的变化。

环路流量是地源热泵换热器是否高效运行的重要参数，流量大能增加地下换热器的换热能力，但会增加水泵的能耗；流量小可以降低水泵能耗，但却不能充分发挥地下换热器的换热能力。由于地下换热器与周围岩土换热主要是以不稳定导热进行，导致地下换热器的换热能力有限，在这种情况下利用增加环路流量来增加地下换热器换热量的措施是有一定限度的。

以第4章中的层换热理论为基础，分析流量变化对地下换热系统的影响。

地下环路流量的增加可以提高系统向地下换热器的排热或取热量，在不影响换热器的换热性能，即保持 $L_{未}$ 长度存在的情况下，增大 $L_{换热}$ 的长度，增加地下环路的流量有利于充分发挥地下换热器的换热能力。在出水管有效保温条件下，换热器的出水温度变化的极限状况，就是夏季或冬季运行时大地的初温。流量增加后，进水管的换热量增加。$L_{换热}$ 会随流量增加而增大，保持能效的最大 $L_{换热}$ 的极限是 $L_{饱和}＝0$ 和 $L_{未}＝0$。这是运行之初能提供的瞬时最大换热量。但是很快 $L_{饱和}\neq0$，而且 $L_{饱和}$ 会加快向下延伸，使 $L_{换热}$ 逐渐减少，地下换热器的换热性能很快下降。因此，必须保证了 $L_{未}\neq0$，才能改善地源热泵机组的冷凝器的进水温度，并使其稳定。地下换热器的换热量有一个合理的最大值，对应的地下换热器流量也有一个合理值，可以称这个流量值为系统的"合理流量"。

图 6-3 表示不同流量、进水温度均为 32℃ 的条件下，夏季工况运行 8h 后的进水管和出水管水温竖向温度分布曲线。工况 1，单孔流量为 1.8m³/h；工况 2，单孔流量为 2.4m³/h。图 6-4 表示不同流量、进水温度均为 10℃ 的条件下，冬季工况运行 8h 后的进水管和出水管水温竖向温度分布曲线。工况 1，单管流量为 1.8m³/h；工况 2，单管流量为 2.4m³/h。

从图 6-3 和图 6-4 可以看出，不同流量状况下换热器运行 8h 后的进出水管水温分布是基本一致的，即地下环路系统流量在一定的范围内增加并不改变出水温度。这表明，在某

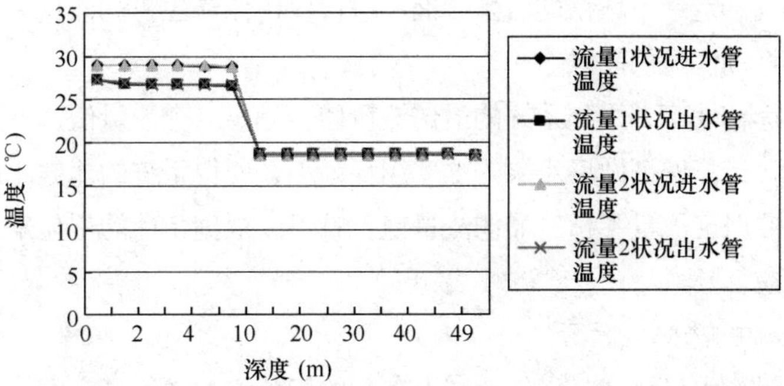

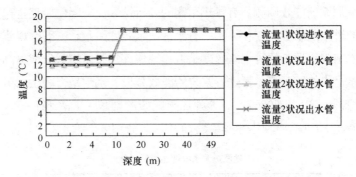

图 6-3　夏季不同流量下换热器内水温分布曲线（运行时间 8h）

图 6-4　冬季不同流量下换热器内水温分布曲线（运行时间 8h）

个流量变化范围内，地下换热器增加流量，增加换热量的同时可以稳定出水温度。因此，地下换热器在实际工程中，对负荷变化的适应能力较强。反而，持续的稳定负荷，可能造成地下换热器的出水温度不稳定。

　　在动态负荷下，系统给予地下换热器的释热量也是变化的，地下换热器承担的负荷强度也在发生变化。负荷强度变化特性的特性参数 R_q 大，即峰谷差大，并不一定造成地下换热器运行不稳定，只要高峰负荷持续时间不长即可。R_q 和 R_τ 的变化直接体现在流量的变化上。负荷强度发生变化，地下换热器承担的负荷就发生变化，在保证一定的换热温差条件下，换热器的流量就发生变化。在负荷的持续系数发生变化后，地下换热器的运行时间也发生变化，这实际是地下换热器承担的负荷发生了变化。因此，在负荷影响下，地下换热器的流量相应在一个范围内发生变化。相对动态变化的释热量而言，流体进入到地下换热器后，进入到换热区域，当水温降到一定程度进入到 $L_未$ 深度范围内，流体温度和岩土温度差异不大，温差传热基本消失，换热量在该运行周期内达到最大换热量。因此，在对应的负荷特征下，地下换热器具有一个最佳流量。在 1998 年自建的 10kW 浅埋竖埋管地下蓄能系统试验装置上进行两年多的实测验证，流量大小对地下蓄能系统有重要影响，经变水量测试和模型计算，系统水流量保持在 $1.8\sim2.4\text{m}^3/\text{h}$ 为最佳。根据实验结果[60]，即在保持间歇运行（对应相应的负荷特性）以及系统设计条件下，该系统最佳流量范围为：$0.18\sim0.24\text{m}^3/(\text{kW}\cdot\text{h})$。即系统装机容量每千瓦的环路的最佳流量为 $0.18\sim0.24\text{m}^3/\text{h}$。这就要求在确定了系统装机容量后，应同时考虑水泵选型和地下环路的具体布置等因素来共同确定地下环路的流量，而不应该仅仅依靠主机的流量来确定，这是地源热泵系统设计应特别注意的问题。

因此，在负荷特性下，找到系统的最佳流量值。满足这个流量值，就可以保证地下换热器的换热效果，又能保证循环水泵的功率消耗最小，使得系统的能效比最佳。实际的流量调节过程，只要保证流量不超过最佳流量值，就可以根据负荷的变化来调节流量，但需要与换热量相适应。

4. 辅助冷热源的选择与运行

在第5章中对冷水机和冷却塔作为辅助冷源的配置方法进行了介绍。对于辅助冷热源的选择，首先应进行全寿命周期的岩土换热平衡性分析。若不能满足岩土换热的平衡，就应该进行全寿命周期的能效预测。有了热平衡的分析结果，实际已经完全得到了岩土温度分布以及埋管的进出水温度的变化关系，有了进出水温度关系，就能够得到系统能效。热平衡判断的基本前提是埋管的进出水温度是否能够保证热泵机组最低或最高的基本运行温度。在满足基本运行的情况下，再进行系统的能效分析，确定是否满足《可再生能源建筑应用工程评价标准》GB/T 50801。对地源热泵能效的要求，如表6-1所示。即地源热泵系统的制冷能效比 EER_{sys} 与制热性能系数 COP_{sys} 应分别大于等于3.0以及2.6。

地源热泵系统性能级别划分 表6-1

工况	1级	2级	3级
制热性能系数	$COP_{sys} \geqslant 3.5$	$3.5 \geqslant COP_{sys} > 3.0$	$3.0 \geqslant COP_{sys} > 2.6$
制冷能效比	$EER_{sys} \geqslant 3.9$	$3.9 \geqslant EER_{sys} > 3.4$	$3.4 \geqslant EER_{sys} > 3.0$

详细的判断过程，5.2节已经做了具体的案例分析。

6.2 地源热泵系统运行策略

一个设计节能的系统，若没有采用恰当的运行控制策略，也有可能导致系统运行不节能。针对地源热泵系统，本节分为单一地埋管和复合式地埋管系统进行运行策略的探讨和分析。由于纯地埋管地源热泵系统主要涉及地埋管运行区域的调节，其运行策略相对简单。而复合式地源热泵系统涉及各种辅助冷热源的联合调节，其运行控制非常复杂。本节主要以复合式地源热泵系统的运行调节为主要阐述对象。

6.2.1 单一地埋管地源热泵系统

对于单一地埋管地源热泵系统，主要涉及地埋管的分区运行调节，通过实现地埋管分区区域的间歇运行，从而整体提高地下换热系统的能效。由于建筑负荷是变化的，在设计地下埋管系统中，将埋管的换热量分区设计与建筑负荷的变化性相适应，就能够保证整体系统的节能性。要保持地埋管的高效运行，其间歇运行状态，实际是降低其负荷输入总量，就能够保持其换热能力。分区运行的主要作用就是降低每一个分区埋管系统的负荷输入总量，让其他区均有间歇运行的时间。

以某地源热泵工程为例（图 6-5），分析地埋管分区调节的效果。该建筑冷热源为水环热泵＋地埋管的冷热源形式，采用消防水池蓄冷。地下换热系统为垂直埋管系统，共打井240 孔，分 5 个区，每孔埋深 80m，U 形管采用 DN32 铝塑复合管，各支路之间采用并联，同程式。消防水池容积 540m³，作为蓄水池提供冷却水。详细的工程介绍详见第 8 章国内工程某医院建筑地源热泵系统介绍。

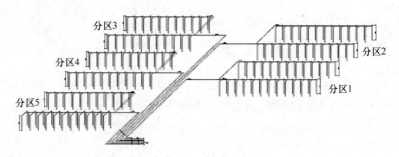

图 6-5　地埋管系统图

备注：每一个地埋管主管对应的区域为一个区。

为了使整个空调系统能够更加有效的运行，同时使地下埋管换热系统能够充分而更具有效率地发挥其换热能力，采取间歇运行模式，实现分区运行。图 6-6～图 6-8 记录了某日早上 8 点和晚上 10 点两个时刻分别按次序对地下 5 个分区通过关闭和开启阀门达到间歇运行的目的，同时记录下 5 个分区支管供水、回水温度以及室外空气温度的情况。

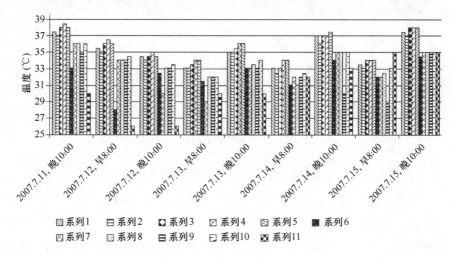

图 6-6　地下分区供回水及室外温度变化（7 月 11 日—7 月 15 日）

注：1. 以地下 U 形管为参考对象，从分水器进入地下为供水，从地下进入集水器为回水。2. 系列 1-第 1 分区供水，系列 2-第 2 分区供水，系列 3-第 1 分区供水，系列 4-第 4 分区供水，系列 5-第 5 分区供水，系列 6-第 1 分区回水，系列 7-第 2 分区回水，系列 8-第 3 分区回水，系列 9-第 4 分区回水，系列 10-第 5 分区回水，系列 11-室外温度。

图 6-6 为 7 月 11 日—7 月 15 日工作日测试的关于地下埋管分区供回水温度及室外温

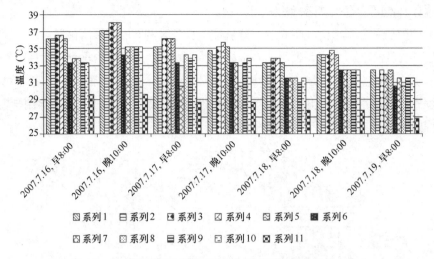

图 6-7 地下分区供回水及室外温度变化（7 月 16 日—7 月 19 日）

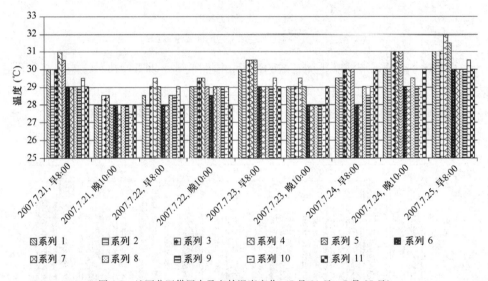

图 6-8 地下分区供回水及室外温度变化（7 月 21 日—7 月 25 日）

度的变化：11 日晚 10 点 1 区关闭，其回水温度 33℃低于其他 4 区的 36℃，通过 10h 的夜间恢复，回水下降到了 28℃。12 日晚 10 点 2 区关闭，其回水温度 30℃低于其他 4 区，经过 10h 的恢复，温度在 13 日早上 8 点下降了 1℃。13 日早上 8 点开启 2 区，同时关闭 3 区；2 区由于经过 14h 的连续运行，回水温度逐渐又回升到跟其他 3 区的温度相近，而 3 区由于处于恢复状态，温度下降。14 日早 8 点开启 3 区，同时关闭 4 区，这种运行状态保持到 15 日晚上 10 点；3 区的回水温度回升上来，而 4 区回水温度逐渐下降。

图 6-7 为 7 月 16 日—7 月 19 日测试的关于地下埋管分区供回水温度及室外温度的变化：16 日早上 8 点 2 区关闭，持续到 17 日早上 8 点，持续 24h 处于恢复期，供回水温差由 2℃变为 2.5℃，再变为 5℃，呈逐渐增大之势。18 日晚 10 点 4 区关闭，持续到 19 日早上 8 点，由于当时室外温度为 27℃左右，负荷较小，因此 4 区供回水温差由 2.5℃减小

到 0.5℃。

图 6-8 为 7 月 21 日—7 月 25 日测试的关于地下埋管分区供回水温度及室外温度的变化：21 日早上 8 点至 22 日晚 10 点 2 区关闭，供回水温度相等；23 日至 24 日 5 个分区全部开启，供回水温差基本稳定在 1℃；同时由于室外温度在 28～30℃之间，冷却水泵也仅仅开启一台，能够满足病房需求。

地源热泵地下埋管系统的 5 个分区采取轮流间歇运行的方式时，没有运行的分区回水温度由于没有流量换热，供回水温差随着时间的持续，会逐渐减小直至没有温差。

室外气温是影响各分区供回水温度的一个因素之一，随着室外气温的升高，建筑冷负荷增大，供回水温度相应地会升高，反之亦然；连续的高温天气，同样会使供回水温度升高。因此，建筑负荷的日差异性越大，实际对地埋管的长期运行有利。

从以上测试分析可以看出，通过分区条件，让整体埋管系统中部分区域保持间歇运行，即让部分地埋管区域有一个负荷恢复时间，可以提高整体地埋管的运行性能。

6.2.2　复合式地源热泵系统

6.2.2.1　控制原则和主要方法

对于复合式地埋管系统，涉及辅助冷源和辅助热源的运行控制策略。辅助热源主要涉及太阳能、锅炉等。本书主要针对夏热冬冷地区应用较多的辅助冷却塔复合式地源热泵系统的控制方式进行分析，其他的辅助热源和辅助冷源的方式，可以参考相关文献。

对辅助冷却塔复合式地源热泵系统，常用的控制方案有 3 种：温度控制、时间控制和温差控制。

温度控制：主要是以建筑所在地区的气象参数和建筑负荷为依据，设定热泵机组最高进（出）口温度。当热泵机组进（出）口温度达到此设定值时，开启辅助冷却塔，以减少地埋管换热器承担的冷负荷。

时间控制：设定冷却塔的运行时间，在固定的时间段内开启冷却塔。一般考虑设定在夜间，此时室外空气温度较低，有利于岩土的散热。但这种方法，一般以温度控制为补充，以避免热泵机组在运行期间进水温度过高。

温差控制：设定地埋管换热器出口水温度与室外环境湿球温度的差值。当大于设定值时开启冷却塔，否则关闭冷却塔。

许多国内外学者已经对这 3 种控制方式进行了大量的研究。选择一个得当的控制策略对复合式地源热泵系统的节能性和改善岩土热平衡的能力尤为重要。控制策略是复合式地源热泵系统研究的一个重点，也是系统的又一关键参数。

根据地源热泵系统的运行特性，将供冷季 6 月到 9 月分为过渡期、稳定期和衰减期：过渡期主要为 6 月，此时室外空气温度还较低，建筑负荷也较小；稳定期为 7 月和 8 月，室外空气温度高，建筑负荷大，为供冷的主要时间段，在此期间有大量的热量释放到埋管周围岩土中；9 月则为衰减期，主要是经过稳定期 7 月和 8 月后，由于热量的堆积，地埋管换热器换热效率降低，因而称为衰减期[130]。根据以上地源热泵系统的运行特性，将辅助冷却塔在一个制冷季的控制分别定义为季节控制和日控制。

季节控制主要是针对过渡期和衰减期，考虑采用冷却塔独立运行方式。提出季节控制主要考虑了以下两个原因：

一是根据冷却塔换热原理，湿球温度越低越有利于冷却塔的运行。对于过渡期 6 月，对于室外湿球温度较低的地区，运行冷却塔系统的效率并不一定低于运行地埋管系统的效率。同时，考虑到在夏热冬冷地区地源热泵系统的热不平衡率较大，为调节岩土热不平衡，若在 6 月运行冷却塔可以减小地埋管周围岩土释热和吸热的不平衡率，这有利于地埋管长期运行。

二是对于衰减期 9 月，随着 7 月和 8 月地埋地源热泵系统的运行，岩土温度逐渐升高，换热能力下降，地埋管出水温度较高，有可能导致地埋管系统的效率低于冷却塔系统效率。

因而，提出季节控制的意义在于两个方面：一方面减少了 6 月和 9 月向岩土释放的热量，降低岩土全年热不平衡率；另一方面有利于系统的整体节能，充分发挥地源热泵技术和冷却塔技术的优势。

日控制主要指一天内冷却塔的启停控制，针对辅助冷却塔和地埋管系统联合运行时冷却塔的启停控制，如温差控制、时间控制、温度控制。日控制一方面考虑冷却塔的调峰作用，另一方面还要考虑地埋管周围岩土温度的恢复。对于冷却塔，从冷却塔出水温度与湿球温度的差值一般在 2～5℃，可以看出，湿球温度控制的思路是将冷却塔的出水温度与湿球温度的差值定为一个定值 2℃，当地埋管出水温度高于湿球温度 2℃ 后，认为冷却塔出水温度更低，而更有利于冷却塔的运行，即开启冷却塔。但实际运行中冷却塔出水温度与湿球温度差值是动态变化的，因而以冷却塔出水温度和地埋管出水温度比较，当地埋管出水温度高于冷却塔出水温度时开启冷却塔更为准确。其控制方法定义为出水温度比较控制。对于日控制，主要探讨出水温度比较控制和湿球温度控制两种方式。

6.2.2.2　工程案例分析

按照日控制与季节控制的原则，以某实际工程为例，分析控制方法对地源热泵岩土热平衡和整体节能性的影响。

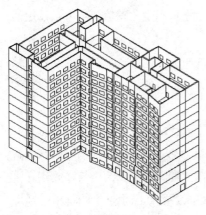

图 6-9　建筑模型正立面图

1. 建筑负荷分析

该工程为住院大楼，建筑面积 18389.31m²，空调面积 14700m²。建筑共 12 层，其中地下一层为设备房和库房，一～十层为病房和医生办公室，十一层为办公室和手术室。建筑模型见图 6-9 和图 6-10。

通过负荷计算分析，得到如图 6-11 所示的全年建筑负荷分布图。

供冷时间为 6 月 1 日—9 月 30 日，供暖时间为 12 月 1 日到 2 月 28 日。全年累计冷负荷 1712141.58kW·h，全年累计热负荷 902532.92kW·h，建筑的冷热负荷

不平衡率为 1.9∶1。为了分析建筑的负荷特征，将
冷负荷分为负荷率为 12.5％、25％、37.5％、
50％、62.5％、75％、87.5％、100％共 8 个区
域段。

　　根据图 6-12，6 月建筑负荷率多数在 62.5％以
下，7 月和 8 月大部分负荷率在 25％～75％，9 月
70％的时间段内负荷率为 0～25％。同时，6 月和 9
月负荷率超过 75％的时间极少。则从季节上看，6 月
和 9 月的冷负荷较低，而 7 月和 8 月的冷负荷较高。
这主要是 6 月和 9 月室外干湿球温度不高，建筑冷负
荷小。而根据冷却塔模型，在室外湿球温度较低的

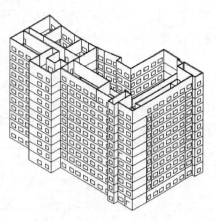

图 6-10　建筑模型背立面图

情况下有利于冷却塔的运行，即在 6 月和 9 月冷负荷小，同时有利于冷却塔的运行。

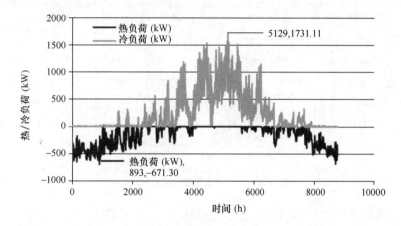

图 6-11　建筑全年逐时负荷

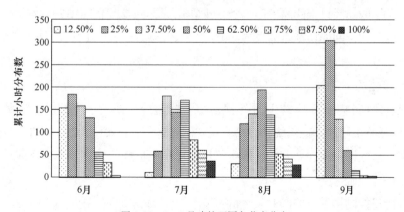

图 6-12　6—9 月建筑不同负荷率分布

　　以上从季节上分析了建筑负荷率的分布情况，而对于复合地源热泵同时需要考虑在一
个工作日内建筑负荷的变化，以便合理的分析冷却塔的运行时间和岩土温度的恢复时间。
由于一般夜间室外空气温度较低，一方面利于冷却塔的运行，另一方面也有利于岩土温度

的恢复。因此，本文将负荷按照白天和夜间两个时段分析。取白天运行时间为早上 8 点到晚上 10 点，其余时间为夜间运行时间，其负荷率分布见图 6-13 和图 6-14。

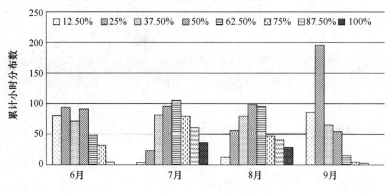

图 6-13　6—9 月白天建筑负荷率分布

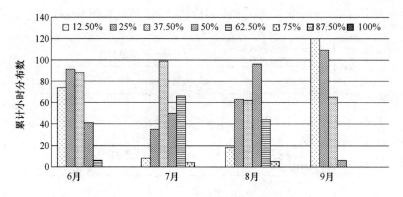

图 6-14　6—9 月夜间建筑负荷率分布

对比图 6-13 和图 6-14，6 月白天和夜间的负荷分布基本相同，80％的时间内负荷率在 62.5％以下，直到 6 月 20 日以后白天部分时间负荷率在 62.5％～87.5％。而对于 7 月和 8 月，负荷率在 62.5％以上的时间段多数出现在白天，而夜间负荷率基本在 62.5％以下。到了 9 月，白天和夜间的负荷都基本在 50％以下。从总体上可以看到，夜间建筑的负荷率在 62.5％以下。

2. 控制策略的制定

根据建筑负荷分析，6 月 22 日开始建筑每天峰值冷负荷大于冷却塔的容量，因而选择 6 月 22 日开始采用地埋管系统和冷却塔系统联合运行，即 6 月 22 日以前为过渡期，其后为稳定期。衰减期出现在 8 月底，但由于热量堆积而造成的换热效率下降期，需要经过具体计算比较才能确定。

为了分析日控制和季节控制对系统的影响，计算分析 5 种工况，见表 6-2。其中，季节控制主要针对工况 2、工况 3 和工况 5，以出水温度比较控制为基础，比较过渡期和衰减期采用季节控制对系统的影响。日控制主要针对工况 1、工况 3、工况 4 和工况 5，分别比较了在不采用季节控制和采用季节控制两种情况下，出水温度比较控制和湿球温度控制对系统的影响。

计算工况　　　　　　　　　　　　　　　　　　　　表 6-2

工况	控制策略	日控制	季节控制
工况 1	从 6 月到 9 月地埋管和冷却塔联合运行	出水温度比较控制	无季节控制
工况 2	6 月初冷却塔独立运行，6 月 22 日到 9 月 31 日地埋管和冷却塔联合运行	出水温度比较控制	过渡期季节控制
工况 3	6 月初冷却塔独立运行，6 月 22 日到 8 月底地埋管和冷却塔联合运行，9 月冷却塔独立运行	出水温度比较控制	过渡期和衰减期季节控制
工况 4	从 6 月到 9 月地埋管和冷却塔联合运行	湿球温度控制	无季节控制
工况 5	6 月初冷却塔独立运行，6 月 22 日到 8 月底地埋管和冷却塔联合运行，9 月冷却塔独立运行	湿球温度控制	过渡期和衰减期季节控制

对于湿球温度控制，采用当地埋管出水温度与室外湿球温度的差值大于 2℃时开启冷却塔。同时，以上 5 个工况中，当建筑负荷大于冷却塔或地埋管承担的负荷后，均采用地埋管和冷却塔联合运行的方式。对于地埋管部分的计算，夏季运行 6 月到 9 月，时间步长为 3600s，共 2928 步，采用 FLUENT 软件计算。

3. 过渡期不同工况分析

根据季节控制策略的制定，分析 6 月 22 日以前，在日控制为出水温度比较控制方式下，过渡期季节控制对系统的影响。

(1) 埋管和冷却塔出水温度

从图 6-15 可以看出，冷却塔的出水温度受到室外空气温度的影响较大，其波动幅度较大，而地埋管出水温度变化较为平缓。

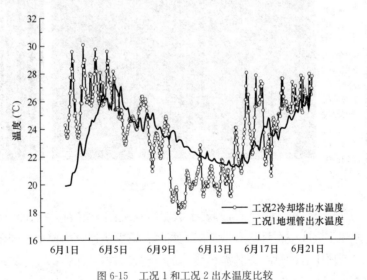

图 6-15　工况 1 和工况 2 出水温度比较

对于工况 1，过渡期地埋管和冷却塔联合运行主要有 3 个阶段：6 月 5 日前，冷却塔出水温度高于地埋管的出水温度，但地埋管出水温度随着运行时间的增加而上升，从 19.9℃上升到了 26℃；6 月 5 日后，冷却塔出水温度降低，大部分时间内低于地埋管出水温度，从而地埋管停止运行，处于岩土温度恢复期，到 6 月 14 日恢复到约 21.5℃；6 月 14 日后，冷却塔的出水温度逐渐升高，高于地埋管出水温度，因而又开启地埋管，随着运行时间的增加，地埋管出水温度又逐渐上升，到了 6 月 21 日，又和冷却塔的出水温度相接近。在此运行期间，根据统计，开启冷却塔运行的累积小时数为 243h，而总运行时间为 512h。即约一半的时间内冷却塔出水温度更低。

同时，对于工况 1，地埋管和冷却塔联合运行时，热泵机组冷凝器进水温度低于28℃，此时冷凝器进水温度对机组性能系数的修正系数为 0.926。对于工况 2，冷却塔独立运行，冷水机组冷凝器进水温度低于 30℃，此时冷凝器进水温度对机组性能系数的修正系数为 1.000。可以看出，此时运行冷却塔与冷水机组较有利。

（2）岩土温度分布

对于地源热泵系统，埋管中循环水与周围岩土之间进行热量交换，在供冷时建筑通过地埋管将热量释放到岩土里。随着系统的运行，热量会堆积在地埋管周围岩土内，岩土温度随着系统运行时间的增加而逐渐上升。这是一个随时间累积的过程，且前一段时间的运行情况会对后一段时间的运行产生影响。因此，对不同的控制策略需要分析地埋管周围岩土温度的变化情况。

工况 1，随着系统运行时间的增加，埋管周围岩土温度逐渐升高，岩土温度受影响的范围逐渐扩大。6 月 21 日，工况 1 在地下 30m 处以及竖向岩土温度分布见图 6-16 。

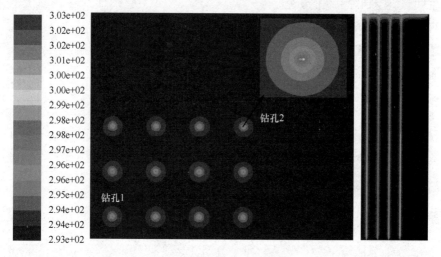

图 6-16 工况 1 岩土温度分布

运行 21 天后，30m 深处地埋管周围岩土的温度均受到一定的影响，而从竖向温度分布可见岩土的换热主要集中在埋管区域上部。同时，根据所建立的模型，若考虑管与管之间的相互影响，管群中心的钻孔 1 其换热最不利，而远边界最远的钻孔 2 其热量的扩散最有利。根据图 6-16 钻孔上部之间有一定互扰，但各个钻孔 30m 处周围岩土温度分布差异不大。因此选择最不利的钻孔 1 深度 30m 处，水平半径分别为 0.065m、0.1m、0.5m、1m 为对象，分析岩土温度随运行时间的变化情况（图 6-17）。

如图 6-17 所示，地埋管周围岩土温度在逐渐上升，半径为 1m 的范围内影响较大。受地埋管循环水温的影响，钻孔壁的温度变化较大，距离孔中心越远，其波动越小。同时，还可以发现，在地埋管停止运行期间，孔壁温度逐渐下降，其热量不断向钻孔周围传递，

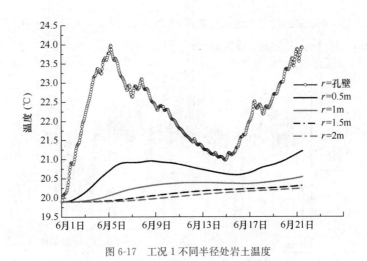

图 6-17　工况 1 不同半径处岩土温度

使得距离较远的 $r=2$m 处温度一直逐渐上升，到最后比初始温度上升了 0.32℃。

总之，若在过渡季节冷却塔系统独立运行，则岩土的初始温度将不会受到影响。若在过渡季节就采用地埋管和冷却塔系统联合运行，岩土温度会逐渐上升，在过渡期末时埋管周围岩土温度已有所上升。这将会对 7 月和 8 月稳定期系统的运行情况产生一定的影响。

4. 稳定期不同工况分析

(1) 机组进水温度

根据前面分析，为了讨论在 6 月初过渡期内地埋管和冷却塔系统联合运行后对 7 月和 8 月系统的运行情况的影响，仍然选择工况 1 和工况 2 为分析对象。

对冷却塔和地埋管联合运行时，地埋管系统和冷却塔系统交替运行，由于有两种不同的机组，因而以热泵机组和冷水机组冷凝器平均进水温度为机组冷凝器进水温度，分析整个稳定期内系统的运行情况。

图 6-18 和图 6-19 分别给出了工况 1 和工况 2 从 6 月 22 日到 8 月 31 日机组进水温度的变化情况。工况 1 从 6 月 1 日开始使用地埋管系统，而工况 2 则从 6 月 22 日开始使用

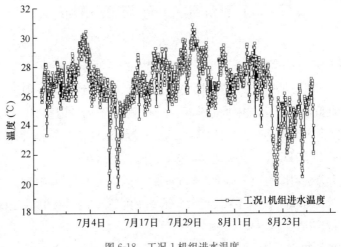

图 6-18　工况 1 机组进水温度

地埋管系统。工况1和工况2机组进水温度均能控制在32℃以下，采用出水温度比较控制方式是可行的，也能得到较好的效果。

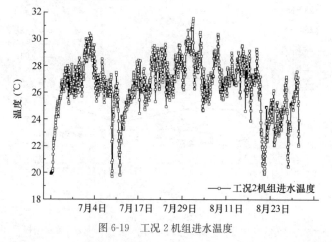

图 6-19   工况 2 机组进水温度

工况2在6月22日到6月28日机组进水温度明显低于工况1，随着地埋管系统的运行，其进出水温度逐渐接近。由于冷水机组和热泵机组之间存在差异，因而分别分析热泵机组和冷水机组冷凝器侧进水温度变化情况。图 6-20 给出了热泵机组冷凝器侧进水温度的变化情况，即地埋管换热器的出水温度变化情况。

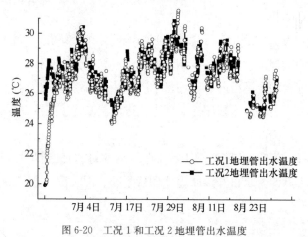

图 6-20   工况 1 和工况 2 地埋管出水温度

从图 6-20 可以看出，两种工况下，出水温度控制下地源热泵系统均间歇运行，能保证岩土温度的恢复时间。同时地埋管换热器的运行时间段大致相同，但运行时间长度存在一定差异，这将在间歇运行情况中具体分析。通过数据统计，在整个稳定期，热泵机组工况1下冷凝器进水温度平均值为27.42℃，工况2为26.94℃；冷水机组工况1下冷凝器进水温度平均值为26.04℃，工况2为26.03℃，两者相差不大。

因而，从以上分析可以看出，对于工况1，受过渡期地源热泵系统运行后岩土温度上升的影响，在稳定期内地埋管平均出水温度比工况2高0.5℃，对系统的运行效率有一定影响。

（2）间歇运行情况

对于复合式地源热泵系统，辅助冷却塔的作用之一就是为地源热泵系统提供岩土温度恢复时间，保证系统高效运行。因此，以地埋管换热器进出水温差表示地源热泵系统的运行状态：当地源热泵系统运行时，其进出水温差大于 0；当地源热泵系统停止运行时，其进出水温差等于 0。地埋管停止运行时间段是地埋管周围岩土温度恢复的时间段，也是辅助冷却塔独立运行的时间段。选取 6 月 22 日到 8 月 31 日，每月底 22 日早上 8 点到 28 日早上 8 点一个星期地源热泵系统运行情况为分析对象，见图 6-21。

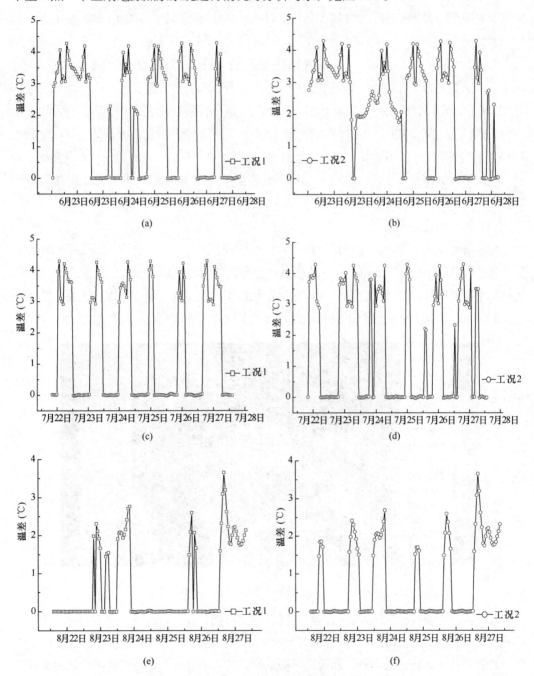

图 6-21　工况 1 和工况 2 地埋管换热器间歇运行情况对比
（a）6 月工况 1 间歇情况；（b）6 月工况 2 间歇情况；（c）7 月工况 1 间歇情况；（d）7 月工况 2 间歇情况；
（e）8 月工况 1 间歇情况；（f）8 月工况 2 间歇情况

间歇运行工况的分析结论如下：

1）对工况1和工况2，6月地源热泵系统的运行时间较长，而8月地源热泵系统运行时间较短，即从6月到8月地埋管停止运行的时间逐渐增加。其原因主要有两个方面：一方面随着6月和7月地源热泵系统运行，埋管周围岩土温度有所堆积，从而使得到8月底地源热泵系统的换热效率下降，所需的岩土温度恢复的时间更长；另一方面，8月底室外空气温度降低，开始有利于冷却塔的运行，从而冷却塔的运行时间增加，地源热泵系统运行的时间减少。

2）对比工况1和工况2，工况1地源热泵系统停止运行的时间比工况2长，即工况1比工况2所需的岩土温度恢复时间长，在6月和8月最为明显。据统计，从6月22日到8月31日，工况1地源热泵系统累计运行小时数为717h，平均每天运行10h，地源热泵系统停止运行的时间多数出现在21点到次日10点。工况2地源热泵系统累计运行小时数为794h，平均每天运行11.24h，地埋管系统停止运行时间多数出现在晚上22点到次日9点。由此可以看出：6月运行地源热泵系统后使得7月和8月地源热泵系统的使用时间减少。

（3）岩土温度分布

地埋管系统的启停状态最终是反映在岩土温度的相应变化上。图6-22和图6-23为工况1和工况2在8月31日深度30m处和竖向岩土温度的分布情况。两种工况下，地埋管区域岩土温度明显高于初始温度，大量热量在此堆积，且工况1埋管周围岩土温度整体高于工况2埋管周围整体温度，工况1钻孔之间的干扰比工况2更大。

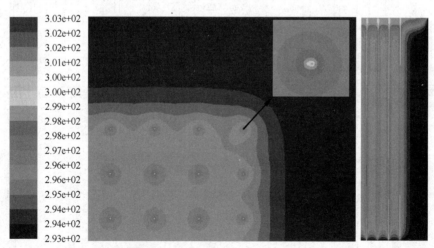

图6-22　8月31日工况1岩土温度分布

在分析岩土温度随时间变化时仍然选择在水平方向，以垂直深度为地下30m，水平半径分别为0.065m、0.1m、0.5m、1m处为分析对象。但此时孔与孔之间有一定影响，管群中心的钻孔1其换热最不利，而远边界最远的钻孔2最有利，其位置的不同从而会导致地埋管周围岩土温度会有所不同。因此选择钻孔1和钻孔2为分析对象。

图6-24～图6-27为两种工况下钻孔周围岩土温度随时间的变化情况。对于钻孔1和

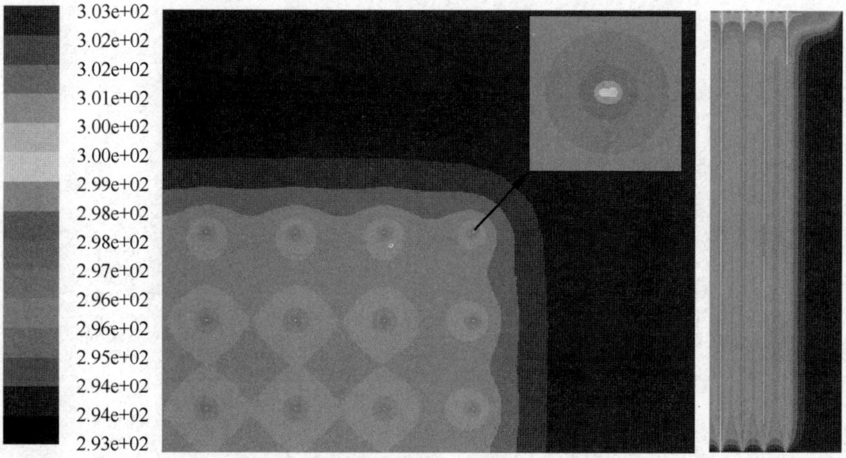

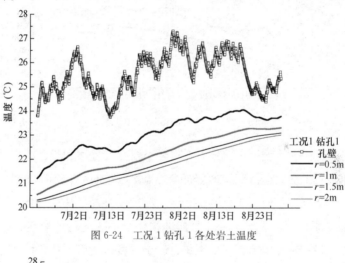

图 6-23　8 月 31 日工况 2 岩土温度分布

钻孔 2，钻孔 2 在地埋管区域四周，其岩土的热扩散能力较中心区域强。则两种工况下钻孔 1 周围岩土温度均明显高于钻孔 2 周围岩土温度，特别在半径为 0.5m、1m、1.5m 和 2m 处。同时，钻孔周围岩土已有大量的热量堆积，特别是当半径大于 1m 后，岩土温度几乎成线性上升。

图 6-24　工况 1 钻孔 1 各处岩土温度

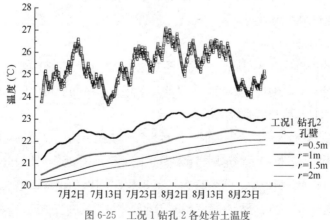

图 6-25　工况 1 钻孔 2 各处岩土温度

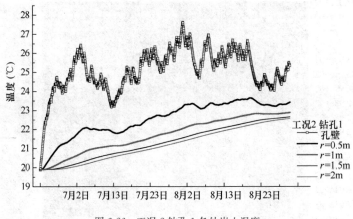

图 6-26 工况 2 钻孔 1 各处岩土温度

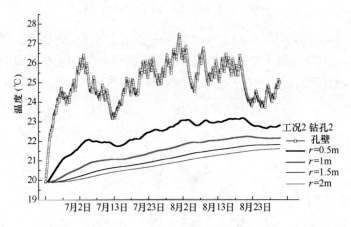

图 6-27 工况 2 钻孔 2 各处岩土温度

总之，对比工况 1 和工况 2，工况 1 所需岩土温度恢复时间长，工况 2 所需岩土温度恢复时间短，即工况 1 在此运行期间地埋管换热器运行的时间较工况 2 短，但工况 1 各处岩土温度仍然高于工况 2 各处岩土温度，且岩土温度上升速度快。分析原因，主要是 6 月 22 日岩土初始温度不相同。工况 1 受 6 月初地源热泵系统运行的影响，岩土温度有所上升。而工况 2 在 6 月初未使用地源热泵系统，岩土温度未受到干扰，仍然为初始温度。因而，6 月运行地源热泵系统后使得 8 月底岩土温度明显升高。

5. 衰减期不同工况分析

根据稳定期的分析，在 8 月底复合式地源热泵系统的运行存在两个现象：一是地埋管系统间歇时间加长；二是地埋管区域有大量的热量堆积。从而值得分析此后运行地源热泵系统的效率，对比其和冷却塔系统的优劣。

对于工况 3，在衰减期采用季节控制，仅运行冷水机组，因而以冷却塔出水温度来表示工况 3 系统的运行情况。但由于稳定期与衰减期的时间节点需要通过比较分析才能确定，因而选取最后工况 40d 为分析对象。图 6-28 表示了 8 月 20 日以后地埋管出水温度和冷却塔出水温度的变化情况，用以对比分析冷却塔系统和地源热泵系统在衰减期的运行情况。

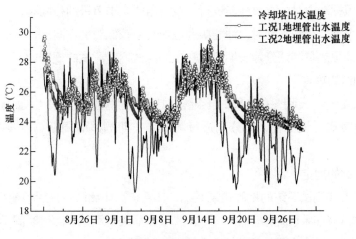

图 6-28　9 月地埋管出水温度和冷却塔出水温度比较

工况 1 从 8 月 31 日起，地源热泵系统基本不运行，在 9 月供冷期 712h 内，地埋管出水温度低于工况 3 下冷却塔出水温度的累计小时数仅 140h。同时，工况 2 从 9 月 2 日起，地源热泵系统基本不运行，在 9 月地埋管出水温度低于工况 3 下冷却塔出水温度的累计小时数也仅 155h。则工况 1 和工况 2 在衰减期地源热泵系统运行的时间很少。分析原因：一方面衰减期已有大量的热量堆积在埋管周围，地埋管换热器效率降低；另一方面到 9 月室外空气温度也开始降低，逐渐有利于冷却塔的运行。若此时继续运行地源热泵系统，埋管周围土壤温度会继续升高，同时也会加大土壤的热不平衡率。

与此同时，根据工况 2 的运行情况，工况 3 在稳定期地源热泵系统和冷却塔系统联合运行的时间可以确定为 6 月 22 日到 9 月 2 日，而 9 月 2 日后为衰减期，采用季节控制，冷却塔独立运行。

因此，在衰减期可以采用季节控制，停止运行地源热泵系统，冷却塔系统独立运行。

6.2.2.3　小结

从以上分析可以看出，复合式热泵的运行控制非常复杂，要达到优良的运行效果，涉及的参数以及影响参数均很多。在以前的运行管理中，大量的人为经验控制是无法达到精确的节能效果，需要借助大量的参数辨识才能使复合式热泵的运行达到最佳效果。

6.3　地源热泵系统运行检测方法

地源热泵系统的运行检测结果不仅可以检验设计水平，同时也是对系统运行管理的评价。

我国《可再生能源建筑应用工程评价标准》GB/T 50801 中规定，地源热泵系统的制冷能效比 EER_{sys} 与制热性能系数 COP_{sys} 应分别大于等于 3.0 以及 2.6。在满足最低限值的基础上，进行地源热泵系统性能级别划分，具体见表 6-1。当地源热泵系统仅单季运行时，其性能级别评判按照标准对应的季节性能值进行分级，当地源热泵系统冬夏季均使用时，应分别按照标准中对应季节性能进行分级，当两个季节级别相同时，性能级别与该级别相同；当两个季节级别不同时，性能级别应与其中较低级别相同。

标准规定地源热泵测试分为长期测试和短期测试，对测试的规定如下：

1. 长期测试的规定

① 对于以安装测试系统的地源热泵系统，其系统性能测试宜采用长期测试；

② 对于供暖和空调工程，应分别进行测试，长期测试的周期与供暖季或空调季应同步。

2. 短期测试的规定

① 对于未安装测试系统的地源热泵系统，其系统性能测试宜采用短期测试；

② 短期测试应在系统开始供冷（供热）15d 以后进行测试，测试时间不应小于 4d；

③ 系统性能测试宜在系统符合率达到 60％以上进行；

④ 热泵机组的性能测试宜在机组的负荷达到机组额定值的 80％以上进行；

⑤ 室内温湿度的测试应在建筑物达到热稳定后进行，测试期间的测试室外温度测试应在室内温湿度的测试同时进行；

⑥ 短期测试应以 24h 为周期，每个测试周期具体测试时间应根据热泵系统运行时间确定，但每个测试周期测试时间不宜低于 8h。

对于热泵机组制冷能效比、制热性能系数测试应按照如下规定进行：

① 测试宜在热泵机组运行工况稳定后 1h 进行，测试时间不得低于 2h；

② 应测试系统的热源测流量、机组用户侧流量、机组热源侧进出口水温、机组用户侧进出口水温和机组输入功率等参数；

③ 机组的各项参数记录应同步进行，记录时间间隔不得大于 600s。

由于该标准主要针对长期或短期的实测结果，为了排除测试数据的偶然性，采用测试期内的累积值来计算能效比。则地源热泵系统制冷能效比（EER_{sys}）与制热性能系数（COP_{sys}）可由式（6-2）与式（6-3）分别进行计算：

$$EER_{sys} = \frac{Q_{SC}}{\Sigma N_i + \Sigma N_j} \tag{6-2}$$

$$COP_{sys} = \frac{Q_{SH}}{\Sigma N_i + \Sigma N_j} \tag{6-3}$$

式中 Q_{SC} 和 Q_{SH}——系统测试期间的累积制冷 /热量，kW；

ΣN_i 和 ΣN_j——分别为系统测试期间，所有热泵机组和水泵（包括热源侧与用户侧）累积消耗电量，kW。

值得注意的是，该能效指标的计算采用累积测试结果，因而与测试期的运行特征及起始时间等因素均有关。评价标准要求根据不同的情况，测试分为长期测试与短期测试两种。但若实际工程没有安装完善的运行测试系统，就无法完成长期监测。而对于短期测试。其中，短期测试应在供冷（热）15d 后进行，以保证较大的机组负荷率。对某算例而言，若以每个供冷 /热季起始时进行长期测试，则第一年内的逐天能效比变化如图 6-29 所示。从图 6-29（a）看出，系统制冷能效比恒高于 3.9 可达制冷 1 级能效标准；而冬季制热能效比偏低，1、2 月仅有几天达到 2 级标准，平均仅为 3 级能效，且在 12 月前期出现不合格的现象。如图 6-29（b）所示以第一年 1～2 月为例，若从 1 月第 1 天开始进行长期的测试，则冬季制热能效比平均为 3.04，全年冬季平均能效比仅为 3 级能效。若考虑短期运行，单日能效比最高可达 3.29；而从 1 月中旬到 2 月中旬的高负荷运行期内，系统能效比能保持在 3.0 以上，性能等级为 2 级。本计算中将全天所承担的负荷平均化，若按照短期测试的最低标准：15 天后在接近满负荷的工况下以 8h 为周期测试 4 天，可以预见该测试期内所计算出的能效比会更大，能效等级更高。对热泵机组本身而言，各个系统选定的机组能效比也与系统负荷及规模有关。因而既有的短期能效比测试评价方法并不能很好地反映系统的性能及传热效率，受到测试具体时间的限制。即从理论分析就可以看到不同的时间段，其能效数据是不同的。因此，对于短期测试的具体时间，还应做更全面的要求。

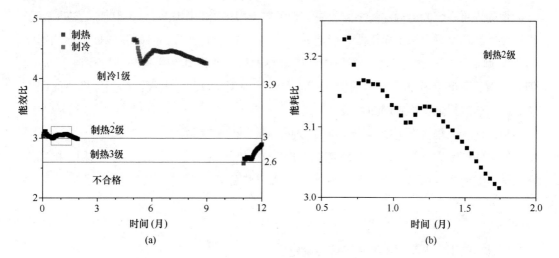

图 6-29　第一年不同测试期内能效比变化

（a）制冷/热季初始测试；（b）一月中旬开始测试

第 7 章

一种新型的"三下一上"岩土换热器性能与工程应用

7.1 "三下一上"岩土换热器设计基础理论

7.1.1 "三下一上"岩土换热器的提出

地源热泵系统的运行性能主要取决于地下岩土换热器的换热性能。目前,已在实际工程中使用的两种垂直岩土换热器分别是单 U 形、双 U 形换热器。相对于单 U 形换热器而言,双 U 形换热器增加了进水管与岩土的换热面积,使得其有用换热能力得到了提高;但是,由于双 U 形换热器有两根出水管(相对于单 U 形),其出水管热损失换热面积增加,因此其热损失也相应增加。

目前使用的垂直岩土换热器未能很好地解决"增加有用换热能力"和"减小冷(热)损失"之间的矛盾。为此,基于"增加进水管的换热面积,减小出水管换热面积、提高出水流速,对出水管保温、减小出水热损失",提出"三下一上"新型岩土换热器。

7.1.2 "三下一上"岩土换热器设计

7.1.2.1 "三下一上"岩土换热器管径确定

基于理论分析,设计出了一种新型岩土换热器——"三下一上"岩土换热器(两种布置形式),两种形式均为三根进水管和一根出水管(出水管比进水管管径大一个型号),其布置见图 7-1。出水管管径确定主要基于以下两方面的考虑:

进水管沿程阻力 表 7-1

进水管型号	内径 (m)	流速 (m/s)	雷诺数	相对粗糙度	阻力系数	沿程比摩阻 (Pa/m)
DN25	0.0204	0.6	15223.88	0.00049	0.029187	257.53
DN25	0.0204	0.8	20298.51	0.00049	0.027383	429.53
DN25	0.0204	1.0	25373.13	0.00049	0.026101	639.73

1. 管路阻力

地埋管换热器常用管径有 DN25、DN32、DN40,绝对粗糙度为 0.01mm,支管流速一般为 0.6~1.0m/s。以进水管管径 DN25,流速取为 0.6m/s、0.8m/s、1.0m/s,可以

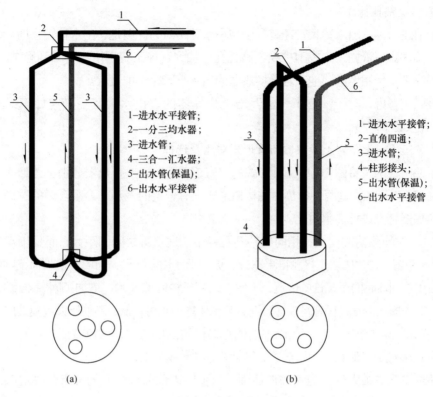

图 7-1 "三下一上"岩土换热器
（a）形式一；（b）形式二

分别计算出出水管为 $DN25$、$DN32$、$DN40$ 下沿程比摩阻，相关计算结果见表 7-1、表 7-2。由计算结果可知，若出水管与进水管型号一样，则出水管比摩阻很大，大约是进水管比摩阻的 7 倍多。

出水管沿程阻力　　　　　　　　　　　　　　　　表 7-2

进水管流速 （m/s）	出水管型号	内径	雷诺数	相对粗糙度	阻力系数	沿程比摩阻 （Pa/m）
0.6	$DN25$	0.0204	45671.64	0.00049	0.023201	1842.40
	$DN32$	0.026	35834.67	0.00038	0.024030	567.45
	$DN40$	0.0324	28756.22	0.00031	0.025016	196.57
0.8	$DN25$	0.0204	60895.52	0.00049	0.022023	3109.11
	$DN32$	0.026	47779.56	0.00038	0.022668	951.59
	$DN40$	0.0324	38341.63	0.00031	0.023501	328.31
1.0	$DN25$	0.0204	76119.4	0.00049	0.021214	4679.58
	$DN32$	0.026	59724.45	0.00038	0.021715	1424.35
	$DN40$	0.0324	47927.03	0.00031	0.022430	489.60

2. 管材及钻孔孔径

基于前述考虑，出水管大管径有利于减小水管路阻力。但是，出水管管径增大，可能造成地下换热器下管施工比较困难或者钻孔孔径加大、施工费用增加等不利影响。因此，基于工程施工及费用考虑，地下岩土换热器的出水管管径不能过大。

综合以上考虑，对于"三下一上"岩土换热器的进出水管管径确定如下：出水管 $DN32$、进水管 $DN25$。

7.1.2.2 "三下一上"岩土换热器布管形式对比及选择

为了便于说明，将图 7-1 中两种形式的"三下一上"岩土换热器分别记为形式 、形式二。由图 7-1 可知，这两种换热器在构造形式上有一定的差别，为了合理的选择，对两种形式换热器特点进行简单对比。

"形式一"换热器的优点：相同的钻孔孔径下，进水管之间间距大，而且相互之间成120°的角度布置，与周围岩土接触得更充分、更利于换热。缺点：回填质量难保证（中间的出水管占用了回填时的泥浆管的位置，不便于采用机械回填技术，增加了回填难度）；底部的三合一汇水器在下管过程容易损坏，而且其承压能力相对较低；不便于大规模推广。

"形式二"换热器的优点：可以采用现有的机械回填技术，回填方便；容易大规模推广。缺点：相对于"形式一"换热器，其换热能力略有降低。

科研成果只有被大规模应用才能体现其价值，因此综合上面的分析，决定以"形式二"的"三下一上"岩土换热器为对象进行深入分析研究。

7.1.3 "三下一上"岩土换热器换热理论分析

为了便于分析，针对"三下一上"岩土换热器换热模型的建立，进行如下简化、假设：

① 忽略地表温度波动变化以及竖向岩土温度分布差异，认为钻孔深度范围内岩土初始温度均匀一致；

② 地下岩土换热器埋管区域内的岩土组成成分、热物性参数均匀一致，且不随岩土温度的变化而变化；

③ 地埋管与回填材料、回填材料与岩土间无接触热阻；

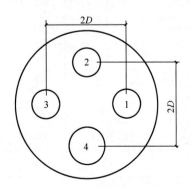

图 7-2   钻孔内换热管布置图

④ 不考虑地下水流动及岩土湿迁移对地下换热器换热性能的影响；

⑤ 地埋管换热器三根进水管的水流量、水流速、换热能力完全相同；

⑥ 地埋管换热器出水管绝热保温处理，忽略出水管对温度场的影响。

7.1.3.1 "三下一上"岩土换热器钻孔内热阻分析

"三下一上"岩土换热器各支管在钻孔内的布置如图 7-2 所示。

根据叠加原理[131,132]，对于"三下一上"岩土换热器，3 根进水管的管壁温升如式 (7-1)：

$$\begin{cases} T_{p1} - T_b = R_{11}^0 q_1 + R_{12}^0 q_2 + R_{13}^0 q_3 \\ T_{P2} - T_B = R_{21}^0 q_1 + R_{22}^0 q_2 + R_{23}^0 q_3 \\ T_{P3} - T_B = R_{31}^0 q_1 + R_{32}^0 q_2 + R_{33}^0 q_3 \end{cases} \quad (7\text{-}1)$$

由于 4 个支管在钻孔中是对称布置的，因此 $R_{ij}^0 = R_{ji}^0 (i, j = 1, 2, 3)$，并且有 $R_{23}^0 = R_{21}^0$。这样，式 (7-1) 中的 9 个热阻可以由 R_{11}^0、R_{12}^0、R_{13}^0 三个热阻表达。为了求解 R_{11}^0、R_{12}^0、R_{13}^0，可以考虑一个近似的传热模型，该传热模型为：将孔壁的平均温度 T_b 设为参考温度，将地埋管内流体与管壁之间的传热视为位于管子中心的线热源[39]。如图 7-3 所示，单位发热量为 q 的线热源位于 (x_1，y_1) 处。运用虚拟热源法可以求得该温度场的过余温度[133]。

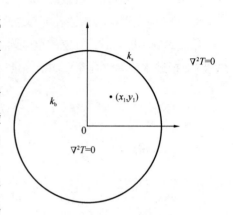

图 7-3　复合区域内的线热源模型

当 $r \leqslant r_b$ 时：

$$T(x,y) = \frac{q}{2\pi\lambda_b}\left[\ln\frac{r_b}{\sqrt{(x-x_1)^2+(y-y_1)^2}} + \sigma\ln\frac{r_b/b}{\sqrt{(x-x_1')^2+(y-y_1')^2}}\right] \quad (7\text{-}2)$$

式中　$\sigma = \dfrac{\lambda_b - \lambda_s}{\lambda_b + \lambda_s}$，$b = \dfrac{\sqrt{x_1^2 + y_1^2}}{r_b}$，$x_1' = \dfrac{x_1}{b^2}$，$y_1' = \dfrac{y_1}{b^2}$；

λ_s——钻孔周围岩土导热系数，$W/(m \cdot K)$；

λ_b——回填材料导热系数，$W/(m \cdot K)$；

r_b——钻孔的半径，m。

将"三下一上"岩土换热器的实际尺寸代入，即可求得相应孔内热阻，如式 (7-3)：

$$\begin{cases} R_{11}^0 = \dfrac{1}{2\pi\lambda_b}\left(\ln\dfrac{r_b}{r_0} - \dfrac{\lambda_b - \lambda_s}{\lambda_b + \lambda_s}\ln\dfrac{r_b^2 - D^2}{r_b^2}\right) \\[3mm] R_{12}^0 = \dfrac{1}{2\pi\lambda_b}\left(\ln\dfrac{r_b}{\sqrt{2}D} - \dfrac{\lambda_b - \lambda_s}{2(\lambda_b + \lambda_s)}\ln\dfrac{r_b^4 + D^4}{r_b^4}\right) \\[3mm] R_{13}^0 = \dfrac{1}{2\pi\lambda_b}\left(\ln\dfrac{r_b}{2D} - \dfrac{\lambda_b - \lambda_s}{\lambda_b + \lambda_s}\ln\dfrac{r_b^2 + D^2}{r_b^2}\right) \end{cases} \quad (7\text{-}3)$$

单根进水管流体与钻孔壁之间的热阻 R_{11} 为：

$$R_{11} = \frac{1}{2\pi\lambda_b}\left(\ln\frac{r_b}{r_0} - \frac{\lambda_b - \lambda_s}{\lambda_b + \lambda_s}\ln\frac{r_b^2 - D^2}{r_b^2}\right) + \frac{1}{2\pi\lambda_p}\ln\frac{r_0}{r_i} + \frac{1}{\pi d_i h} \tag{7-4}$$

式中　r_0——地埋管的外径，m；

　　　r_i——地埋管的内径，m；

　　　λ_p——地埋管管壁的导热系数，W/(m·K)；

　　　h——流动介质与地埋管内壁间的对热换热系数，W/(m²·K)；

　　　d_i——地埋管的内直径，m；

　　　D——支管中心与钻孔中心之间的距离，m。

设流体的温度为 t_f，孔壁的温度为 t_b，q_l 为单位孔深"三下一上"岩土换热器的总换热量，3 根进水管单位孔深平均换热量为 $q_l/3$ 则有：

$$t_f - t_b = \frac{q_l}{3}(R_{11} + R_{12}^0 + R_{13}^0) = Rq_l \tag{7-5}$$

解上式，得：

$$R = \frac{1}{6\pi\lambda_b}\left(\ln\frac{r_b}{r_0} + \ln\frac{r_b}{\sqrt{2}D} + \ln\frac{r_b}{2D} - \frac{\lambda_b - \lambda_s}{\lambda_b + \lambda_s}\left(\ln\frac{r_b^4 - D^4}{r_b^4} + \frac{1}{2}\ln\frac{r_b^4 + D^4}{r_b^4}\right)\right) + \frac{1}{3}R_p$$

$$\tag{7-6}$$

$$R_p = \frac{1}{2\pi\lambda_p}\ln\frac{r_0}{r_i} + \frac{1}{\pi d_i h} \tag{7-7}$$

式中　R——"三下一上"岩土换热器总的钻孔内换热热阻。

7.1.3.2　不同形式岩土换热器钻孔内热阻对比

按照前面求解"三下一上"岩土换热器热阻的方法，可以求得双 U 形岩土换热器孔内热阻，如式 (7-8)：

$$R = \frac{1}{4\pi\lambda_b}\left(\ln\frac{r_b}{r_0} + \ln\frac{r_b}{\sqrt{2}D} - \frac{\lambda_b - \lambda_s}{\lambda_b + \lambda_s}\left(\ln\frac{r_b^2 - D^2}{r_b^2} + \frac{1}{2}\ln\frac{r_b^4 + D^4}{r_b^4}\right)\right) + \frac{1}{2}R_p \tag{7-8}$$

同理可知，单 U 形管钻孔内热阻为：

$$R = \frac{1}{\pi d_i h} + \frac{1}{2\pi\lambda_b}\left(\ln\frac{r_b}{r_0} + \frac{\lambda_b - \lambda_s}{\lambda_b + \lambda_s}\ln\frac{r_b^2}{r_b^2 - D^2}\right) + \frac{1}{2\pi\lambda_p}\ln\left(\frac{d_0}{d_i}\right) \tag{7-9}$$

按式 (7-6)～式 (7-9)，可以计算出在不同运行模式下三种岩土换热器的热阻，如表 7-3 所示。表中计算结果为不同运行时间内的平均总热阻；并以单 U 形换热器的平均总热阻为基准，计算出了"三下一上"岩土换热器和双 U 形岩土换热器在各运行时间的平均总热阻百分比。

热阻对比表（热阻单位：m·K/W） 表 7-3

建筑类型	换热器	热阻及百分比	运行 1 天	运行 5 天	运行 15 天	运行 1 个月	运行 2 个月	运行 3 个月
办公建筑	"三下一上"	热阻	0.1794	0.2022	0.2070	0.2141	0.2213	0.2255
		百分比	59.16%	62.03%	62.57%	63.36%	64.12%	64.55%
	双 U 形	热阻	0.2165	0.2394	0.2441	0.2513	0.2584	0.2626
		百分比	71.41%	73.42%	73.80%	74.35%	74.88%	75.18%
	单 U 形	热阻	0.3032	0.3260	0.3308	0.3379	0.3451	0.3493
		百分比	/	/	/	/	/	/
商场建筑	"三下一上"	热阻	0.1794	0.2124	0.2352	0.2497	0.2641	0.2726
		百分比	59.16%	63.17%	65.52%	66.85%	68.08%	68.76%
	双 U 形	热阻	0.2165	0.2495	0.2724	0.2868	0.3012	0.3097
		百分比	71.41%	74.22%	75.86%	76.79%	77.66%	78.13%
	单 U 形	热阻	0.3032	0.3362	0.3590	0.3735	0.3879	0.3964
		百分比	/	/	/	/	/	/
宾馆建筑	"三下一上"	热阻	0.1794	0.2403	0.2824	0.3091	0.3357	0.3513
		百分比	59.16%	66.00%	69.52%	71.40%	73.06%	73.94%
	双 U 形	热阻	0.2165	0.2775	0.3196	0.3462	0.3728	0.3884
		百分比	71.41%	76.20%	78.66%	79.98%	81.14%	81.76%
	单 U 形	热阻	0.3032	0.3641	0.4062	0.4329	0.4595	0.4751
		百分比	100%	100%	100%	100%	100%	100%

由表 7-3 中的计算结果可以看出：

① 随着运行时间的增长，三种形式岩土换热器钻孔外热阻和总热阻均在增加，但增加的幅度在逐渐减小；

② 三种形式岩土换热器中，"三下一上"岩土换热器的热阻最小；而且，不同功能建筑中，"三下一上"岩土换热器的热阻也有一定差异，其中办公建筑中热阻优势最为明显。以运行时间为 1~90d 的工况为例，在办公建筑中，"三下一上"岩土换热器、双 U 埋管换热器的换热热阻分别是单 U 形换热器的 59.16%~64.55%、71.41%~75.18%；在商场建筑中，则分别是 59.16%~68.76%、71.41%~78.13%；在宾馆建筑中，则分别是 59.16%~73.94%、71.41%~81.76%。

实际工程中，机组在运行期间可能会停机，会使得短期脉冲负荷运行时间以及总运行时间缩短，"三下一上"岩土换热器的热阻相对于其他两种换热器会更小，其优势更加明显。

7.2 "三下一上"岩土换热器换热性能实验分析

为了对比分析"三下一上"岩土换热器与双 U 形、单 U 形岩土换热器的换热性能，搭建了包括上述三种形式的地下岩土换热器换热性能实验台。实验台搭建的系统原理图如图 7-4 所示。

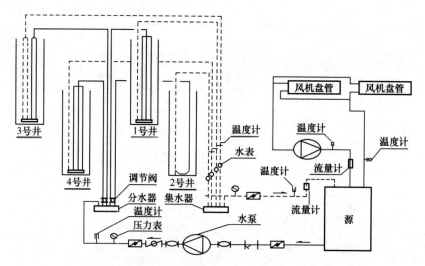

图 7-4   地源热泵地下岩土换热器换热性能实验系统原理图

岩土换热器供、回水水温利用水银温度计测试，即在每个换热孔回水管、总回水管上均装设水银温度计，在岩土换热器总进水管装设水银温度计（岩土换热器进水水温相同，同为热泵主机出水水温）；岩土换热器总水流量利用转子流量计测试，即在岩土换热器总管上设置转子流量计，测量岩土换热器侧总流量；不同形式换热器的水流量利用数字式水表测试，即在每个换热孔的回水管上装设数值式水表，配合管路阀门开度调整从而控制调节每个换热孔的水流量。

末端风机盘管侧供、回水水温同样利用水银温度计进行测试，即在总进、出水管上设置水银温度计；供回水流量利用转子流量计进行测试，即在总管上设置转子流量计。

7.2.1   实验台搭建

为了便于对比分析 3 种换热器的换热能力，共建立了 4 个地下岩土换热器（2 个"三下一上"岩土换热器、1 个单 U 形岩土换热器、1 个双 U 形岩土换热器）实体实验装置。在实验台搭建过程中，各岩土换热器的钻孔深度、孔径、回填材料均相同，且各换热器的出水管均采用橡塑保温材料进行保温；各换热器钻孔深度均为 100m，钻孔孔径均为 130mm。

钻孔间距一般为 3~6m，结合实验场地地下管线的布置情况以及钻孔设备施工要求，确定出钻孔的布置情况如图 7-5 所示。整个实验台的地下换热器施工过程如图 7-6 所示。同时，施工过程中，根据《地源热泵系统工程技术规范》GB 50366 中对各岩土换热器进行了回填，对水管路系统进行了相关试压试验。

图 7-5　钻孔布置

图 7-6　地下换热器施工过程

建成后，各个岩土换热器的实际深度见表 7-4。

实验岩土换热器实际深度　　　　　　　　表 7-4

换热器	单 U 形	双 U 形	"三下一上"
深度（m）	96.3	96.5	96.2/95.8

搭建完成的实验系统如图 7-7 所示，实验测试系统如图 7-8 所示。

图 7-7   实验装置及系统

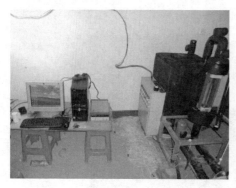

图 7-8   实验测试系统

7.2.2   实验内容与方案

7.2.2.1   夏季实验内容与方案

1. 流速对岩土换热器换热性能的影响

《地源热泵系统工程技术规范》GB 50366 对岩土换热器的推荐流速分别为：单 U 形不宜小于 0.6m/s，双 U 形不宜小于 0.4m/s。因此，本次实验中，各换热器的不同流速确定情况见表 7-5。

各换热器流速   表 7-5

换热器	流速（m/s）			
单 U 形	0.60	0.80	1.00	/
双 U 形	0.40	0.60	0.80	/
"三下一上"	0.2	0.40	0.60	0.8

2. 三种岩土换热器换热性能对比

地源热泵系统之所以节能在于其适宜的出水温度，适宜的出水温度可以提高地源热泵的能效比。评价岩土换热器换热能力，不能仅考虑单位孔深换热量，而且还要考虑其出水温度。以夏季工况为例，根据岩土换热器的出水温度是否低于当地冷却塔的出水温度，可将岩土换热器的换热状态分为节能状态和不节能状态。将岩土换热器的出水温度低于当地冷却塔出水温度的状态称为节能状态，反之为不节能状态。在某个条件下岩土换热器的单位孔深换热量大，但其出水温度远高于时当地冷却塔出水温度，这种大换热量是没有意义的，在实际工程中也是不需要的。

重庆地区冷却塔标准设计工况下出水温度为 32℃，本实验中以出水温度是否超过 32℃作为判断岩土换热器换热是否节能的标准。3 种换热器换热能力的具体对比方法为：测试各个换热器在不同加热量下的出水温度，当在某个加热量下，连续运行 n 小时后出水温度在 32℃左右，即认为该岩土换热器以节能状态连续运行 n 小时所能承担的最大负荷为该加热量；本次实验中确定的连续运行时间为 9h 即测试出各个岩土换热器的连续运行 9h，在节能状态下所能承担的最大加热量，然后进行对比。

3. 设备启停对"三下一上"岩土换热器换热性能的影响

在实际工程中，建筑的冷热负荷随着运行时间而不断变化，当系统负荷降低到一定程度时，控制参数就会达到系统设定值，设备便会自动停机。停机后，岩土换热器由于没有被加载负荷从而处于一种恢复状态。恢复状态持续时间长短与系统负荷特性有关，其持续得越久，对于岩土换热器的高能效运行越有利。若系统一直不间断连续运行，则岩土换热器处于连续换热状态，周围岩土温度不断升高或降低，岩土换热器与周围岩土间的换热温差逐渐变小，一定时间以后，周围岩土温度与岩土换热器管内流体的温度接近，若岩土换热器继续运行，其换热量将会很小甚至为零，此时若让岩土换热器继续运行将得不偿失。综上所述，可知设备启停状态对地源热泵性能有重要影响。

为了便于分析说明，在此处将有启停的工况简称为启停工况，与之相对应的没有启停的工况称为连续工况。实际工程中设备的启停是由控制系统根据对运行参数的判断而决定的，因此实际启停过程较为复杂。为了便于研究，将启停工况设定为每运行 m 分钟然后停机 n 分钟，间断运行 9h，并使岩土换热器运行期间的加热功率大小和连续工况的加热功率大小一致。然后对比两种工况累积运行时间相同情况下的进出水温，分析讨论设备启停对比岩土换热器换热性能的影响。

4. 运行模式对"三下一上"岩土换热器换热性能的影响

按照第 2 条所阐述的方法，测试以节能状态连续运行 9h、15h、24h 三种工况条件下，"三下一上"岩土换热器进出水温变化规律、所承受的最大排热量。

5. "三下一上"岩土换热器停机后负荷痕迹的衰减规律

"负荷痕迹"定义为：受地源热泵系统运行影响后的岩土温度和岩土初始温度的差值。岩土具有一定的自然调节能力，停机后岩土换热器附近的岩土处于恢复状态，运行期间累积在岩土换热器周围岩土中的热量将逐渐被传向远处，从而可以使得岩土换热器周围岩土温度逐渐下降或上升（冬季工况），若恢复时间足够长，可以恢复到接近岩土初始温度，此时负荷痕迹将近似趋于零，如果在恢复时间结束时负荷痕迹仍然较大，那么将会对下一次的运行产生影响，长此以往，岩土换热器的换热性能将会越来越恶化，地源热泵的节能优势将逐渐变弱甚至消失。实际工程中，当然希望上一次系统以节能状态运行之后，下一次仍然能继续以节能状态运行，即希望下一次系统运行之前负荷痕迹足够的小，因此研究负荷痕迹的衰减规律及其影响因素便显得十分有意义。

7.2.2.2　冬季实验内容与方案

冬季实验的主要目的在于测试分析冬季取热工况下，地下岩土换热器的换热性能。主要实验工况如下：

① 部分负荷工况。通过调节风机盘管，保证一台压缩机一直运行，另一台压缩机间歇启停；地源侧4个孔同时运行，连续运行24h。

② 满负荷工况。加大风机盘管的负荷，保证2台压缩机同时运行，地源侧4个孔同时运行，连续运行24h。

③ 部分负荷工况。通过调节，使得"系统运行1h、停运0.5h"，共运行24h。

冬季实验具体安排见表7-6。

冬季实验安排　　　　　　　　　　　　　　　　　　　　　　　　表7-6

测试运行时间	工况	岩土换热器水流量（m³/h）	风盘总水量（m³/h）
连续24h	一台压缩机常开，一台启停	5.8	4
连续24h	二台压缩机常开	5.75	4
连续24h	二台同时开启、同时关机	5.75	4

7.2.3　实验结果分析

7.2.3.1　夏季实验结果分析

1. 流速对岩土换热器换热性能的影响

流速对岩土换热器换热性能的影响较为复杂。由管速内流体换热分析可以知道，管内流体与管壁间的对流换热系数受流体流速、流体导热系数、流体密度、流体运动黏度系数、流体普朗特数以及管径的影响，其中流体流速和黏度是主要影响因素；在其他条件相同的前提下，增加流速可以增大流体与管壁的对流换换热系数，从而可以减少换热热阻。同时，由管流阻力分析，流速越大会导致换热器流动阻力明显增大。

《地源热泵系统工程技术规范》GB 50366规定："岩土换热器管内流体应保持紊流流态，即 Re 应大于2300"。同时，该规范又规定"确保系统及时排气和加强换热，岩土换热器内的管道推荐流速为：双U形埋管不宜小于0.4m/s，单U形埋管不宜小于0.6m/s"。为此，在保证流态为紊流的前提下，考虑强化换热性能，实验在0.4～1.00 m/s的范围内分别对三种换热器换热性能进行了分析，实验工况如表7-7。

实验工况表　　　　　　　　　　　　　　　　　　　　　　　　表7-7

换热器	流速（m/s）	实际平均排热负荷（kW）	运行时间（h）
"三下一上"换热器	0.86	7.09	9
"三下一上"换热器	0.80	7.01	9

续表

换热器	流速（m/s）	实际平均排热负荷（kW）	运行时间（h）
"三下一上"换热器	0.61	7.12	9
"三下一上"换热器	0.41	7.08	9
"三下一上"换热器	0.20	7.13	9
双 U 形换热器	0.79	7.08	9
双 U 形换热器	0.60	6.94	9
双 U 形换热器	0.40	6.94	9
单 U 形换热器	1.00	6.13	9
单 U 形换热器	0.79	6.15	9
单 U 形换热器	0.60	6.15	9

实验测试结果如图 7-9～图 7-17 所示。

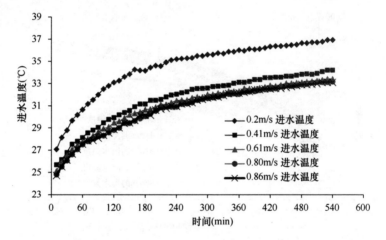

图 7-9　流速对"三下一上"岩土换热器进水温度的影响

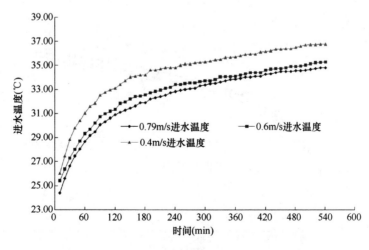

图 7-10　流速对双 U 形岩土换热器进水温度的影响

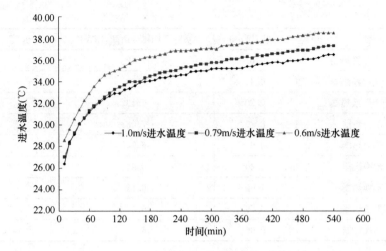

图 7-11 流速对单 U 形岩土换热器进水温度的影响

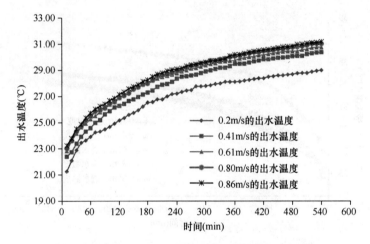

图 7-12 流速对"三下一上"岩土换热器出水温度的影响

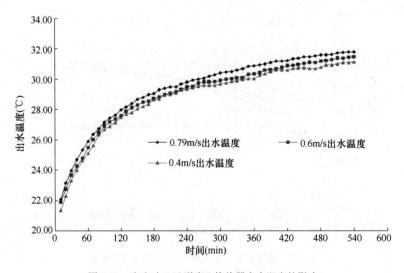

图 7-13 流速对双 U 形岩土换热器出水温度的影响

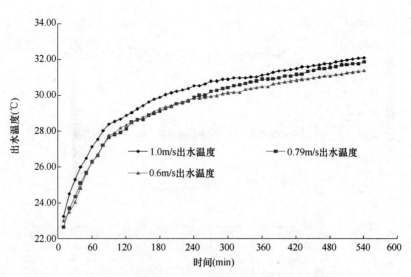

图 7-14　流速对单 U 形岩土换热器出水温度的影响

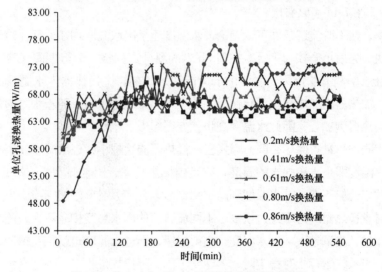

图 7-15　流速对"三下一上"岩土换热器换热量的影响

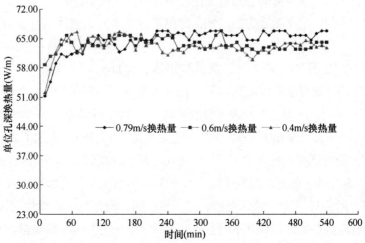

图 7-16　流速对双 U 形岩土换热器换热量的影响

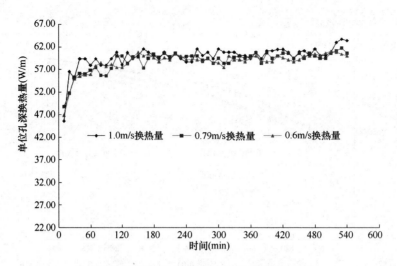

图 7-17　流速对单 U 形岩土换热器换热量的影响

由图 7-9～图 7-14 可以看出：

(1) 夏季，在不同流速条件下，无论进水温度还是出水温度均在运行开始一段时间内上升速度较快，之后上升较为平缓。在前 2h 内的温升占到整个运行期间（540min）的温升的 50％以上。分析其中原因，主要由于运行初始时刻岩土换热器内水温较低、与土壤的温差较小，加热器的加热量主要耗在提高整个管路系统的水温；随着水温的升高，管内水与岩土的换热得到加强，因此水温升高也就变得缓慢。

(2) 在相同排热量条件下，同一形式岩土换热器流速越小，进水温度就越高、出水温度越低。进水温度即是水箱内水的温度，它是由加热功率、出水温度、流量共同决定的。若保持加热功率近似不变，进水温度则由出水温度与流量决定的。在系统刚开始运行时，由于岩土与岩土换热器内的水经过恢复，不同流速下的出水温度相差不大，此时进水温度主要取决于流量，流量越大，进水温度升高得越慢，而进水温度也就相对越低，当流量较小时则相反。当系统运行相对稳定时，各速度下的实际换热量相差很小即出水带给水箱的冷量相差不大，此时进水温度的升高速度在各流速下相差较小，因此仍然表现为流量小进水温度高。流速小时，出水温度之所以低，是由于流速小时，流体与外界的换热时间长，换热较为充分。

在本实验中，对于"三下一上"岩土换热器，0.41m/s 流速条件下，进水温度比0.86m/s 流速下的进水温度平均高 0.96℃，出水温度则平均低 0.84℃；0.2m/s 流速条件下，进水温度比 0.41m/s 流速下的进水温度平均高 2.8℃，出水温度则平均低 1.13℃。对于双 U 形岩土换热器，0.4m/s 流速条件下，进水温度比 0.79m/s 流速下的进水温度平均高 2.07℃，出水温度则平均低 0.59℃。对于单 U 形岩土换热器，0.6m/s 流速条件下，进水温度比 1.0m/s 流速下的进水温度平均高 2.09℃，出水温度则平均低 0.72℃。

由图 7-15～图 7-17 可知：总体而言，同一换热器，流速越大，单位孔深换热量也较大，但是单位孔深换热量的差异并不明显。对于"三下一上"岩土换热器，0.86m/s 流速条件下，单位孔深换热量仅比 0.41m/s 流速条件下的单位孔深换热量平均高 5.78 W/m；

流速 0.41m/s、0.2m/s 条件下，单位孔深换热量非常接近（两种流速条件下的单位孔深换热量仅相差 0.52 W/m）。对于双 U 形岩土换热器，0.79m/s 流速条件下的单位孔深换热量仅比 0.4m/s 流速条件下的单位孔深换热量平均高 2.09 W/m。对于单 U 形岩土换热器，1.0m/s 流速条件下的单位孔深换热量也仅比 0.6m/s 流速条件下的单位孔深换热量平均高 1.22W/m。

由上述分析说明，岩土换热器管内流速对换热器的换热性能影响不明显。对于"三下一上"岩土换热器，流速在 0.4～0.86m/s 范围内变化，对换热器换热性能没有明显的影响，当流速降到 0.2m/s 时仅出水温度明显下降而单位孔换热量并未明显下降；对于双 U 形岩土换热器，流速在 0.4～0.8m/s 范围内变化对换热器换热性能没有明显影响；对于单 U 形岩土换热器，流速在 0.6～1.0m/s 范围内变化对换热器换热性能没有明显的影响。

应该注意的是，管内流速对岩土换热器的阻力具有较大影响。管内流速越大，换热器阻力也越大，地源侧水泵的能耗也越大。因此，从节约系统运行能耗的角度来考虑，岩土换热器的管内流速越小越好。同时，考虑系统排气需要，岩土换热器系统最低流速不能过低。《地源热泵系统工程技术规范》GB 50366 规定"确保系统及时排气和加强换热，岩土换热器内的管道推荐流速为：双 U 形埋管不宜小于 0.4m/s，单 U 形埋管不宜小于 0.6m/s"。

综上分析，从保证岩土换热器换热、降低地源侧水泵运行能耗、有利地源侧排气三方面综合考虑，建议：设计时，岩土换热器的单管管内流速应取规范要求中的下限值 0.4～0.6m/s。

2. 三种岩土换热器的换热性能对比

实验工况安排见表 7-8。

工况安排表　　　　　　　　　　　　　　　　　表 7-8

换热器	流速（m/s）	实际平均排热负荷（kW）	运行时间（h）
"三下一上"换热器	0.80	7.01	9
"三下一上"换热器	0.80	7.68	9
"三下一上"换热器	0.80	8.04	9
双 U 形换热器	0.80	6.10	9
双 U 形换热器	0.79	7.08	9
双 U 形换热器	0.80	7.45	9
单 U 形换热器	0.80	5.69	9
单 U 形换热器	0.79	6.15	9

实验结果如图 7-18～图 7-21、表 7-9 所示。

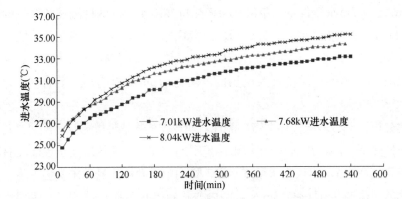

图 7-18　"三下一上"换热器不同负荷下的进水温度曲线

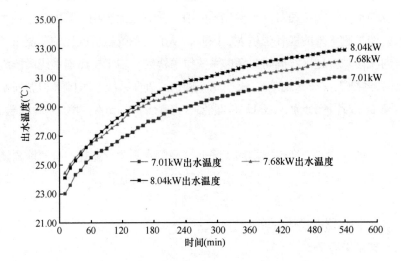

图 7-19　"三下一上"换热器不同负荷下的出水温度曲线

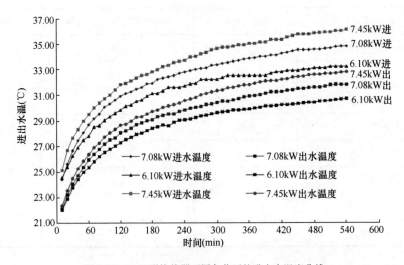

图 7-20　双 U 形换热器不同负荷下的进出水温度曲线

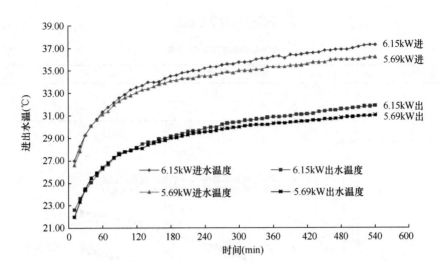

图 7-21　单 U 形换热器不同负荷下的进出水温度曲线

不同负荷下进出水温度对比　　　　　　　　　表 7-9

换热器	实际平均排热负荷（kW）	最高进水温度（℃）	平均进水温度（℃）	最高出水温度（℃）	平均出水温度（℃）
"三下一上"	7.01	33.10	30.70	31.00	28.66
"三下一上"	8.04	35.20	32.56	32.85	30.29
双 U 形	6.10	33.20	31.11	30.70	28.59
双 U 形	7.45	36.10	33.36	32.80	30.18
单 U 形	5.69	36.20	35.11	31.05	29.14
单 U 形	6.15	37.30	35.78	31.90	29.53

由上述图表可以看出：（1）运行 9h、排热负荷为 7.68kW 条件下，"三下一上"新型岩土换热器在运行结束时刻的出水温度为 32.1℃。这说明，在节能运行状态下，"三下一上"新型岩土换热器连续运行 9h 的最大换热量为 7.68kW，换算成单位孔深换热量为 79.83W/m；（2）夏季在运行 9h、排热负荷为 7.08kW 条件下，双 U 形岩土换热器在运行结束时刻的出水温度为 31.8℃。这说明，在节能运行状态下，双 U 形岩土换热器连续运行 9h 的最大换热量为 7.08kW，换算成单位孔深换热量为 73.16W/m；（3）夏季在运行 9h、排热负荷为 6.15kW 时，单 U 形岩土换热器在运行结束时刻的出水温度为 31.9℃。这说明，在节能运行状态下，单 U 形换热器连续运行 9h 的最大换热量为 6.15kW，换算成单位孔深换热量为 63.86W/m。

由此可以看出，在连续运行 9h 条件下，"三下一上"岩土换热器单位孔深换热量相对双 U 形岩土换热器仅提高了 9.12%，相对单 U 形岩土换热器则提高了 25.01%；而双 U 形岩土换热器相对于单 U 形岩土换热器则提高了 15.6%。

3. 间歇负荷对"三下一上"岩土换热器换热性能的影响

理论上，热泵主机设备停机有利于提高岩土换热器的换热性能。而实际工程中，系统实际运行状态与系统负荷特性有关，设备实际启停时间较复杂。为了便于研究，通过对某地源热泵工程测试数据的分析之后，决定采用"每运行 45min，停运 15min"的模式，即设备启停比为 3：1 的模式，实际工况安排见表 7-10。

设备启停影响实验工况表   表 7-10

换热器	流速（m/s）	加热器平均排热负荷（kW）	运行时间（h）	备注
"三下一上"	0.80	8.04	9	
"三下一上"	0.80	8.04	9.75	有启停

实验结果如图 7-22 所示。

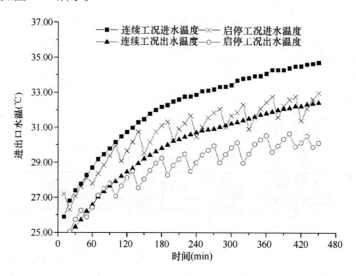

图 7-22　启停工况与连续工况进出水温对比

图 7-22 为"累积运行时间相同"，启停工况与连续工况条件下，"三下一上"岩土换热器进、出水温对比。由图可知，夏季在设备存在启停工况条件下，换热器进出水温较连续运行工况均有所降低；两种运行工况条件下，岩土换热器进水水温最大相差 3.09℃、平均相差 1.31℃；出水水温最大相差 2.48℃，平均相差 1.30℃。连续工况下，在系统运行 6.5h 后，出水温度就达到 32℃；而启停工况下，在系统运行结束时（整个运行时间为 9h45min），出水温度也仅为 30.13℃。

这充分说明，运行中设备停机有利于地温恢复、降低系统进出水温，从而提高地源热泵系统能效。

4. 运行模式对"三下一上"岩土换热器换热性能的影响

在前面对"三下一上"岩土换热器在"连续运行 9h"模式下的换热性能进行了分析讨论，下面着重分析"三下一上"岩土换热器"连续运行 15h、24h"模式的换热性能。实验工况安排见表 7-11。

运行模式影响工况表   表 7-11

工况	换热器	流速（m/s）	实际平均排热负荷（kW）	运行时间（h）
工况 1	"三下一上"	0.80	5.12	15
工况 2	"三下一上"	0.80	6.28	15
工况 3	"三下一上"	0.80	6.30	24

实验结果如图 7-23 和图 7-24 所示。

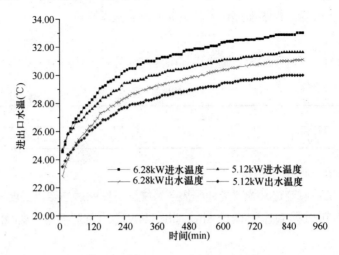

图 7-23　不同负荷下连续运行 15h 进出水温曲线

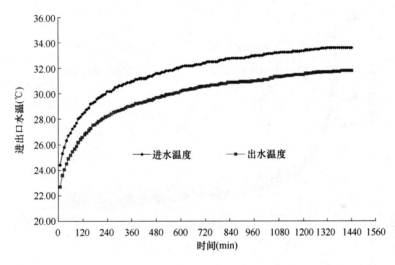

图 7-24　连续运行 24h 进出水温曲线

图 7-23 是"三下一上"岩土换热器在不同的排热负荷下连续运行 15h 的进出水温变化曲线。由图可知，运行结束时刻，排热负荷为 5.12kW 条件下，换热器出水温度为 29.95℃；排热负荷为 6.28kW 条件下，换热器出水温度为 31.10℃。由此可以看出，"三下一上"岩土换热器以节能状态连续运行 15h，其能承担的最大排热负荷略大于 6.28kW。

图 7-24 是"三下一上"岩土换热器在平均排热负荷 6.30kW 连续运行 24h 的进出水温变化曲线。运行结束时刻，换热器出水温度为 31.8℃。这说明，"三下一上"岩土换热器以节能状态连续运行 24h，其能承担的最大排热负荷约为 6.30kW，换算成单位孔深换热量为 65.49W/m。

同时，对比三种不同运行模式下"三下一上"岩土换热器的换热性能，可以发现：连续运行时间越短，换热器所能承载的负荷强度越大（这与单 U 形、双 U 形换热器一致）。

"连续运行9h"模式下，换热器能承载的负荷强度是"连续运行24h"模式下的1.22倍。

5. "三下一上"岩土换热器停机后的负荷痕迹衰减规律

（1）初始地温

取实验开始前一天的平均值，确定出各个深度处的初始地温见表7-12。

初始地温   表 7-12

孔深（m）	6.2	16.2	36.2	56.2	96.2
地温（℃）	19.45	19.62	19.23	19.49	19.80

（2）停机后负荷痕迹的变化

如前所述，负荷痕迹定义为"受地源热泵系统运行影响后的岩土温度和岩土初始温度的差值"。由此，可以得到连续运行9h、15h、24h后的负荷痕迹，如图7-25～图7-28所示。

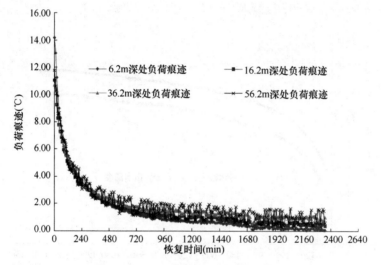

图 7-25　7.01kW 运行 9h 后负荷痕迹变化

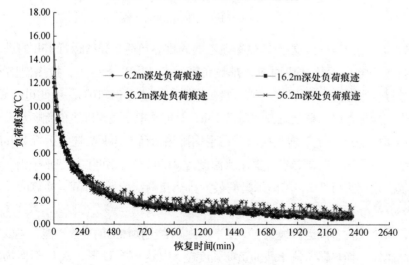

图 7-26　8.04kW 运行 9h 后负荷痕迹变化

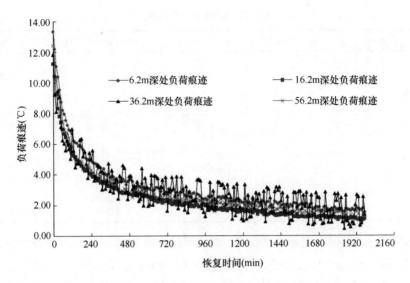

图 7-27　6.28kW 运行 15h 后负荷痕迹变化

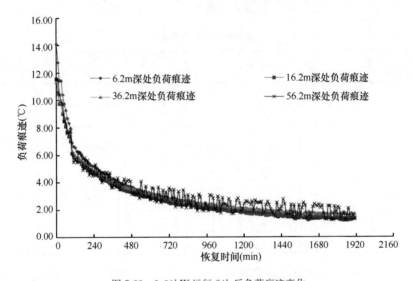

图 7-28　6.30kW 运行 24h 后负荷痕迹变化

图 7-25～图 7-28 表明，"三下一上"岩土换热器负荷痕迹在停机后的 2h 内衰减得非常快，之后逐渐减慢。其原因主要是：在刚停机时段，换热器周围岩土与远端岩土之间的温差较大、温度梯度较大、传热剧烈；随时间推移，温差逐渐变小，传热量也逐渐减小，负荷痕迹衰减变缓。

图 7-25 是排热负荷为 7.01kW、连续运行 9h 后的负荷痕迹变化曲线，图 7-26 是排热负荷为 8.04kW、连续运行 9h 后的负荷痕迹变化曲线。由图中的数据结果以及表 7-13 的数据可以看出，在相同运行模式下，排热负荷强度越大，负荷痕迹越难彻底衰减。表 7-13 为"恢复 15h、39h"后不同垂直深度处的负荷痕迹。

恢复15h和39h后的负荷痕迹

表7-13

加热功率 (kW)	运行时间 (h)	深度 (m)	恢复15h后负荷痕迹	恢复39h后负荷痕迹
7.01	9.00	6.20	1.02	0.08
		16.20	1.30	0.37
		36.20	1.49	0.99
		56.20	1.50	0.62
8.04	9.00	6.20	1.35	0.49
		16.20	1.41	0.67
		36.20	1.64	0.91
		56.20	2.20	0.66

图 7-27 是排热负荷强度为 6.28kW、连续运行 15h 后的负荷痕迹变化曲线，图 7-28 是排热负荷强度为 6.30kW、连续运行 24h 后的负荷痕迹变化曲线。由两图可以看出，夏季在排热负荷强度基本相同条件下，排热时间越长、累积排热量越大，负荷痕迹越难彻底衰减。"恢复 9h、30h、32h"后不同垂直深度处的负荷痕迹见表 7-14。

恢复数小时后的负荷痕迹

表7-14

加热功率 (kW)	运行时间 (h)	深度 (m)	恢复9h后负荷痕迹	恢复30h后负荷痕迹	恢复32h后负荷痕迹
6.28	15.00	6.20	3.29		1.55
		16.20	2.75		1.11
		36.20	2.29		1.38
		56.20	2.84		1.47
6.30	24.00	6.20	3.38	1.33	
		16.20	3.07	1.38	
		36.20	3.27	1.69	
		56.20	5.08	1.32	

用 Origin8.0 进行数据曲线拟合及回归发现，负荷痕迹随恢复时间的变化规律呈指数函数 $\Delta t = a \mathrm{e}^{-\tau/b} + y_0$。各负荷下的负荷痕迹拟合函数见表 7-15。

各负荷下负荷痕迹函数

表7-15

负荷 (kW)	运行时间 (h)	深度	a	b	y_0 (℃)	R^2
7.01	9	6.20	10.89	193.52	0.54	0.96
		16.20	8.44	216.91	0.81	0.97
		36.20	8.18	205.60	1.22	0.97
		56.20	8.72	192.42	1.29	0.91
7.68	9	6.20	10.84	201.21	1.00	0.96
		16.20	8.72	223.09	0.98	0.96
		36.20	8.42	213.65	1.36	0.96
		56.20	8.84	205.23	1.35	0.92

续表

负荷（kW）	运行时间（h）	深度	a	b	y_0（℃）	R^2
8.04	9	6.20	1.40	205.86	1.40	0.96
		16.20	1.43	228.02	1.43	0.96
		36.20	1.79	216.47	1.79	0.96
		56.20	1.85	207.74	1.85	0.92
6.28	15	6.20	8.82	221.00	2.17	0.95
		16.20	7.55	242.85	1.50	0.95
		36.20	6.53	272.21	2.11	0.82
		56.20	8.52	190.97	1.84	0.94
6.30	24	6.20	9.53	256.39	2.30	0.95
		16.20	7.95	277.78	1.63	0.96
		36.20	7.70	272.81	2.40	0.96
		56.20	7.93	243.96	2.16	0.91

7.2.3.2 冬季实验结果分析

冬季实验意在测试研究实际工况下岩土换热器（"三下一上"、单 U 形、双 U 形换热器并联使用）"联合"运行的换热性能。

1. 工况 1：一台压缩机常开、一台压缩机启停

本次实验中，各岩土换热器的实验流速及流量见表 7-16；实验过程中，各岩土换热器的流量基本保持不变。

工况 1 运行参数　　　　　　　　　　表 7-16

参数	1 号新型	4 号新型	双 U 形	单 U 形
流速（m/s）	0.52	0.5	0.54	0.46
流量（m³/h）	1.83	1.76	1.27	0.54
运行时间（h）	24			
风盘侧流量（m³/h）	4			

在此工况中，调节末端风机盘管热负荷，保证主机"一台压缩机连续运行，另一台压缩机间歇运行"。经实验测试分析，风机盘管进、出口的平均温差为 3.65℃，风机盘管侧的平均换热量为 17kW（相对主机负荷率为 68.3%）。系统实验运行时间 24h，实验结果及分析如下：

（1）岩土换热器出水水温

不同形式岩土换热器的出水水温随运行时间的变化曲线如图 7-29 所示。

由图 7-29 可知，冬季工况条件下，由于"三下一上"岩土换热器的水流量最大，因此在进水温度相同情况下，运行过程中"三下一上"岩土换热器的出水水温相对最低，双 U 形岩土换热器次之，单 U 形岩土换热器的出水温度相对最高。

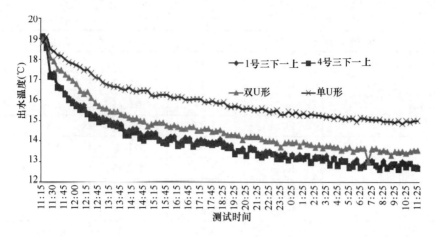

图 7-29   冬季工况 1 不同形式岩土换热器出水水温随运行时间的变化曲线

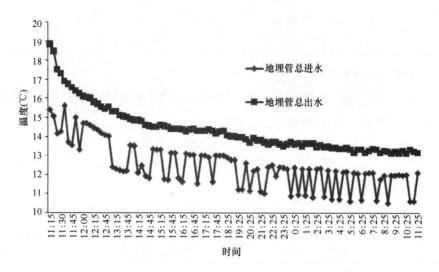

图 7-30   冬季工况 1 岩土换热器总进、出水水温随运行时间变化曲线

由图 7-30 可见，由于末端负荷相对热泵主机额定负荷较小造成的压缩机频繁启停对岩土换热器进水水温影响非常大，而对岩土换热器出水水温影响相对比较小。由图可知，在实验条件下、系统连续运行 24h 后，岩土换热器总回水温度为 13.15℃。

（2）岩土换热器换热量分析

该工况条件下，不同形式岩土换热器单位孔深的换热量如图 7-31 所示。

由图 7-32 可知，尽管在该工况条件下，岩土换热器的换热量随热泵主机的启停波动比较大，但总体而言，三种形式的岩土换热器中，"三下一上"新型岩土换热器单位孔深的换热量最大，双 U 形换热器其次，单 U 形换热器换热量最小。整个运行过程中，各岩土换热器单位孔深平均换热量见表 7-17。相对单 U 形岩土换热器，"三下一上"岩土换热器的平均换热量提高约 50%；相对双 U 形岩土换热器，"三下一上"岩土换热器的平均换热量提高约 3%。

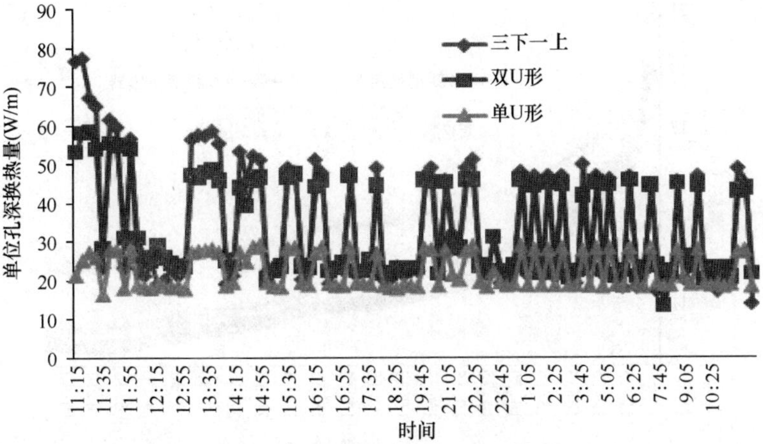

图 7-31 冬季工况 1 不同形式岩土换热器单位孔深换热量

冬季工况 1 不同形式岩土换热器单位孔深平均换热量 表 7-17

换热器型号	"三下一上"	双 U 形	单 U 形
单位孔深平均换热量 (W/m)	35.01	32.92	22.37

2. 工况 2：两台压缩机连续运行

本次实验中，各岩土换热器的实验流速及流量如表 7-18 所示。实验过程中，各岩土换热器的流量基本保持不变。

工况 2 实验参数 表 7-18

参 数	1 号新型	4 号新型	双 U 形	单 U 形
流速（m/s）	0.495	0.481	0.574	0.515
流量（m³/h）	1.745	1.697	1.35	0.607
运行时间（h）	24			
风盘侧流量（m³/h）	4			

在此工况中，通过调整风机盘管换热量，保证热泵主机处于满负荷运行状态、两台压缩机连续运行。经实验测试分析，风机盘管进出口的平均温差为 5.33℃，风机盘管侧的平均换热量为 24.89kW。系统实验运行时间连续 24h，实验结果及分析如下：

（1）岩土换热器进、出水水温

该工况条件下，不同形式岩土换热器的出水水温随运行时间的变化曲线见图 7-32，岩土换热器总进出水水温随运行时间的变化曲线见图 7-33。

由图 7-32、图 7-33 可知，在该工况条件下，三种形式的岩土换热器中，依然是"三下一上"岩土换热器的出水水温相对最低，双 U 形岩土换热器次之，单 U 形岩土换热器的出水温度相对最高。但是，总体上，该工况条件下，运行过程中三种岩土换热器的出水水温较前一工况均有所降低；而且运行末期，"三下一上"换热器、双 U 形换热器出水水

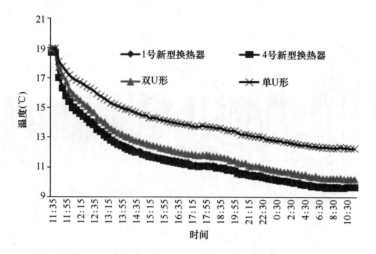

图 7-32   冬季工况 2 不同形式岩土换热器出水温度随运行时间变化曲线

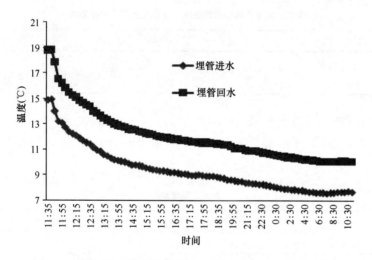

图 7-33   冬季工况 2 岩土换热器总进、出水水温随运行时间变化曲线

温均低于 10℃，而且总出水水温也仅 10.1℃。这说明，该工况条件下，系统取热负荷强度超出了岩土换热器的最大取热负荷强度。

（2）岩土换热器换热量分析

该工况条件下，不同形式岩土换热器单位孔深的换热量如图 7-34 所示。

由图 7-34 可知，在该工况条件下，三种形式的岩土换热器中，"三下一上"新型岩土换热器与双 U 形岩土换热器单位孔深的换热量非常接近，均大于单 U 形岩土换热器换热量。整个运行过程中，各岩土换热器单位孔深平均换热量见表7-19。相对单 U 形岩土换热器，"三下一上"岩土换热器与双 U 形岩土换热器的平均换热量提高约 39.8％。

冬季工况 2 不同形式岩土换热器单位孔深平均换热量   表 7-19

换热器型号	"三下一上"	双 U 形	单 U 形
单位孔深平均换热量（W/m）	46.55	46.26	33.3

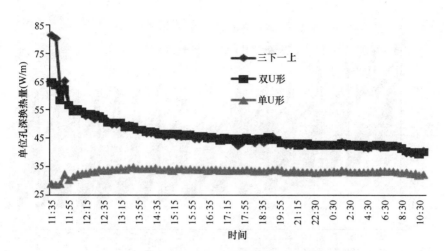

图 7-34　冬季工况 2 不同形式岩土换热器单位孔深换热量

3. 工况 3：两台压缩机间歇运行

实验中，各岩土换热器的实验流速及流量基本保持不变，如表 7-20 所示。

工况 3 运行参数　　　　　　　　　　　　　　　　表 7-20

参　数	1 号新型	4 号新型	双 U 形	单 U 形
流速（m/s）	0.51	0.5	0.55	0.54
流量（m³/h）	1.8	1.76	1.29	0.64
运行时间（h）	24			
风盘侧流量（m³/h）	4			

在此工况中，热泵主机"运行 1h、停机 0.5h"，交替、间歇运行。系统实验运行时间连续 24h，实验结果及分析如下：

（1）岩土换热器进、出口水温分析

该工况条件下，不同形式岩土换热器的出水水温随运行时间的变化曲线见图 7-35，岩土换热器总进、出水水温随运行时间的变化曲线见图 7-36。

由图 7-36 可知：①在该工况条件下，三种形式的岩土换热器中，依然是"三下一上"岩土换热器的平均出水水温相对最低，双 U 形岩土换热器次之，单 U 形岩土换热器的平均出水温度相对最高；②对于该工况而言，由于系统间歇运行、低温存在一定"恢复"，岩土换热器的进、出水温均呈明显"间歇性"波动变化；③随运行时间的推移，岩土换热器的进、出水温总体上呈缓慢降低变化趋势，见图 7-37。

由图 7-35～图 7-37 可知，该工况条件下、系统运行 24h 后，岩土换热器的总出水水温为 11.5℃、"三下一上"岩土换热器的出水水温为 11.1℃，均高于满负荷连续运行工况的换热器出水温度。

（2）岩土换热器换热量分析

该工况条件下，不同形式岩土换热器单位孔深的换热量如图 7-38 所示。

由图 7-38 可知：在该间歇运行工况下，岩土换热器的换热量随系统间歇运行影响呈

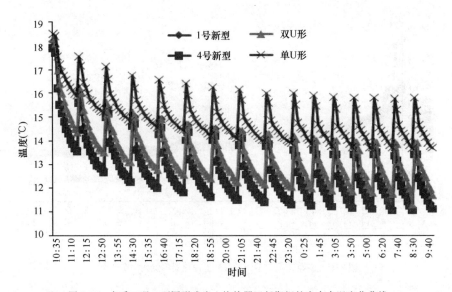

图 7-35　冬季工况 3 不同形式岩土换热器运行期间的出水水温变化曲线

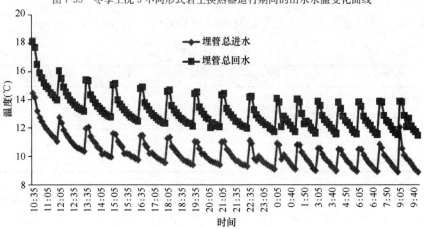

图 7-36　冬季工况 3 岩土换热器运行期间总进、出水水温变化曲线

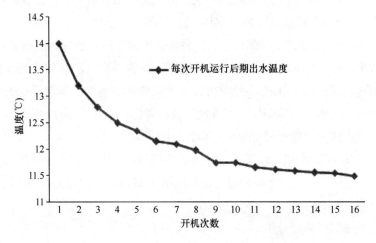

图 7-37　冬季工况 3 每次开机运行结束时刻的出水水温变化曲线

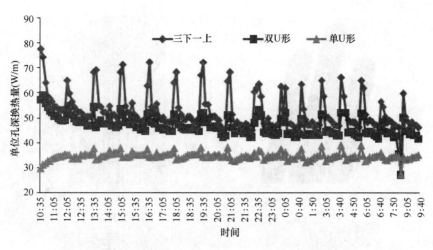

图 7-38 冬季工况 3 不同形式岩土换热器单位孔深换热量

现一定波动性，而且总体而言，三种形式的岩土换热器中，"三下一上"新型岩土换热器单位孔深的换热量略大于双 U 形岩土换热器（两者换热量相差约 6W/m），单 U 形岩土换热器单位孔深的换热量最小。整个运行过程中，各岩土换热器单位孔深平均换热量见表 7-21。相对单 U 形岩土换热器，"三下一上"岩土换热器的平均换热量提高约 51.8%，双 U 形岩土换热器的平均换热量提高约 35.5%。

冬季工况 3 不同形式岩土换热器单位孔深平均换热量 表 7-21

换热器型号	"三下一上"	双 U 形	单 U 形
单位孔深平均换热量（W/m）	52.55	46.55	35.61

7.3 "三下一上"岩土换热器换热性能数值模拟分析

为了对"三下一上"岩土换热器的换热影响因素进行充分研究，采用计算机数值模拟方法（CFD）进行了补充模拟计算分析。

模拟计算中，岩土换热器数值模型主要由两大部分构成：（1）岩土换热器管内流体的流动与对流换热模型；（2）周围岩土的传热模型。

7.3.1 "三下一上"岩土换热器数值模拟物理模型

使用 ANSYS ICEM CFD 10.0，建立"三下一上"岩土换热器物理几何模型并完成网格划分，然后转入 CFX 进行模拟计算。离散化方法采用有限体积法，网格为六面体网格；采用耦合隐式双精度求解方法进行求解。整个模型的模拟区域半径为 2.5m，高度为实际钻孔深度附加 2.5m，钻孔孔径为 0.13m。物理几何模型及网格划分情况如图 7-39 所示。

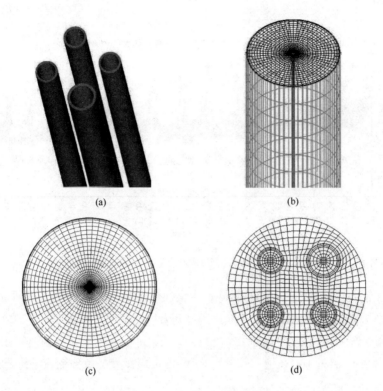

图 7-39　几何模型与网格划分

(a) 几何模型；(b) 整个区域网格；(c) 土壤平面网格；(d) 钻孔平面网格

7.3.2　"三下一上"岩土换热器数值模拟结果与分析

基于"三下一上"岩土换热器数值模拟物理模型，利用数值模拟方法对"三下一上"岩土换热器的换热性能加以分析，重点分析研究孔深、支管间距、管壁导热性能、不同岩土换热器孔径等对"三下一上"岩土换热器换热性能的影响。值得指出的是，模拟分析中主要针对夏季工况加以分析；同时，为简化计算、便于分析，进水温度取为定值。

7.3.2.1　孔深对"三下一上"岩土换热器换热性能的影响

钻孔深度对地源热泵系统的能效比、经济性有重要影响。随着钻孔深度的增加，岩土换热器与岩土间的换热温差在逐渐减小，单位孔深换热能力会逐渐减弱，同时钻孔深度越大钻孔程费用也就越高，而且对岩土换热器的承压要求也更高；钻孔较浅时，岩土换热器不能与岩土有效换热，满足系统需求岩土换热器所占的面积较大，使得系统的适用性受到限制。因此合理地确定钻孔深度十分重要。

用定进水温度进行模拟，运行时间为 9h，模拟中的相关参数设置见表 7-22，模拟得到的相关曲线见图 7-40～图 7-42。

模拟参数设置　　　　　　　　　　　　　　　　　　表 7-22

孔深 (m)	孔径 (mm)	进水管型号	出水管型号	进水温度 (℃)	流速 (m/s)
40	130	DN25	DN32	32	0.4

续表

孔深（m）	孔径（mm）	进水管型号	出水管型号	进水温度（℃）	流速（m/s）
60	130	DN25	DN32	32	0.4
80	130	DN25	DN32	32	0.4
100	130	DN25	DN32	32	0.4

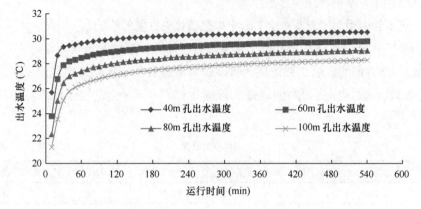

图 7-40　不同孔深条件下"三下一上"岩土换热器出水温度变化

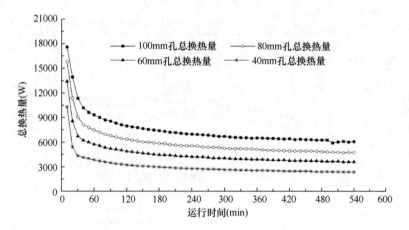

图 7-41　不同孔深条件下"三下一上"岩土换热器总换热量变化

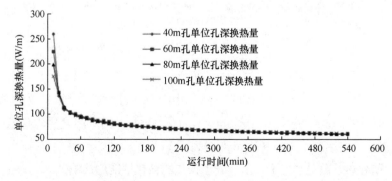

图 7-42　不同孔深条件下"三下一上"岩土换热器单位孔深换热量

图 7-40、图 7-41 表明，在孔深为 40～100m 范围内，随着钻孔深度的增加，"三下一上"岩土换热器出水温度明显降低，换热器总换热量明显增加；钻孔孔深每增加 20m，出水温度平均降低 0.9℃，总换热量平均增加了 1.48kW。

图 7-42 表明，在孔深为 40～100m 范围内，随着钻孔深度的增加，"三下一上"岩土换热器单位孔深换热量基本不变（40m 孔深条件下，单位孔深换热量为 76.98W/m；100m 孔深条件下，单位孔深换热量为 75.09W/m）。

7.3.2.2 进水管间距对"三下一上"岩土换热器换热性能的影响

由于对"三下一上"岩土换热器出水管进行了保温，因此进水管间距对"三下一上"岩土换热器换热性能的影响主要体现在管间距对进水管与岩土有效换热的影响。按照表 7-23 中的参数设置，模拟了四种不同进水管间距对"三下一上"岩土换热器换热性能的影响。

模拟参数设置 表 7-23

孔深(m)	孔径(mm)	支管间距(mm)	进水管型号	出水管型号	进水温度(℃)	进水管流速(m/s)
100	200	50	DN25	DN32	32	0.4
100	200	60	DN25	DN32	32	0.4
100	200	80	DN25	DN32	32	0.4
100	200	90	DN25	DN32	32	0.4

不同工况条件下，数值模拟结果对比见图 7-43～图 7-44。

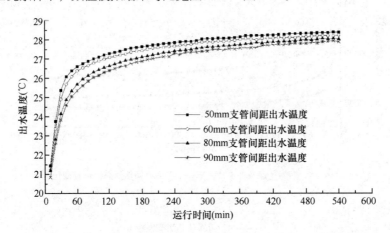

图 7-43 "三下一上"岩土换热器不同进水支管间距的出水温度变化

由图 7-43～图 7-44 可以看出，进水支管间距对"三下一上"岩土换热器的出水温度和单位孔深换热量有一定影响，即增加支管间距可以降低出水温度增加单位孔深换热量。

在本次模拟中，进水支管间距由 50mm 增加至 90mm，出水温度平均降低了 0.65℃，单位孔深换热量平均增加了 10.66W/m 即提高了 14.5%。

7.3.2.3 管壁导热系数对"三下一上"岩土换热器换热性能的影响

目前，地源热泵系统中岩土换热器常用的管材为聚乙烯管和聚丁烯管。聚乙烯导热系

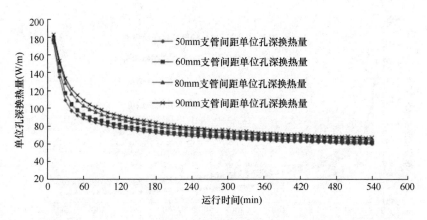

图 7-44　"三下一上"岩土换热器不同进水支管间距的单位孔深换热量变化

数为 $0.43 \sim 0.52 \mathrm{W}/(\mathrm{m \cdot K})$，聚丁烯导热系数为 $0.23\ \mathrm{W}/(\mathrm{m \cdot K})$。为了研究管壁导热系数对"三下一上"岩土换热器换热性能的影响，下面分别按管壁导热系数为 $0.23\ \mathrm{W}/(\mathrm{m \cdot K})$、$0.45\ \mathrm{W}/(\mathrm{m \cdot K})$、$0.60\ \mathrm{W}/(\mathrm{m \cdot K})$、$0.80\ \mathrm{W}/(\mathrm{m \cdot K})$进行模拟分析。模拟部分参数设置见表 7-24，其他参数设置同前。

模拟参数设置　　　　　　　　　　　　　　　　　　表 7-24

孔深（m）	孔径（mm）	管壁导热系数 [W/（m·K）]	进水温度（℃）	流速（m/s）
100	130	0.23	35	0.4
100	130	0.45	35	0.4
100	130	0.60	35	0.4
100	130	0.80	35	0.4

数值模拟计算结果如图 7-45 和图 7-46 所示：

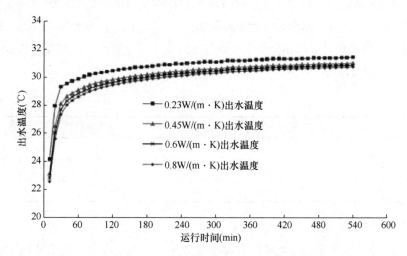

图 7-45　"三下一上"岩土换热器不同管壁导热系数的出水温度变化

由图 7-45、图 7-46 可知，管壁导热系数对"三下一上"岩土换热器的换热性能影响非常明显。当管壁导热系数从 $0.23\ \mathrm{W}/(\mathrm{m \cdot K})$增加到 $0.45\mathrm{W}/(\mathrm{m \cdot K})$时，出水温度平均降

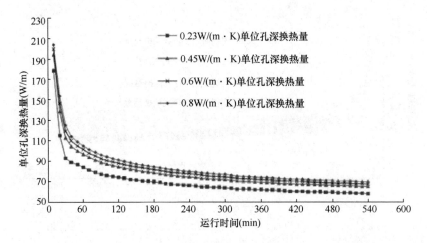

图7-46　"三下一上"岩土换热器不同管壁导热系数的单位孔深换热量变化

低了0.6℃，单位孔深换热量平均增加了9.29W/m，即提高了13.25％；当管壁导热系数由0.45W/(m·K)增加到0.80W/(m·K)时，出水温度平均降低了0.36℃，单位孔深换热量平均增加了5.95W/m，即提高了7.49％。

值得指出的是，当管壁导热系数较小时，增大管壁导热系数，可以明显增强"三下一上"岩土换热器换热性能；但是，当管壁导热系数较大时，增大管壁导热系数并不能明显改善"三下一上"岩土换热器换热性能。

基于上述分析可知，实际工程中一味追求高导热系数管材提高岩土换热器换热性能的意义并不明显，目前已被实际工程广泛采用的岩土换热器管材聚乙烯管的导热性能已能满足工程要求。

7.3.2.4　换热管管径对"三下一上"岩土换热器换热性能的影响

目前，岩土换热器常用的管径尺寸有$DN25$、$DN32$、$DN40$。为了研究岩土换热器管径对"三下一上"岩土换热器换热性能的影响，分别以进水管为$DN25$、$DN32$、$DN40$进行模拟分析。模拟中，其他条件完全相同（水流量、进水温度、负荷强度等完全相同）。模拟相关参数设置见表7-25，其他参数设置同前。

模拟参数设置　　　　　　　表 7-25

孔深（m）	孔径（mm）	进水管型号	出水管型号	进水温度（℃）	流量（m³/h）
100	200	$DN25$	$DN32$	35	2.71
100	200	$DN32$	$DN40$	35	2.71
100	200	$DN40$	$DN50$	35	2.71

模拟计算相关结果见图7-47、图7-48。

图7-47、图7-48表明，岩土换热器管径对"三下一上"岩土换热器换热性能有一定的影响，但总体来说影响并不显著。本次模拟中，当岩土换热器管径由$DN25$增加到$DN40$时，"三下一上"岩土换热器出水温度平均降低了0.26℃，单位孔深换热量平均增加了8.25W/m，提高了9.2％。

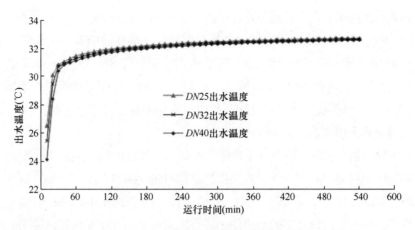

图 7-47　"三下一上"岩土换热器不同管径条件下的出水温度变化

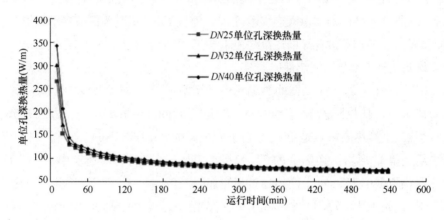

图 7-48　"三下一上"岩土换热器不同管径条件下的单位孔深换热量变化

7.4　"三下一上"岩土换热器换热性能及工程应用参数优化

7.4.1　"三下一上"岩土换热器换热性能

通过理论分析、实验研究、数值模拟三种研究手段，重点研究了不同换热影响因素对"三下一上"岩土换热器换热性能的影响，对比分析了"三下一上"岩土换热器与单 U 形、双 U 形岩土换热器之间的换热性能，得到以下主要结论：

1. "三下一上"岩土换热器的换热性能影响

（1）实验工况条件下，流速在 0.4～0.86m/s 范围内变化，"三下一上"岩土换热器换热性能没有明显的影响。为此，工程设计中，为保证换热器换热性能、降低系统运行能耗，建议管内流速宜取 0.4～0.8m/s。

（2）钻孔深度对"三下一上"岩土换热器的出水水温影响比较明显，而对单位孔深换热量影响很小。实际工程中，对钻孔深度应综合考虑钻孔成本、系统节能、管材承压等要求，合理设计换热器孔深。

（3）"三下一上"岩土换热器进水支管间距在一定程度上对换热器换热性能有影响，

进水支管间距越大换热器换热性能越好。

（4）"三下一上"岩土换热器管材导热系数对换热器换热性能有一定影响。管材导热系数小于 0.45 W/(m·K) 时，增大管材导热系数可以明显增强"三下一上"岩土换热器换热性能；而管材导热系数大于 0.45 W/(m·K) 时，增大管壁导热系数并不能明显提高"三下一上"岩土换热器换热性能。实际工程中，常用的岩土换热器管材"聚乙烯管"的导热性能可以满足工程要求。

（5）岩土换热器管径对"三下一上"岩土换热器的换热性能影响较小，增大岩土换热器管径并不能明显揭高"三下一上"岩土换热器的换热性能。

（6）取、排热负荷运行模式对"三下一上"岩土换热器的影响同样比较明显。相同条件下，换热器在间歇运行模式下的换热能力以及出水水温均优于连续运行模式。

（7）相同条件下，"三下一上"岩土换热器单位孔深换热量夏季明显大于冬季。以实验"三下一上"岩土换热器"每天连续运行 9h、停机 15h"工况为例，夏季单位孔深排热量为 79.83W/m，冬季单位孔深取热量约为 40～50 W/m。

2. 不同形式岩土换热器换热性能的对比

（1）"三下一上"岩土换热器的热阻明显低于单 U 形、双 U 形岩土换热器；而且，不同功能建筑中，其热阻差异不尽相同。以运行时间 1～90d 为例，办公类建筑中，"三下一上"岩土换热器热阻是单 U 形岩土换热器的 59.16%～64.55%，双 U 形岩土换热器热阻是单 U 形岩土换热器的 71.41%～75.18%；商场类建筑中，"三下一上"岩土换热器热阻是单 U 形岩土换热器的 59.16%～68.76%，双 U 形岩土换热器热阻是单 U 形岩土换热器的 71.41%～78.13%；宾馆类建筑中，则"三下一上"岩土换热器热阻是单 U 形岩土换热器的 59.16%～73.94%，双 U 形岩土换热器热阻是单 U 形岩土换热器的71.41%～81.76%。

（2）在保证管内紊流状态条件下，管内水流速对"三下一上"、双 U 形、单 U 形岩土换热器的换热性能均不产生明显影响。工程设计中，为降低"垂直埋管"地源热泵系统运行能耗，建议岩土换热器管内流速宜取规范要求中的下限值。

（3）在相同条件下，"三下一上"岩土换热器的换热性能优于双 U 形、单 U 形岩土换热器，但该优势随着运行时间的延长而逐渐变弱。以实验"三下一上"岩土换热器夏季"每天运行 9h，停机恢复 15h"的工况为例，"三下一上"岩土换热器单位孔深换热量相对于双 U 形岩土换热器提高了 9.12%、相对于单 U 形岩土换热器提高了 25.01%。

7.4.2 "三下一上"岩土换热器设计参数优化

影响"三下一上"岩土换热器换热性能的主要因素有：岩土地质参数、换热器埋管深度、管内流速、进水管间距、取排热模式等。根据研究结论，对于"三下一上"岩土换热器，综合考虑工程技术、经济等各方面因素，建议其主要设计参数优化如下：

① 换热孔：孔径 130mm，孔间距 3.5～4m，孔深 60～100 m；

② 换热管：PE 管材（聚乙烯管），回水管保温（底部 20m 除外），进水管管径

$DN25$，出水管管径 $DN32$；竖向 3m 左右间距设置关卡，以保证各管之间存在一定管间距；

③ 管内流速：为保证换热器换热、节约运行能耗，设计进水管（单管）流速 0.4～0.8m/s；

④ 运行：单个换热器采用间歇运行方案；整个岩土换热器群，尽量采用分区间歇运行方案。

第 8 章

工程案例分析

8.1 国外工程案例

8.1.1 奥克兰大学（美国密歇根州）示范项目

1. 工程概述

奥克兰大学（美国密歇根州）示范项目为美国复苏与再投资法案（ARRA）资助的 26 个地源热泵系统示范项目之一。该项目采用一种创新性的地源-变制冷剂流量（GS-VRF）系统，旨在为奥克兰大学校园中新建的一栋 16000m² 的建筑提供制冷与供暖（图 8-1）。该建筑

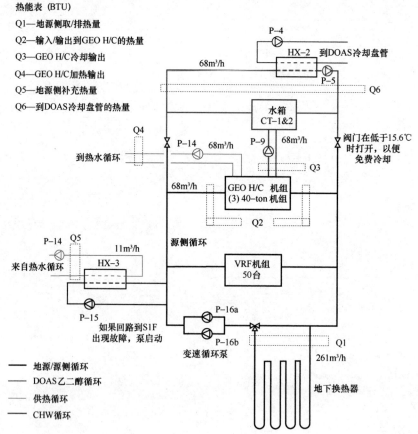

图 8-1　地源—变制冷剂流量系统示意图与监测点

5 层楼高，包括一个大礼堂、9 个教室、1 个健康诊所、教学实验室空间，以及两个校园内学术单位的教职和行政办公室。该系统包括 256 个竖直钻孔，两个变速环路泵，50 个水源变制冷剂流量（VRF）机组和 3 个水-水热泵机组。总安装制冷能力为 440 冷吨（RT）。

2. 系统设计

建筑物主要的暖通系统采用地源—变制冷剂流量系统。建筑物的室外空气通风由独立新风系统提供，该系统采用地源热泵/制冷机组来冷却室外空气。图 8-1 所示为该系统及监控数据点的示意图。系统中的自动控制在地源侧：当地源侧温度低于 10.6℃时，可从热水回路（通过热交换器 HX-3）向地源回路中加热。而当水温降至 15.6℃以下时，则可将地源侧的水直接注入冷机水循环中直接使用，以达到节能的目的。

地源热泵埋管区包括 256 个深度为 97.5m 的钻孔，总计 24970m，管道总长度为 50000m。该管群分为两个相邻的区域，一个为 13×17，另一个为 5×7。基于已安装的 440RT 热泵容量，埋管设计为每米孔深换热量 62W。这些钻孔被分为 20 个并联回路。地源侧系统循环由两个 60 hp 的变频驱动（VFD）压力控制泵（图 8-1 中 P-16a、P-16b）提供，该泵具有一个三通阀，可根据需要绕过机组地源侧循环。表 8-1 为地源侧回路的详细信息。

地源侧循环设计信息		表 8-1
	形式	闭式竖直埋管
埋管	钻孔数量（个）	256
	钻孔深度（m）	97.5
	钻孔间距（m）	7.62
	钻孔分组数量	20
	导热系数 [W/（m·K）]	2.13
	土壤热扩散系数（m²/s）	$8.92×10^{-7}$
	初始地温（℃）	11.7
	埋管换热器压降（mH₂O）	12.8
循环水	总流量（m³/h）	278.23
	流体	水
	热泵机组进水温度（℃）	4.4~32.2
回填	回填类型	热增强型膨润土
	最小导热系数 [W/（m·K）]	1.52

地源热泵/冷机由 3 个并联的 30RT（在 7.2℃的冷冻水供应温度下）模块组成（图 8-2）。由于仅提供独立新风系统的显热冷却，冷冻水温度设为 15.5℃，实际上每个模块具有 40RT 的制冷能力。冷机将冷冻水出入水箱（CT-1 和 CT-2）如图 8-1 所示。冷冻水从水箱压入 HX-2 来冷却独立新风系统中乙二醇-冷冻水回路。当水温降至 15.6℃以下时，则可将地源侧的水直接注

图 8-2　所安装的地源热泵机组

入冷机水循环中直接使用。制热工况下，冷机冷凝器 54.4 ℃的水将被直接进入主要的热水循环中，而不是排到地源侧。

3. 运行效果

图 8-3 所示为运行 1 年间（2013—2014 年）地源侧循环水温。在供暖季的大部分时间（从 2013 年 11 月到 2014 年 4 月），地源侧供水温度均高于同期环境温度。排热期间（回水温度高于供水温度）的平均地源侧循环水温差约为 10 ℃，但其在取热期间（回水温度低于供水温度）的温差则小于 1 ℃。取热过程中的过小温差则表明泵送过多。

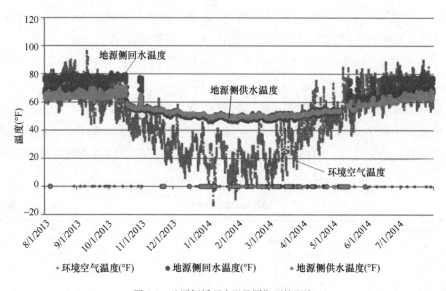

图 8-3   地源侧循环水温及同期环境温度

图 8-4 比较了地源热泵系统从岩土中排热以及取热的情况。计算可得年累积排热量和取热量分别为 1.89×10^9 kJ 和 1.75×10^9 kJ，排热量较取热量高出约 8%。考虑到埋管设计

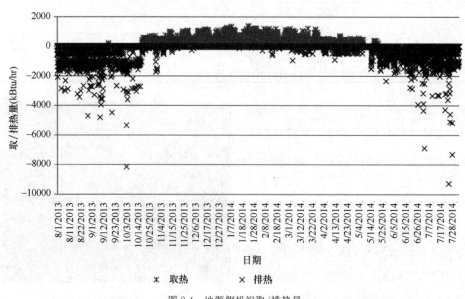

图 8-4   地源侧机组取/排热量

供水温度在运行 20 年内不超过 35 ℃，鉴于如此小的热失衡，该系统地源热泵 15.6～21.1 ℃的供水温度意味着埋管系统设计容量过大。

该系统平均制冷和制热 COP 分别为 2.3 和 2.2。考虑到该系统存在同时制冷与制热的情况，该计算值为基于目前实验数据的保守估计。

4. 项目设计中的亮点与问题分析

① 采用该系统的建筑的能源消耗强度（EUI）较其他系统低一半以上。

② 与传统的采用风冷式冷水机组和天然气锅炉的变风量系统比较，该系统可实现每年节能 33%（$7.30×10^9 kJ$），节约了 23% 的能源成本（29627 美元），以及减少了 25% 的二氧化碳排放量（284 470.9kg）。

③ 在室外温度为 27.8～35.6 ℃的情况下，该系统地埋管供水温度全年维持在 10～21.1 ℃，使得系统运行更高效。

5. 项目获奖情况

该建筑是美国密歇根州首个 LEED 白金建筑。该项目为美国复苏与再投资法案（AR-RA）资助的 26 个地源热泵系统示范项目之一。

8.1.2　Wilders Grove 固体废物服务中心

1. 工程概述

Wilders Grove 固体废物服务中心位于美国北卡罗来纳州罗利市（Raleigh），为美国复苏与再投资法案（ARRA）资助的 26 个地源热泵系统示范项目之一。该项目采用分布式地源热泵系统，为中心所有房间提供空调、室外通风以及 100% 的热水。该建筑已于2010 年完成设计，2012 年 3 月完成建造。建筑所采用的集中式建筑能源管理和控制系统，可实现设施监控和能源使用控制。该项目的目的在于：

① 展示可适用于以制冷为主的建筑的地源热泵系统的可行性；

② 实现 Raleigh 地区化石燃料使用量减少 20% 的目标；

③ 在新设施的设计和调试中帮助达到最低的 LEED 银级认证标准，目标在于达到LEED 白金级标准；

④ 实现较传统系统节能 30%；

⑤ 为员工提供舒适的工作环境。

2. 系统设计

为了实现建筑内气候控制，该地源热泵系统采用分布式结构和应用于建筑内各区的水源热泵机组。水源热泵机组因常见的两管水环路进行连接。水环路连接至位于建筑南侧停车场地下的地埋管群。图 8-5 所示为地源热泵系统和数据采集点的示意图。

该系统包含 28 个 0.75～50RT 不等的 ClimateMaster 水—空气热泵机组，及一个25RT 的水—水热泵机组提供生活热水。27 台水—空气热泵机组用于室内空气调节，另一台用于独立新风系统。所有水—空气热泵机组的总制冷量为 134.5RT，水—水热泵机组为 25RT，该地源热泵系统的总装机容量为 159.5RT。这 27 台水—空气热泵独立于新风

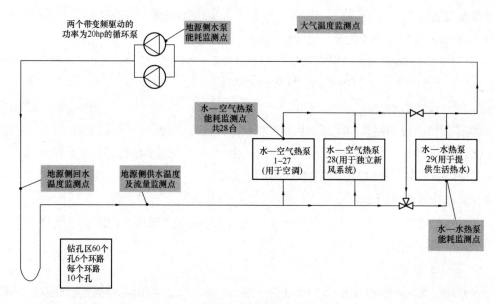

图 8-5 地源热泵系统及数据采集点示意图

系统，可将室温维持在 21.1～23.9℃（工作时间），15.6～29.4 ℃（非工作时间）。根据业主所提供空调运行信息，工作时间为周一到周四早上 5 点到下午 9 点。

如图 8-6 所示，地埋管管群由 60 根竖直钻孔组成，埋管呈 10 × 6 分布，管间距为 7.62m。每个钻孔深 102.1m，直径 160mm。每个钻孔内置一根直径 31.75mm 的高密度聚乙烯 U 形管。埋管区域总共有 6 个回路，每个回路都有一个截止阀以防止漏水时受到其他回路的影响。埋管内采用水作为传热流体。2010 年进行了现场测试，结果表明竖直钻孔内沿管深方向的岩土等效传热系数为 2.68 W/（m·K），热扩散能力为 0.0994m² /d，初始地温为 16.7 ℃。集中变速泵站用于地埋管和各个水源热泵机组之间的流体循环。安

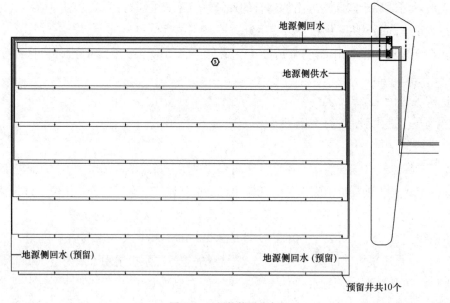

图 8-6 地埋管管群分布

装有两台一样的循环泵并以超前/滞后的形式进行（每隔一周交替运行），即正常工况下仅有一台机组运行。

3. 运行效果

图 8-7 显示了地埋管侧供回水温度和室外空气温度。埋管回路的供水温度波动范围十分小，在 16.1～25 ℃之间，此时环境温度为－7.8～36.7 ℃之间。由于埋管系统每年排热和取热量相差不太大，因而埋管设计其实是偏大的。该偏大的埋管设计也为后续扩建提供了一定的空间。

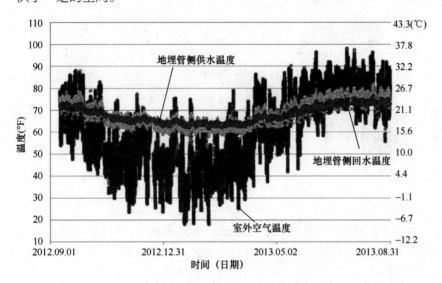

图 8-7　埋管进出水温和室外空气温度 2012 年 9 月至 2013 年 8 月的检测值

在大多数情况下，埋管侧进出水温差小于 3.3℃（6℉）。少量异常值是数据采集系统偶尔异常传输的结果。在所有有效数据点中，整个埋管最大温差为 3.4℃（6.2℉），是在 2013 年 8 月 13 日（图 8-8）。当天的环境最高温度为 33.5 ℃，此时已用了该 159.5RT 的

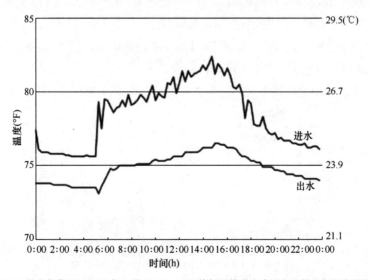

图 8-8　最大负荷日（2013 年 8 月 13 日）地埋管侧埋管进出水温和室外空气温度监测值

总安装容量的 90%。由于埋管进出水的典型设计温差为 5.6℃（10 ℉），测量所得的较低温差意味着地源热泵机组循环流量增大。

图 8-9 所示为埋管侧大地的吸热/释热量，其中 0 刻度线以下为系统排到大地中的排热量（负），0 刻度线以上为系统从大地中得到的取热量（正）。在一年的运行期间，系统排热量是取热量的 2.6 倍。由于冬季气候温和且存在大量内部热负荷，因而冬季也存在大量的排热量，这对于该地区的办公建筑还是较为常见的。另一方面，夏季也存在一定的取热，这是由于水-水热泵用于了热水生产。

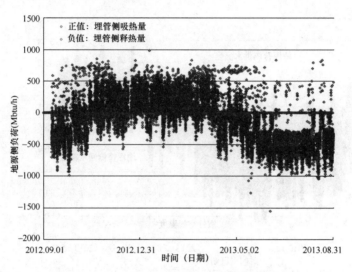

图 8-9　2012 年 9 月至 2013 年 8 月地源侧负荷变化

图 8-10 为 27 台水—空气热泵机组全年制冷、制热工况下的总用电量。少量水—空气热泵机组主要用于制冷（如 20 号机组），但大多数机组主要用于制热。该 27 台水—空气热泵的总年制冷功率为 15171kW·h，制热功率为 26667kW·h。这 27 台水—空气热泵共消耗了总用电量的 18.8%（制热）和 11.8%（制冷）。水—水热泵（用于室内热水供应）消耗了 6.5% 的总用电量。总用电量的 45.4% 都来源于独立新风系统。而埋管回路以及室内热水所需要的泵分别消耗了 16.4% 以及 1.1% 的总用电量。27 台水—空气热泵机组的年平均制热和制冷 COP 分别为 4.9 和 18.5。

对于整个项目，地源热泵系统的总安装造价为 1807750 美元。基准 VAV 系统的估价

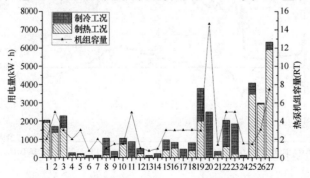

图 8-10　用于室内空调的 27 台水—空气热泵的全年总用电量

为 840000 美元，则地源热泵系统的成本溢价为 967750 美元。该地源热泵系统和基准 VAV 系统的年运行费用分别为 10489 美元和 17237 美元。相较于基准 VAV 系统，地源热泵系统每年可节省运行费用 6748 美元，即 39%。基于计算出的成本溢价（967750 美元）和预计的年运行费用节约（6748 美元），该地源热泵系统的简单投资回收期为 143 年。由于示范项目较普通商用建筑存在其他的费用，且该系统存在设计余量过大的问题，因而该系统的回收期较长。

4. 本项目设计中的亮点与问题分析

该项目系统设计与控制方面存在一定的问题。变速泵不应过大，旁路流量应最小化，以便泵可以降低至所允许的最小流量。否则，变速泵可能会就像大型恒速泵一样工作，浪费了大量的泵送能量。对于地源热泵系统，因为过高的泵送功率会增加埋管的排热负荷，从而降低热泵系统的制冷效率。对于该示范地源热泵系统，若变速泵可根据热泵机组运行而自行调节系统流量，则可使泵的能耗降低 66%，使总系统能耗降低 14%。泵送比例可从 20% 降低至 8%。

同时，独立新风系统的运行模式和新风温度也会极大影响独立新风系统，乃至整个地源热泵系统的能耗，尤其是对耦合地埋管的独立新风系统。

5. 项目获奖情况

该项目为美国复苏与再投资法案（ARRA）资助的 26 个地源热泵系统示范项目之一。

8.1.3　匹兹堡实验室项目

1. 工程概述

美国宾夕法尼亚州匹兹堡实验室[136]位于寒冷地区。该项目创新性地将整个埋管回路置于地下室楼板下方开挖位置以降低埋管安装成本。与传统竖直埋管相比，该方法可减少约2500美元/t 的安装成本。项目所在建筑为 257.5m²、两层楼的无人实验室，系统容量为 1.5RT。该项目埋管系统共花费 14000 美元，若为传统的竖直埋管则将花费 17800 美元。

2. 系统设计

图 8-11 所示为该项目所安装的双重水平埋管环路。整个楼板区域被挖到墙脚底部，从而为直接安装于地下室底板下方的管道回路、多余的石灰石回填和 R-10 保温层留出了足够的空间。埋管回路的每根约为长 18.6m、直径 19mm 的 3/4 英寸的高密度聚乙烯管。埋管呈蛇形重叠布置，总管长为 37.2m，相邻管间距为 0.09m。为了与土壤平齐，埋管回路被固定于带有拉链的厚型 6×6 平板金属丝网上。由于具有良好的材料性能以及性价

图 8-11　埋管铺设

比，回填材料选择碎石灰石。将石灰石压实为两层，以实现最大密度并减少埋管与土壤间的空气间隙。

从 2011 年 3 月到 2013 年 2 月，该埋管系统所在的匹兹堡实验室地源热泵系统开始运行。表 8-2 汇总了已安装的地源热泵系统相关参数。

3. 运行效果

土壤温度在地埋管处深度最高，尤其是在夏季高峰冷却季节。图 8-12 为监测期间埋管深度处土壤的日平均温度分布。埋管深度处土壤含湿量测试为 20%。

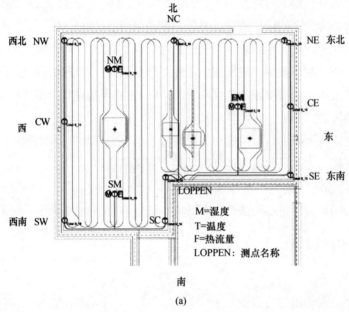

(a)

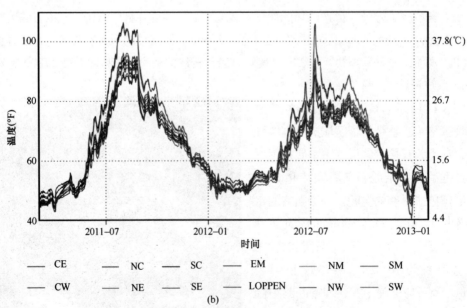

(b)

图 8-12   埋管深度处土壤温度监测

（a）测点布置；（b）各测点土壤温度

地源热泵系统参数   表 8-2

名称	参数
机组型号	开利 50PTV-026-K-Y-E-30112
容量（RT）	2
运行温度范围（℃）	−6.7～48.9
制冷能效比（25 ℃）	19.9
制热能效比（0 ℃）	4.0
水流量（m³/h）	204.4～215.8
制热工况	三级带电备用（备份已断开）
制冷工况	二级
制冷剂	R-410a

该系统土壤热导率为 2.75W/(m·K)，略高于《2005 年美国 ASHRAE 手册基础》第 25 章表 5（ASHRAE 2005，第 25.14 页）中的正常值范围，该值的正常范围为 0.6 到 2.5W/(m·K)。

图 8-13 所示为实验期间室外环境、埋管回路流体和平均土壤的每日平均温度变化。进水温度和出水温度仅针对系统运行期间所出现的值再进行平均。埋管和土壤之间的最大温差发生在夏季的凉爽季节。在 2011 年 8 月下旬，短时间地源热泵机组停机期间，埋管内流体温度迅速下降；后期又由于减温器测试，又在 2012 年 7 月中旬再次下降。这种土壤温度迅速下降表明，室外极端环境温度下的短暂中断可有效地防止地下室楼板下方的过热。在几乎整个 9 月到 2011 年 12 月的过程中，埋管入口温度持续高于埋管出口温度，表明地源热泵机组在制冷。这进一步表明热量持续输入地下，因为在 2011 年秋季室外环境温度仅略有下降。该系统实测制冷工况能效比 4.41，制热工况能效比为 4.11；与之对应的竖埋管系统 TRNSYS 模拟制冷工况能效比为 6.16，制热工况能效比为 4.58。

经济技术比较结果表明：与标准的竖直埋管系统相比，该系统的运行成本低了 200 美

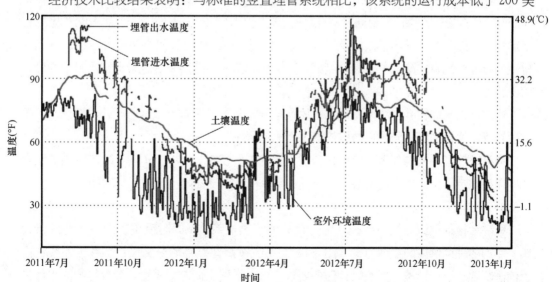

图 8-13 每日平均室外环境温度、埋管回路流体和土壤温度的变化

元 / 年。为了抵消降低的安装成本所增加的电费,每年的燃料升级率必须大于 10%。

4. 本项目设计中的亮点与问题分析

根据实测数据,该地源热泵系统所采用的埋管热交换器满足了匹兹堡实验室的制热和制冷要求,也表明该地埋管换热器设计是一种有效的策略,可在得到地源热泵系统应用优势的同时,不增加适合气候区域内低负荷房屋附近的竖直钻孔。尽管安装成本较低,但由于该水平式埋管换热器换热效率较低,也使得系统的整体能效比较低。通过提高导热系数和改善埋管布局的策略,可减轻负面的热影响。尽管每年的能源使用量略有增加,但经过 30 年的经济分析,该系统的造价比竖直埋管系统更为便宜。由于系统设计中的错误容限低,尺寸过小的系统所带来负面和复合副作用的风险更大,因此在准备生产应用前,该埋管换热器的设计需要进行更多的验证和压力测试。

8.2 国内工程案例

8.2.1 某医院地埋管地源热泵工程

1. 工程概述

某医院地源热泵系统项目位于重庆市,建筑面积 18389.31m²,空调面积为 14000m² 左右,建筑高度 42.3m,建筑功能为住院及门诊楼。建筑分为地下一层,为设备层和库房,地上一层为大厅、办公和门诊,二层到九层为住院,十层为办公,十一层为手术楼层。大楼夏季设计负荷为 1650kW,冬季负荷为 759kW,其中手术楼层的夏季设计负荷为 208kW,冬季负荷为 138kW。大楼主入口有 5000m² 的广场。该项目 2003 年开始论证与设计,2006 年开始试运行。

2. 地质状况与地温情况

该项目设计于 2003 年,部分工程还未按照国家标准《地源热泵系统技术规范》GB 50366 进行热响应实验,主要通过钻孔后的岩芯排列,判断岩土性能,然后查阅对应的岩土热物理性能,得到导热系数以及导温系数后,通过 CFD 的数值方法进行建模,从而获得性能分析。地温的测试主要通过测试孔回填后的温度传感器来确定岩土初始温度的分布情况。

通过该区域的钻孔岩芯取样看,岩体纵向分布基本以泥岩-泥砂岩-砂岩排列,主要以砂岩为主体;密度、导热系数按逐渐增大的趋势排列。

地温进行了冬季与夏季的测试,分别见表 8-3 和表 8-4。在 10m 以下的范围内,温度基本保持稳定。由此确定岩土温度分布是:夏季 21.3℃左右,冬季 18.5℃左右。

3. 系统设计

医院大楼的空调冷热源系统为垂直埋管地源热泵系统,同时采用了消防水池进行蓄热、冷却塔辅助供冷的设计方案 (图 8-14)。系统按照建筑功能分区设计为两大系统:由于该医院要求进行计费,按照设计任务要求,一~十层空调末端采用自带冷热源的水环热泵,数量为 360 台的水-空气小型热泵机组,服务于该空调区域;十一层手术室层独立,按照规范采用全空气系统。因此，手术楼层的空调冷热源单独选用 1 台水－水热泵机组与地埋管系统连接，末端采用组合式空调器。

夏季土壤不同深度的温度以及相关变化率　表 8-3

| 测井 \ 参数 | 位置 | −1m | | −9m | | −29m | | −59m | |
		平均温度 t	变化率 α	平均温度 t	变化率 α	平均温度 t	变化率 α	平均温度 t	变化率 α
测试井 0		21.12	0	21.43	0	21.32	0	21.41	0
测试井 1		21.38	1.20%	21.32	−0.51%	21.32	0	21.29	−0.56%
测试井 3				21.05	−1.77%	21.01	−1.45%	21.13	−1.31%
测试井 4		21.1	−0.10%	21.19	−1.12%	21.26	−0.28%	21.14	−1.26%

冬季土壤不同深度的温度以及相关变化率　表 8-4

| 测井 \ 参数 | 位置 | −1m | | −9m | | −29m | | −59m | |
		平均温度 t	变化率 α	平均温度 t	变化率 α	平均温度 t	变化率 α	平均温度 t	变化率 α
测试井 0		18.6	0	18.55	0	18.52	0	18.54	0
测试井 1				18.55	0	18.51	−0.05%	18.53	−0.05%
测试井 3				18.40	−0.81%	18.43	−0.48%	18.45	−0.48%
测试井 4		18.45	−0.81%	18.38	−0.92%	18.45	−0.38%	18.47	−0.38%

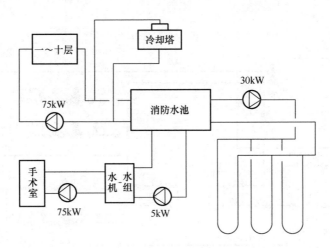

图 8-14　复合式地源热泵系统

　　钻孔采用以柴油作动力的钻探机。埋管系统共钻孔 240 个，分为 5 个埋管区，每区 48 个孔井，每区分成 2 组管群，一个管群中有 24 个孔，每孔深度为 80m，埋管采用单 U 形 DN32 铝塑复合管，各地下 U 形埋管采用同程式连接，以保证地下埋管水力平衡。一个管群中的 24 个孔井分为 2 小组，采用交错排列的方式，在一个小组里相邻 2 管之间的距离是 3.5m，各个小组之间的距离是 3m。在第一个分区中选择 5 个孔井，作为测试井，具体位置见图 8-15。各支路之间采用并联，同程式，地沟管采用 PPR 管。消防水池容积

$540m^3$，作为地下环路二级蓄能体。

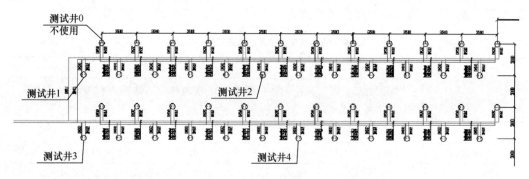

图 8-15   地源热泵系统一个分区管路连接及测试井位置图

地下埋管系统图如图 8-16 所示，机房部分的系统图见 8-17 所示。

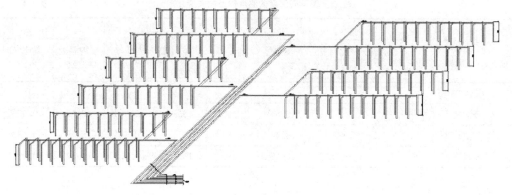

图 8-16   地埋管系统图

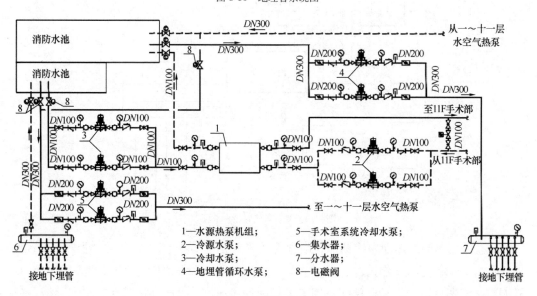

1—水源热泵机组；   5—手术室系统冷却水泵；
2—冷源水泵；   6—集水器；
3—冷却水泵；   7—分水器；
4—地埋管循环水泵；   8—电磁阀

图 8-17   机房水系统图

医院空调系统分为 3 个分系统：地源侧地下埋管换热器系统、第一至第十层住院部空调系统、第十一层手术部水源热泵低位冷热源循环系统。第一至第十层住院部空调系统采用每个病房安装水—空气源热泵，利用消防水池中的水作为冷热源，直接被热泵机组循环使用。第十一层手术部空调冷却水系统采用水水源机组，同样利用消防水池中的水作为机组的冷却水。

地埋管换热性能计算，主要通过单管的换热性能分析，看埋管温度是否在安全与节能的温度范围内。计算结果如图 8-18～图 8-20 所示。

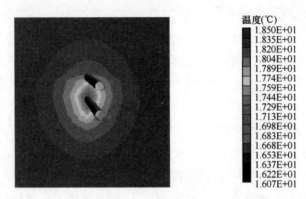

图 8-18　冬季运行 8 小时后 U 形管 $z=80m$、79m、71m 时的断面温度场

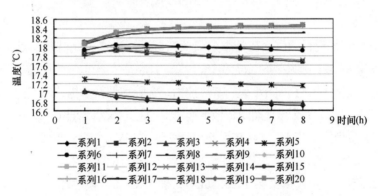

图 8-19　冬季 U 形管中心点进出水温度模拟值

注：①以地面为基准，地面相当于深度 0m；地下某点用负数表示。②系列 1、2：0m 进、出水温度，系列 3、4：－1m 进、出水温度，系列 5、6：－9m 进、出水温度，系列 7、8：－19m 进、出水温度，系列 9、10：－29m 进、出水温度，系列 11、12：－39m 进、出水温度，系列 13、14：－49m 进、出水温度，系列 15、16：－59m 进、出水温度，系列 17、18：－69m 进、出水温度，系列 19、20：－80m 进、出水温度。

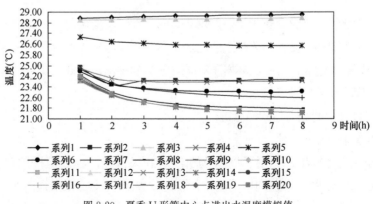

图 8-20　夏季 U 形管中心点进出水温度模拟值

4. 设计中的问题分析

(1) 负荷计算

由于项目设计较早，对医院入住率的估计不足。该项目为区县医院，在负荷计算时，鉴于造价，业主方认为夏季处于农忙时节，入住率很低，对入住率进行了 0.7 的折算。但实际入住率远超 100%。因此，在医院设计中需要充分考虑负荷同时使用系数，特别要以发展的眼光来确定负荷计算。

由于实际运行负荷的增大，夏季地埋管换热量不足，后期增加了冷却塔构成复合式系统。保证了夏季的运行效果。而且在后期的部分时段中，运行管理人员为方便管理，夏季基本采用冷却塔作为低位冷热源。但是这种明显冷热不平衡的运行方式，并没有对岩土温度造成过大的影响。

(2) 管道承压计算

为降低埋管面积，在系统施工时，施工单位将原设计的地埋管 60m 深度改为了 80m。由于系统采用的是水环热泵，地面上部建筑高度静压直接作用在地埋管上，再加上埋管深度的静压，计算得到地埋管管道底部运行压力为 1.5MPa，已经接近管道承压压力 1.6MPa。为安全起见，采用了消防水池隔压的方式来保证系统的运行安全。

5. 运行效果

2007 年开始系统运行测试。在冬季全负荷情况下，通过对测试井 3 进行测试，得到地下 29m 深度处的地下土壤平均温度为 18.10℃，比低负荷状态下的地温略低。由于冬季医院负荷较低，同时利用了消防水池的蓄热能力，实际地埋管承担的负荷比较小，整体土壤温度冬季下降不大。冬季测试期间，地下换热器的总流量为 228m³/h，进出水温差平均为 0.5℃；埋管总换热量为 133.84kW，而水泵能耗 30kW，能效较低。

在 2007 年夏季运行状态下，系统总流量达到 454m³/h 时，进水平均温度为 31.45℃，出水温度为 28.94℃，总换热量为 1329.46kW，地下 U 形管换热器换热能力平均值达到 67.65W/m。

在系统运行 5 年之后，2012 年 1 月 7 日和 8 日，在当年系统冬季运行一个月后，课题组再次对该医院地源热泵系统的地埋管水温和地下温度场进行了测试，测试结果如图 8-21 所示。

消防水池蓄热使土壤温度有了足够的恢复时间，地下温度场的自恢复情况非常好，没有因为冬季向土壤取热，夏季不放热造成的热量不平衡而导致土壤热失衡。说明冬季地埋管换热器向土壤吸收的热量没有破坏岩土吸热与放热的平衡。因此，实际工程中不能忽略大地对土壤温度改变的自调节能力。

6. 本项目设计中的亮点与问题分析

(1) 消防水池的蓄能设计

由于该项目设计较早，利用了消防水池作为二级蓄能水池。但按照目前消防规范以及当地消防部门要求，不宜利用消防水池作为冷却水。主要原因是若水环系统漏水，不能及时保证消防水池的容量。但其优点在于，采用消防水池作为与地源热泵的联合

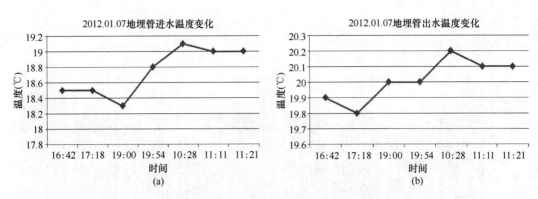

图 8-21 2012 年 1 月 7 号地埋管进出水温度变化图

(a) 2012 年 1 月 7 号地埋管进水温度；(b) 2012 年 1 月 7 日地埋管出水温度

运行系统，水池起到了系统定压的作用，而且减小了系统压力，保证管路正常运行。需要注意的是，消防水池起到蓄冷（热）的作用，但由于消防水池连接了不同的水管，进出水温度不同将使水池有不同的温度分区和分层，需要对水池进行优化设计以提高系统效率。

在设计过程中，利用 CFD 对水池结构进行建模，通过进入水池的各管的流量与温度进行优化计算，从而确定相应的各管标高。部分计算结果见图 8-22。

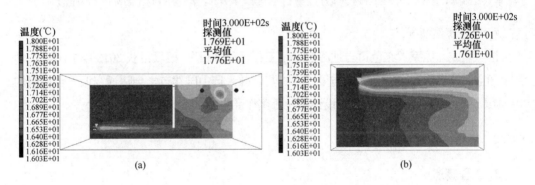

图 8-22 系统运行 5 分钟后消防水池各个断面的温度场分布计算图

(a) $x=1.8m$ 处 $y-z$ 平面温度分布图；(b) $y=12.3m$ 处 $x-z$ 平面温度分布图

(2) 地埋管的分区设计

为了使整个医院空调系统能够更加有效的运行，保证地下埋管换热系统能够充分有效发挥其换热能力，采用分区设计，既能够保证间歇运行模式，同时也能根据负荷调整运行的埋管区域。

实际调试过程中，其效果非常明显。测试结果图如图 8-23 所示。图 8-23 为 2006 年 7 月 21 日～7 月 25 日测试的关于地下埋管分区供回水温度及室外温度的变化：21 日早上 8 点至 22 日晚 10 点 2 区关闭，供回水温度相等；23 日至 24 日 5 个分区全部开启，供回水温差基本稳定在 1℃；同时由于室外温度在 28～30℃之间，冷却水泵也仅仅开启一台，能够满足病房需求。

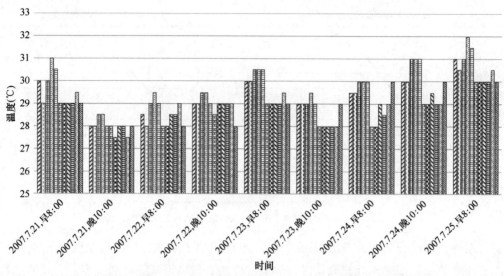

图 8-23　地下分区供回水及室外温度变化（7 月 21 日～7 月 25 日）

注：①以地下 U 形管为参考对象，从分水器进入地下为供水，从地下进入集水器为回水。②系列 1：第 1 分区供水，系列 2：第 2 分区供水，系列 3：第 1 分区供水，系列 4：第 4 分区供水，系列 5：第 5 分区供水，系列 6：第 1 分区回水，系列 7：第 2 分区回水，系列 8：第 3 分区回水，系列 9：第 4 分区回水，系列 10：第 5 分区回水，系列 11：室外温度

7. 项目获奖情况

该工程成为国家"红色页岩地源热环境工程示范项目"。该项目获 2012 年中国建筑学会暖通空调分会暖通空调工程优秀设计二等奖，并入选中国建筑学会暖通空调分会组织的"中国建筑学会暖通空调工程优秀设计奖"获奖作品集锦（图集 4）。

8.2.2　某商住楼地埋管地源热泵

1. 工程概述

该项目位置处于重庆市主城区，为典型的商住区。工程项目由 4 栋一类高层住宅，2 栋多层住宅以及部分多层商业组成。地块中部及东侧为商业步行街区，负一层、负二层沿街部分为商业用房，其余部分为地下停车场和设备用房；负三层为车库。地上部分建筑面积 110864.31m² 。建筑主要技术指标如表 8-5 所示

该项目环控系统的原方案拟为住宅部分末端系统采用顶板辐射加新风系统，卫生热水集中供应。商业部分的门面部分末端系统采用风机盘管＋新风系统，其他大空间末端系统采用全空气系统。计算得到的冷负荷为 10528kW，热负荷为 56208kW，卫生热水的负荷为 1627kW。

由于该项目申报了国家示范项目，在项目实施的各阶段，主管部门主持召开了多次项目论证专家会。结合类似项目的实施经验，住宅采用集中空调的方式对后期的运行会带来巨大的影响。而且该项目的户型主要为小户型为主，该项目处于商业核心区域，大部分业

主主要用于出租，由租赁方承担运行费。而大部分租赁方为工薪族，日居住时长短，即使较低的能源费也很难保证用户能够接受。同时，当时的市场条件也很难确定入住率。调研国内商业住宅采用地源热泵系统，其良性的运行管理案例较少。为提高系统利用效率，同时降低市场风险。经过论证后，建设方采纳了专家组意见：将住宅的集中空调系统全部取消，仅保留热水供应系统，商业仍采用集中空调系统。后期的一系列事实证明，当时的专家意见是正确的。这个案例会给类似建筑采用地源热泵系统一定的启示。在后面的分析中，会详细介绍该项目实施与运行中的困难。

建筑主要技术指标　　　　　　　　　　　　　　　　表 8-5

用途功能			面积（m²）	
住宅（1504 户）	1 号楼		22608.32	
	2 号楼		20831.68	
	3 号楼		22133.66	
	4 号楼		24021.34	
	5 号楼		4048.32	
	6 号楼		4048.32	
商业	负二层	商铺	1617.27	5617.27
		商场	4000	
	负一层	商铺	1772.42	13691.34
		商场	11918.92	
	一层	商业街	3921.17	7542.11
		裙楼	2738.73	
		多功能厅	882.21	
	二层	商业街	4142.1	5024.31
		多功能厅	882.21	
	三层	商业街	2212.92	2212.92
合计			131779.59	

2. 地质状况与热响应测试状况

该项目主要的地质构造由砂岩和泥岩组成，是重庆市地质分布的典型特征。勘探结果为：①砂岩（J2S-Ss）：黄灰、青灰色，中细粒结构，钙泥质胶结，巨厚层状构造，矿物成分为长石、石英。该岩性共计有 4 层，其中最下面一层砂岩没有揭穿。这 4 层砂岩分布孔深分别为 24.3～38.1m，52.6～68.3m，78.4～85.2m，94.1～102.39m，总厚度为44.59m。②泥岩（J2S-Ms）：紫红色，泥质结构，巨厚层状构造。岩芯较硬，呈柱状，中等风化。该岩性共计有 4 层，分布孔深分别为 0～24.3m，38.1～52.6m，68.3～78.4m，85.2～94.1m，该层总厚度为 57.30m。

2007 年，对埋管进行了热响应测试，测试结果如表 8-6、表 8-7 所示。

岩土物性分布   **表 8-6**

序号	岩土分层	岩土性质	密度 (kg/m³)	导热系数 [W/ (m·℃)]	扩散率 (10⁻⁶ m² /s)	比热
1	0～－24.3m	泥岩	1780	2.55	1.05	1379.40
2	－24.3～－38.1m	砂岩	2400	2.03	0.75	919.60
3	－38.1～－52.6m	泥岩	1780	2.55	1.05	1379.40
4	－52.6～－68.3m	砂岩	2400	2.03	0.75	919.60
5	－68.3～－78.4m	泥岩	1780	2.55	1.05	1379.40
6	－78.4～－85.2m	砂岩	2400	2.03	0.75	919.60
7	－85.2～－94.1m	泥岩	1780	2.55	1.05	1379.40
8	－94.1～－102.395m	砂岩	2400	2.03	0.75	919.60
0～－100 平均计算值			2041	2.31	0.91	1172.42

埋管性能实验测试值   **表 8-7**

序号	测试日期	工况	管中流量 (m³ /h)	进水温度 (℃)	出水温度 (℃)	有效埋管深度 (m)	每米管井换热量 (W /m)	平均换热系数 [W/(m·℃)]
1	2007-12-28 上午	制冷	0.71	30.00	23.12	72	78.25	13.5862
2	2007-12-28 下午	制冷	0.69	30.00	22.95	72	77.68	13.6840
3	2007-12-29 上午	制冷	0.74	30.00	23.53	72	76.58	12.8383
4	2007-12-29 下午	制冷	0.76	30.00	23.67	72	77.12	12.7783
5	2007-12-30 上午	制冷	0.74	30.00	23.56	72	76.24	12.7506
6	2007-12-30 下午	制冷	0.75	30.00	23.69	72	76.18	12.6047

经过热响应的测试与计算分析，热响应的测试报告建议该工程所在地 0～100m 范围内，岩土温度初始分布在 19.9～21.1℃之间。岩土的热物性取值为：导热系数 2.31W/ (m·℃)，密度 2041kg/m³，比热 1172.42J/(kg·℃)，热扩散率 0.91×10⁻⁶ m² /s。

3. 系统设计

在项目的实施过程中，由于住宅部分的空调冷热源被取消，仅剩下住宅的卫生热水以及商业部分的空调。经过设计院重新调整设计负荷，商业部分的冷负荷为 7886kW，热负荷为 2400kW。住宅由于为高层建筑，分为高中低三区进行卫生热水供应。具体的卫生热水负荷分别为：高区的卫生热水流量为 10.8t/h，小时热负荷 655kW（264 户，884 人，每人每天热水定额按照 100L 进行计算）；中区的卫生热水 11.5t/h，小时热负荷 696kW

（288 户，922 人计算）；低区的卫生热水 9.16t/h，小时热负荷 554kW（216 户，691 人计算）。夏季冷水供回水温度为 7/12℃，冬季冷水供回水温度为 45/40℃，卫生热水供水温度为 55℃。

　　系统冷热源设计为 2 台水源热泵机组（其中 1 台为全热回收）以及 2 台螺杆式冷水机组进行商业和住宅的冷热负荷供应。其中，卫生热水由 1 台全热回收水源热泵机组承担全年的卫生热水热负荷，另外 1 台普通型水源热泵机组满足冬季商业供热需求，商业的夏季冷负荷全部由 4 台机组承担。在夏季运行过程中，首先启用全热回收水源热泵机组来满足夏季的卫生热水负荷。这种设计的优点是首先通过热回收来免费达到卫生热水的供应要求，而且还降低了地埋管在夏季的排热量，这对于冬夏的冷热负荷的平衡有利。

在项目实施的设备招标中选用的设备参数　　　　　　　　表 8-8

设备名称	规格、型号	数量	单位	备注
水源热泵机组	制冷工况：$Q=2075.8$kW，$L=354.5$m³/h，供回水温度 7/12℃；地源侧供回水 30/35℃，$L=427.2$m³/h，$N=421$kW； 制热工况：$Q=2252$kW，$L=391.5$m³/h，供回水温度 45/40℃，地源侧供回水 10/5℃，$L=305.1$m³/h，$N=509.3$kW	1	台	
水源热泵机组	制冷工况：$Q=1599.9$kW，$L=354.5$m³/h，供回水温度 7/12℃；地源侧供回水 30/35℃，$L=275.2$m³/h，$N=305.8$kW； 制热工况：$Q=1682.7$kW，$L=289.4$m³/h，供回水温度 45/40℃，地源侧供回水 10/5℃，$L=229.6$m³/h，$N=369.9$kW； 全热回收工况：$Q=1336$kW，$L=290.0$m³/h，供回水温度 55/50℃，地源侧供回水 10/5℃，$L=229.6$m³/h，$N=456.9$kW	1	台	全热回收机组
螺杆式冷水机组	$Q=2002$kW，$L=345$m³/h，供回水温度 7/12℃；冷却水供回水 32/37℃，$L=413$m³/h；$N=427$kW	2	台	
冷却塔	$L=450$m³/h，供回水 32/37℃，$N=7.5×2$kW	2	台	方形逆流
负荷侧循环水泵	$L=400$m³/h，$H=33$mH₂O，$N=55$kW，$n=1450$rpm，工作压力 1.0MPa	2	台	一用一备
负荷侧循环水泵	$L=300$m³/h，$N=32$mH₂O，$N=45$kW，$n=1450$rpm，工作压力 1.0MPa	2	台	一用一备
地源侧循环水泵	$L=500$m³/h，$N=36$mH₂O，$N=90$kW，$n=1450$rpm，工作压力 1.0MPa	2	台	一用一备
地源侧循环水泵	$L=400$m³/h，$N=36$mH₂O，$N=75$kW，$n=1450$rpm，工作压力 1.0MPa	2	台	一用一备
卫生热水一次循环水泵	$L=300$m³/h，$N=20$mH₂O，$N=30$kW，$n=1450$rpm，工作压力 1.0MPa	2	台	一用一备
高区卫生热水循环水泵	$L=6.5$m³/h，$N=20.6$mH₂O，$N=1.1$kW，$n=2900$rpm，工作压力 1.6MPa	2	台	一用一备，变频

设备名称	规格、型号	数量	单位	备注
中区卫生热水循环水泵	$L=6.5 \text{m}^3/\text{h}$, $N=20.6 \text{mH}_2\text{O}$, $N=1.1\text{kW}$, $n=2900\text{rpm}$, 工作压力 1.6MPa	2	台	一用一备, 变频
低区卫生热水循环水泵	$L=6.5 \text{m}^3/\text{h}$, $N=20.6 \text{mH}_2\text{O}$, $N=1.1\text{kW}$, $n=2900\text{rpm}$, 工作压力 1.6MPa	2	台	一用一备, 变频
高区卫生热水版式换热器	$Q=500\text{kW}$, 一次侧供回水温度 60/55℃, 二次侧回水温度 55/50℃	1	台	
中区卫生热水版式换热器	$Q=500\text{kW}$, 一次侧供回水温度 60/55℃, 二次侧回水温度 55/50℃	1	台	
低区卫生热水版式换热器	$Q=500\text{kW}$, 一次侧供回水温度 60/55℃, 二次侧回水温度 55/50℃	1	台	

由于埋管条件的限制，所有埋管均设置在车库内，埋管面积约为 12300m²。地下埋管系统划分为 2 个区，其中，一区布置 346 个孔，二区布置 327 个孔。竖埋管为 DN32 的双 U 管，埋深为 110m，孔距为 4m，钻孔总长度为 296120m。埋管平面图如图 8-24 所示。

地源热泵系统的水环路包括地源侧水环路、用户侧冷媒水环路以及卫生热水环路。地源侧水环路的装有 2 组循环水泵，采用一机对一泵的原则，当开启全热回收水源热泵机组时，启动功率为 75kW 的水泵；当开启标准的水源热泵机组时，启动 90kW 的水泵。卫生热水环路有一次侧环路和二次侧环路，通过板式换热器间接换热。由于居住建筑为高层建筑，考虑到高度方向上的水压作用，将建筑高度方向的卫生热水系统按压力不同分为 3 个区（高、中、低区），低区直接采用自来水管网水压，高中区分别独立设置系统增压设备，一次侧环路循环水泵功率为 30kW，二次侧高中低区水泵功率均为 1.1kW。机房的详细设备布置如图 8-25 所示，卫生热水供应系统如图 8-26 所示。

4. 实际运行状况分析

如表 8-5 所示，本项目商业部分负一层和负二层的建筑面积接近 2 万 m²，是较大的空调负荷部分。按照规划要求的停车位与住户数比例，该小区的停车位严重不足。在主管部门召开的协调会议上，该小区原有的商业部分必须要改成停车位才能满足规划要求。业主多次申请调整规划，均无法批复。最终该项目负一层和负二层的商业部分无法实施，按照停车功能进行处置。这实际直接导致了该项目的失败。

由于大量商业面积无法使用，无法完成整体的施工。而此时地上部分的商业面临营业需求，且地上商业部分主要建筑功能的建筑负荷集中在晚上，如酒店、茶楼、餐饮等建筑功能。这些业主满足尽快营业需求，均自行安装了分散式空调。在这种状况下，建设单位也无相应的管理办法来促进业主单位的使用。为此，实际该项目在机组安装到位后，仅剩下住宅部分的卫生热水采用地源热泵系统的供应。

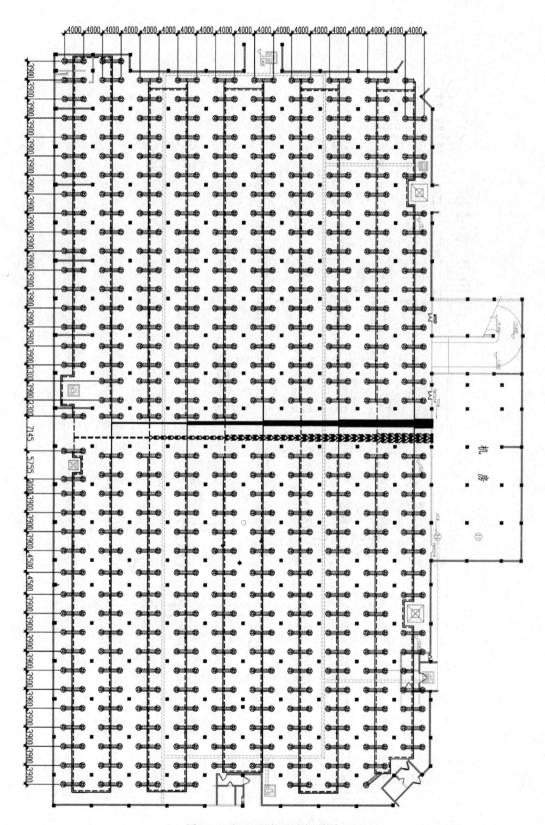

图 8-24　小区地源热泵系统埋管布置图

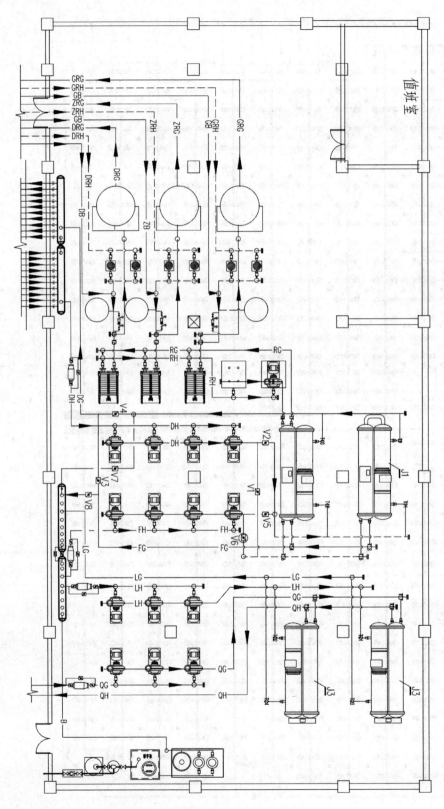

图 8-25   地源热泵系统机房冷热源设备布置图

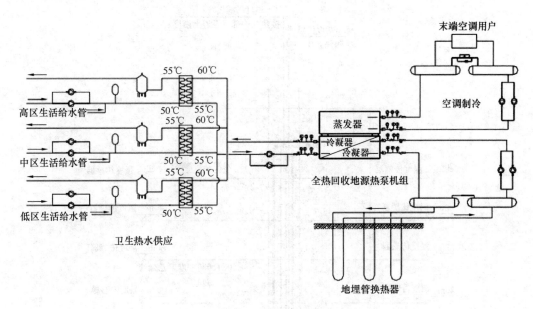

图 8-26　卫生热水供应原理图

该项目存在住宅入住率的风险，项目竣工满足入住条件的一两年时间内，实际的入住率仅有 2%，这对于整体的地源热泵系统运行是雪上加霜，系统根本达不到高效运行的条件。

按照业主与开发商签订的合同约定，业主入住后，必须要满足卫生热水的 24h 供应。即使是不到 10 户入住的情况下，物业也必须 24h 提供卫生热水。而物业管理人员在运行之初，没有掌握低负荷下集中热水系统的调控方法，导致整体的单位流量热水造价奇高，业主无法接受，具体见表 8-9 所示。物业管理公司不得不自行承担运行费用，但高昂的运行费使物业管理公司最终也放弃了集中热水系统的供应。

实际上，对于低负荷下的集中系统运行，可以采用蓄能的方式来处理。该项目对于系统运行之初调控方法的恰当实施，值得借鉴，运行效果得到了检验。

在系统运行前，2011 年 3 月 17 日对地源热泵系统的原始岩土温度进行了一次测试，温度测试点布置如图 8-27 所示，地温测试结果如图 8-28 所示。

运行前原始温度测试果表明，温度基本稳定在 19.5℃左右，如图 8-28 所示。结果与项目热响应测试结果对应的原始温度分布基本一致。图中 101～119 温度测点分别代表图 8-27 竖向上高度对应的温度测点，其中第 120 号热电偶线测得的温度为车库内的逐时空气温度。

由于运行初期，使用卫生热水的用户基本维持在 10 户以下，地源热泵系统的运行对初始温度的影响基本可以忽略。在测试 10 户用户热水龙头全开的情况下，地源热泵的卫生热水性能（卫生热水出水设定温度为 58℃）如图 8-29 所示。

表 8-9 为 2010 年过渡季节地源热泵卫生热水系统能耗测试值，其运行能耗远高于传统的能源供给方式，物业公司无法承受。

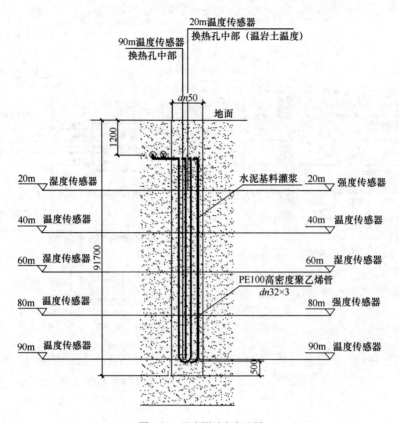

图 8-27 温度测试点布置图

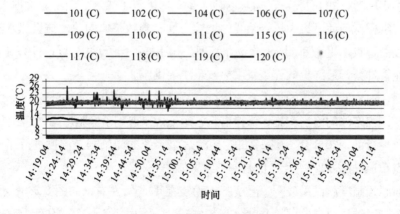

图 8-28 运行前地温测试结果图

设备月份	水源热泵机组	地源侧循环水泵	一次侧热水循环泵	二次侧热水循环泵	总热水量
9 月	21800kW·h	49680kW·h	24140kW·h	382kW·h	300t
10 月	21200kW·h	49640kW·h	27420kW·h	418kW·h	350t

由表 8-9 可知，9 月、10 月份的单位卫生热水的平均能耗费用分别为 256 元 /t、282 元 /t，这个费用比正常的热水费用高出 10 多倍。高额热水能耗费用产生的原因主要有以

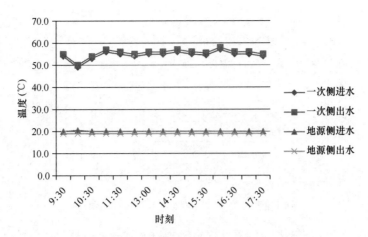

图 8-29　10 户入住情况下的运行工况水系统温度测试图

下几点：

①　水泵与机组没有进行联动控制。在运行初期，由于热泵机组的负荷卸载停机时，水泵没有保持联动停机，仍然在运行，导致了水泵运行电能的浪费。

②　热水一次侧水泵与地源侧水泵均没有采用变频措施。由于系统的水泵均是以额定卫生热水负荷下设计的，当负荷率较低时，水泵以大流量小温差状态运行。

③　水泵和热泵机组都在 24h 运行，而大部分时间内居民的没用水或用水量很少。

在了解以上实际的运行状况后，2011 年对该系统的运行策略进行了优化。建议物业运行管理单位进行策略的改善。

通过该小区的物业管理了解，发现由于入住业主基本为上班族，居民使用卫生热水的时间主要集中在早上上班前和晚上下班后。因此，将地源热泵卫生热水系统运行时间由原来的全天 24h 运行调整为下午 5 点到第二天早上 9 点停机，白天用蓄热罐蓄热后进行卫生热水供应。在优化后的这种运行模式下，2011 年 2 月份机房设备能耗情况如表 8-10 所示。

2 月份土壤源热泵系统运行能耗　　　　　　　　　　　表 8-10

设备月份	水源热泵机组	地源侧循环水泵	一次热水循环泵	二次侧热水循环泵	总热水量
2 月	18920kW·h	23204kW·h	11088kW·h	362kW·h	400t

由表 8-10 可知单位卫生热水量的平均能耗费用为 107 元/t，调整运行时间后的单位卫生热水量的能耗费用约为原来的卫生热水费用的 40%。白天用蓄热水罐供应卫生热水时，由于补水和管道热水循环作用，热水罐中卫生热水温度下降。但由于楼层基本无入住人员，只要系统温降在允许的温度范围内就可以用热水罐供应卫生热水。图 8-30 记录了 2 月份使用热水罐供应卫生热水时系统日间热水温降情况。

由图 8-30 可知，2 月份用热水罐供应卫生热水时，9 点钟蓄热水罐中卫生热水的平均温度为 52.3℃，满足用户需求。经过白天 10h 的卫生热水供应后，蓄热水罐中的卫生热水平均温度为 37.7℃，平均温度降为 14.7℃。由此可见，热水罐供应卫生热水是能满足在该入住率下日常的卫生热水需求。但非负荷时间下白天热水的温度品质有所下降。

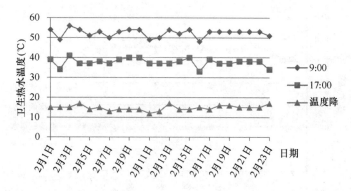

图 8-30　2011 年 2 月热水罐卫生热水温度降

以上优化的运行调控表明，地源热泵卫生热水供应系统运行策略只适用于低入住率条件下的卫生热水供应，且只能短时间内降低高昂的运行费，实际的运行费仍然高于传统热源方式。入住率的提高，才是降低运行能耗的前提。在达到一定入住率后，实际工程运行中，为了使地源热泵系统能高效节能运行，水泵的变频与水泵与机组的联动控制才是降低能耗的关键。

5. 项目的经验和教训

从总体的情况看，该项目实际为失败项目。唯一的经验是如何在低负荷下实现最大程度的能耗降低。在类似低入住率的商业楼盘条件下，蓄能不仅能够降低地埋管的运行时间，而且在系统高负荷运行条件下，相对低负荷的运行，其单位时间的整体能耗下降。通过系统的高负荷运行，将能量蓄存，还可以降低地源热泵系统的运行时间，对单位能耗的降低有利。

从项目的整体实施进程看，住宅的环控定位需要慎重思考。商业地产楼盘的定位确定了业主入住率的高低，而入住率决定了运行能耗。即使在高入住率的情况下，如何对业主进行系统运行费的收取也是一个实践中难以有较好方案解决的问题。在商业开发行为中，必须进行合法有效的前期论证，才能保证地源热泵系统能够发挥到节能的优势。否则，将导致类似本案例的失败实施。

8.2.3　贵州某人民医院桩基螺旋埋管及垂直埋管地源热泵工程

1. 工程概述

该项目为一家县级二甲医院，位于贵阳市，由一栋新建的住院部综合大楼和一栋既有门急诊、医生办公楼组成。项目总建筑面积 36381.5m²，空调面积 23266.9m²。其中新建住院部综合大楼总建筑面积 27243m²，空调面积 16090m²，建筑分为地下两层，为设备房、车库、康复治疗部、中医科和健康体检科，地上一层为大厅、住院药房，二层为 ICU，三至五层、八至十五层为住院部，六层为手术室，七层和十六层为会议室、档案室，于 2010 年开始论证与设计。既有老楼原空调为分体空调，结合老楼的空调改造需求，整个项目总冷负荷 1656kW，总热负荷 1673.3kW。由于项目场地的局限性，为充分利用建筑桩基，空调系统采用桩基三螺旋埋管与垂直双 U 埋管相结合的地源热泵系统。病房内空调末端系统采用蓄能型双面楼板辐射系统＋新风系统，常规区域空调末端系统采用风机盘管＋新风系统。由于蓄能型双面楼板辐射系统夏季为高温供回水，与传统风机盘管系统、新风系统供回水温度不同，则分为两套独立的空调水系统。

2. 地质状况与热响应测试状况

场地岩土主要由杂填土、红黏土、三叠系关岭组泥质白云岩组成，主要的地质构造见表 8-11。为分析桩基螺旋埋管换热器换热性能，搭建了现场实验测试系统（实验台搭建情况如图 8-31 所示），建立了桩基三螺旋埋管换热器数值计算模型，并通过实验测试数据验证了该理论计算模型的正确性（图 8-32）。采用数值模拟的方法从桩基深度、螺距、不同的进水温度、回填材料及管内流速等方面分析其对地埋管换热性能的影响，部分模拟结果如图 8-33 和图 8-34 所示。

医院所在区域水文地质概况 表 8-11

平均区间 (m)	岩土描述	天然含水率	平均渗透系数 (m/d)	密度 (kg/m³)
0～1.8	杂填土：褐黑色，稍湿，松散，含大量碎砖瓦砾等建筑垃圾	—		—
1.8～2.9	红黏土：褐黄色，质纯，细腻，可塑状	49.87%	0.47	1756
2.9～18.7	泥质白云岩：灰色，薄层状，微晶结构，节理裂隙及溶蚀现象不甚发育，见方解石脉及蜂窝状小溶孔，岩芯碎块状－短柱状，中风化	—		2802

图 8-31 实验台搭建

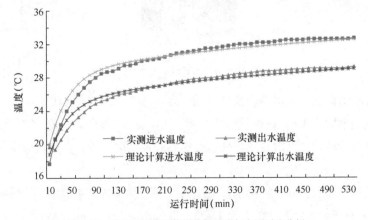

图 8-32 桩基三螺旋埋管换热器理论与实测对比分析

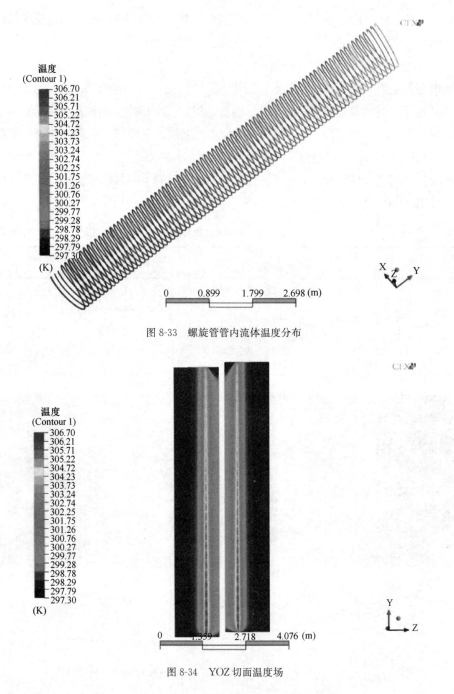

图 8-33　螺旋管管内流体温度分布

图 8-34　YOZ 切面温度场

　　通过实验测试得出，三螺旋管换热器的螺距 s 为 0.1m，钻孔孔径 d 为 1.05m，实际螺旋管盘绕直径平均为 1m，假设桩基螺旋埋管换热器在整个运行周期内不发生热干扰，或忽略其对热阻的影响，夏季与冬季埋管换热器的平均单位管长换热量分别为 13.0W/m、9.53W/m。

　　按照相关规范要求，同时针对垂直地埋管开展了热响应实验测试，试验钻孔数 2 个，埋管形式为双 U 形，地埋管管径为 $De25$，埋管深度为 120m。测得土壤原始温度为

17.5℃，1 号、2 号试验孔土壤热物性参数详见表 8-12，参考单位延米换热量详见表 8-13。

试验孔土壤热物性参数　　　　　　　　　　表 8-12

	埋管深度(m)	钻孔直径(m)	土壤综合导热系数 [W/(m·℃)]	土壤容积比热 [J/(m³·℃)]
1 号孔	120	0.13	2.52	6.57×10^6
2 号孔	120	0.13	2.68	6.76×10^6
平均值	/	/	2.60	6.67×10^6

参考单位延米换热量　　　　　　　　　　表 8-13

制冷工况	25℃/30℃	27℃/32℃	30℃/35℃
	42.2W/m	50.6W/m	63.3W/m
供热工况	10℃/5℃	12℃/7℃	15℃/10℃
	42.1W/m	33.8W/m	21.1W/m

3. 系统设计

桩基螺旋埋管换热系统示意如图 8-35 所示，该系统共由 174 个桩基螺旋埋管换热器、7 条环路组成，同程式设计，每个桩埋管换热器均为三螺旋形式，如图 8-36、图 8-37 所示。其中 74 个安装在建筑结构的桩基孔上，有 50 个螺旋埋管平均埋深为 9m，24 个螺旋埋管平均埋深 7m。另外，根据负荷需求补孔 100 个，螺旋埋管平均埋深为 11m，以及在化粪池敷设换热管 3300m。所有螺旋管换热器的螺距 s 都为 0.1m，钻孔孔径 d 都为 1.05m，实际螺旋管盘绕直径平均为 1m，详见表 8-14。

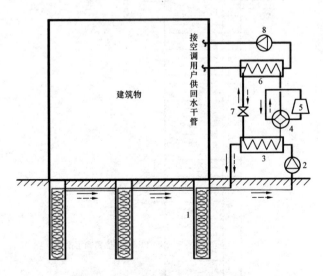

图 8-35　桩基螺旋埋管换热系统示意图

1—桩埋螺旋管式换热器；2—循环泵；3—换热器；4—四通阀；
5—压缩机；6—换热器；7—节流装置；8—循环水泵

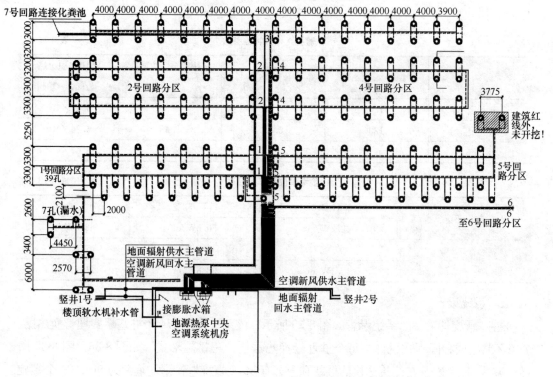

图 8-36 桩基螺旋埋管换热系统布孔及水平管平面图

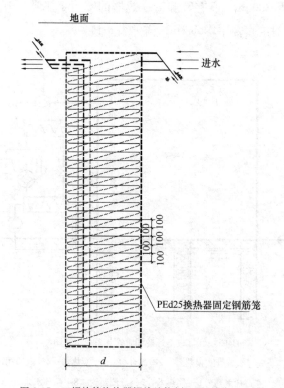

图 8-37 三螺旋管换热器螺旋缠绕剖面图（单位：mm）

桩基螺旋埋管换热器设计　　　　　表 8-14

换热器种类	换热器数量 （个/m）	换热器平均深度 （m）	单位井深埋管 长度 （m）	对应换热器埋 管总长度 （m）	备注
建筑桩基三螺旋 1	50	9		14130	
人工补孔三螺旋	100	11	31.4	34540	换热器的螺距 $s=$ 0.1m，实际螺旋管 盘绕 $d=1$m
建筑桩基三螺旋 2	24	7		5275.2	
化粪池换热管	3300	—	—	3300	
合计	174 孔＋3300m 管			57245.2	

　　垂直双 U 地埋管主要集中在现有食堂地块、医院道路及化粪池周围地块，孔间距 3.2m，孔深 120m，孔直径为 150mm，结合前期《桩基埋管热响应试验》及贵阳某地源热泵项目换热性能，制冷工况在 25℃/30℃下单位埋管深度换热量取 45.0W/m，供热工况在 10℃/5℃下单位埋管深度换热量取 32.3W/m，则每孔对应换热量夏季为 5.4kW，冬季为 3.9kW。以夏季孔数为准，总孔数共计 160 孔，如图 8-38 所示。

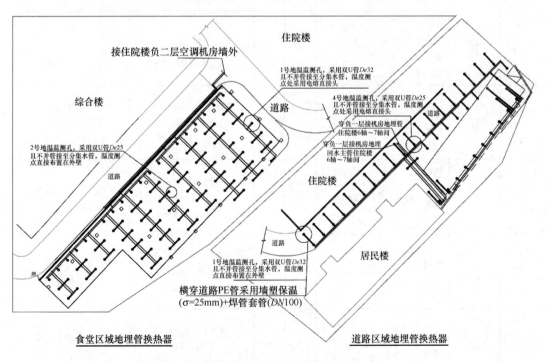

图 8-38　垂直双 U 地埋管平面布置图

空调冷热源选择 3 台满液式水地源热泵机组，承担新建住院综合大楼和既有老楼全部的夏季冷负荷和冬季热负荷。其中有 2 台供应室内常规风机盘管与新风系统；1 台供应室内空调辐射末端系统，机组设置于新建住院综合大楼地下二层机房内，冷热源机房主要设备配置见表 8-15。

冷热源机房主要设备材料表　　　　　　　　　　表 8-15

序号	设备编号	名称	规格型号	单位	数量	主要技术参数	备注
1	J1	螺杆式水源热泵机组	PSRHH1801	台	2	$Q_冷$＝715.4kW，$P_冷$＝123.7kW，冷冻水流量＝123.1m³/h 地源侧流量＝143.1m³/h $Q_热$＝739.5kW，$P_热$＝163.4kW，热水流量 127.2m³/h 地源侧流量＝100.8m³/h	R22 制冷剂 运行重量 3050kg 尺寸($L×W×H$)：3535×915×2040mm
2	J2	高温水源热泵机组	PSRHH0851-Y	台	1	$Q_冷$＝312.1kW，$P_冷$＝44.0kW，冷冻水流量＝52.8m³/h 地源侧流量＝62.0m³/h $Q_热$＝233.8kW，$P_热$＝51.9kW，热水流量＝43.8m³/h 地源侧流量＝56m³/h	R134a 制冷剂 运行重量 1690kg 尺寸($L×W×H$)：3000×1130×1350mm
3	J3	地源侧分集水器		个	2	主管接口 $DN200×1$，$DN125×1$ 支管接口 $DN110×7$	
4	J4	负荷侧循环水泵	KCW100-160IA	台	3	流量：140m³/h 扬程：28m 功率：18.5kW	2 用 1 备 与主机 J1 1 对 1 连锁启停控制
5	J5	负荷侧循环水泵	KCW100-160A	台	2	流量：93.5m³/h 扬程：28m 功率：11kW	1 用 1 备与主机 J2 连锁启停控制
6	J6	地源侧循环水泵	KCW100-200A	台	3	流量：121.6m³/h 扬程：37m 功率：18.5kW	2 用 1 备与主机 J1 1 对 1 连锁启停控制
7	J7	地源侧循环水泵	KCW100-200A	台	2	流量：93.5m³/h 扬程：44m 功率：18.5kW	1 用 1 备与主机 J2 连锁启停控制

续表

序号	设备编号	名称	规格型号	单位	数量	主要技术参数	备注
8	J8	膨胀水箱		套	3	$V=1m^3$	
9	J9	全自动软水器	FLK-2-1R	台	1	设备净重：90kg， 稳定压力：0.6MPa 额定流量：2m³/h， 输出功率：25W 最高温度40℃， 输入电源 AC220V/50Hz	2罐1盐箱，接管尺寸 DN25，树脂装填量 150L，额定流量 1～2t/h
10	J15～J17	电子水处理仪		个	3	工作压力：1.0MPa	地源侧、室内空调、地板辐射

4. 实际运行状况分析

(1) 机组进出水温度变化情况

根据 2015 年 1 月—2020 年 6 月地源热泵机组运行记录表可知，夏、冬季每台地源热泵机组用户侧与地源侧进出水平均温度变化如图 8-39、图 8-40 所示。用户侧夏冬季进出水温差均在 3℃左右，而地源侧夏季进出水温差为 3～4℃，冬季进出水温差为 2～3℃。

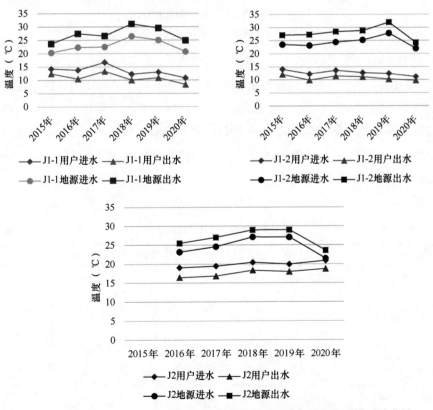

图 8-39　2015 年 1 月—2020 年 6 月夏季各机组用户侧与地源侧进出水平均温度变化图

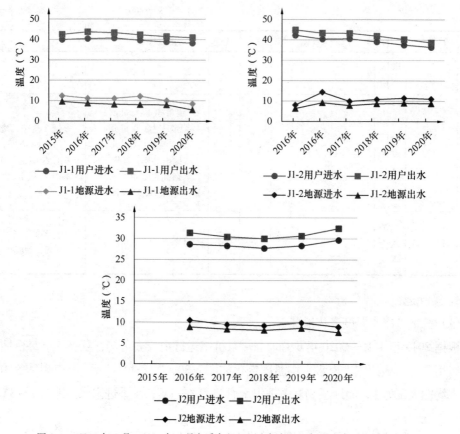

图 8-40　2015 年 1 月—2020 年 6 月冬季各机组用户侧与地源侧进出水平均温度变化图

（2）系统性能测试

2015 年夏季和冬季分别对该地源热泵空调系统进行系统性能实测，夏季平均制冷性能系数为 3.24，冬季平均制热能效比 2.83，如表 8-16、表 8-17 所示。根据《可再生能源建筑应用工程评价标准》GB/T 50801—2013，该系统满足地源热泵空调系统性能等级 3 级的要求。同时根据室内环境的测试得到，制冷季室内平均温度 25.2℃，室内平均相对湿度 71.8%；制热季室内平均温度 20.9℃，室内平均相对湿度 42.6%，室内环境舒适，满足设计要求。

系统夏季制冷工况测试数据　　　　　　　　　　　　　　　　　表 8-16

项目	热泵空调系统			
有效测试时间 （2015 年）	8 月 20 日 00：01—23：56	8 月 21 日 00：01—23：56	8 月 22 日 00：01—23：56	8 月 23 日 00：01—23：56
用户侧供水平均温度 （℃）	12.1	12.3	12.0	12.6
用户侧回水平均温度 （℃）	15.0	15.2	15.0	15.5
用户侧累计水流量 （m³）	1337	1330	1342	1214

续表

项目	热泵空调系统			
空调系统制冷量 (kW·h)	4595.6	4471.4	4706.3	3997.4
空调系统累计耗电量 (kW·h)	1379.7	1373.8	1384.6	1353.4
空调系统制热能效比	3.33	3.25	3.40	2.95
测试期间空调系统累计 制冷量(kW·h)	17770.7			
测试期间空调系统累计 耗电量(kW·h)	5491.6			
平均制冷性能系数	3.24			

系统冬季制热工况测试数据　　　　　　　　　　表 8-17

项目	热泵空调系统			
有效测试时间 (2015—2016 年)	12 月 31 日 15：03—23：53	1 月 1 日 00：03—23：53	1 月 2 日 00：03—23：53	1 月 3 日 00：03—23：53
用户侧供水平均温度 (℃)	47.4	48.5	47.1	47.1
用户侧回水平均温度 (℃)	43.4	44.5	43.4	42.6
用户侧累计水流量 (m³)	742.0	2002.0	1944.8	703.8
空调系统制热量 (kW·h)	3468.3	9284.8	9245.0	3681.5
空调系统累计耗电量 (kW·h)	1280.5	3265.4	3379.7	1207.9
空调系统制热能效比	2.71	2.84	2.74	3.05
平均制热能效比	2.83			

5. 项目亮点及经验总结

该项目是贵州省可再生能源应用示范项目，同时也是全国首家三星级绿色医院建筑项目。项目率先采用了一种新型的桩基三螺旋地埋管与垂直双 U 形地埋管相结合的多埋管换热形式地源热泵，系统最终运行实施效果较好，室内末端环境满足设计要求。总体来说，项目亮点及经验主要有以下几点：

① 探索了一种全新的桩基三螺旋地埋管换热形式，强化了桩基换热性能，减少了项目建设场地局限性的影响，同时能够降低地埋管系统钻孔成本。这对于建设场地有限以及资金紧张的项目而言，是一项经济可行的技术，当结构桩基埋深达到一定深度的建筑物宜

优先采用桩基埋管。

② 根据系统长时间的运行情况了解，垂直双 U 形地埋管埋深 120m，桩基埋管深度约 7～11m，垂直双 U 形地埋管的换热性能比桩基埋管的稳定性更好。为保证换热效果，项目应以垂直双 U 形地埋管为主、桩基埋管为辅搭配使用，即多埋管换热形式地源热泵系统。桩基埋管与垂直双 U 形地埋管的互为补充，交替运行，为其分别得到一定程度的恢复。

8.2.4　山东某县人民医院地埋管地源热泵工程

1. 工程概况

该县人民医院项目位于山东省滨州市，系按照《绿色建筑评价标准》GB/T 50378—2014 设计建设的三星级绿色医院建筑，空调系统冷热源技术形式采用 100%地源热泵供冷供热，病房空调形式采用地板辐射供冷供暖＋独立新风的温湿度独立处理空调系统，其他区域采用风机盘管＋新风的。

项目分为一二期建设，一期建设内容为外科病房楼，建筑面积 36396.56m²，空调面积 26330m² 左右。外科病房楼地下 1 层、地上 20 层，建筑高度 80.8m。其中地下一层为车库、餐厅、厨房、设备机房等，一层为门厅、药房、出入院办理，二层为静脉配置、办公，三层为中心供应、信息中心、办公，四层为手术部，五层为设备层、麻醉办公和净化空调机房，六层为 ICU 中心，七层为产科，八～二十层为标准病房层。二期建设内容为门诊病房综合楼，建筑面积 54916.82m²，空调面积 26200m² 左右。门诊病房综合楼地下 1 层、地上 4 层，建筑高度 19m。其中地下一层为车库、设备用房、洗衣房及药库等，一层为门厅、挂号收费、药房、影像科，二层为产科、超声科、血库、院内办公等，三层为血液透析、中医科、妇科等，四层为手术部、病理科、眼科耳鼻喉科、皮肤美容科等。

一期外科病房楼已于 2015 年 8 月开工，于 2018 年 11 月建成投入试运行，2019 年 5 月正式启用。二期门诊病房综合楼于 2019 年 10 月开工建设。

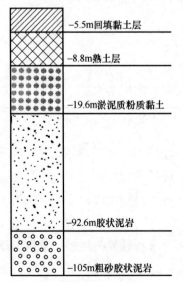

图 8-41　地层结构柱状图

图中标注：
-5.5m回填黏土层
-8.8m熟土层
-19.6m淤泥质粉质黏土
-92.6m胶状泥岩
-105m粗砂胶状泥岩

2. 地质情况与热响应测试数据

工程所在区域的岩层主要构造为泥岩和黏土。泥岩主要为胶状泥岩，呈棕色，风化严重，易成粉末，硬度相对较低。黏土主要为熟土和粉质黏土，呈黄棕色，中度风化。这种地质由于硬度相对其他地质类型（如白云岩、玄武岩、花岗岩等）低很多，其可钻性很好，地源热泵钻孔施工难度较小。

2015 年 1 月，对埋管进行了热响应测试，共计 2 个试验孔。测试结果如下：经过热响应的测试与计算分析，该工程所在地 0～100m 范围内测试岩土恒温层的平均温度为 15.58℃，岩土的参考导热系数为 1.17W/(m·℃)，

参考体积比热容为 $1.82 \times 10^6 \mathrm{J/(m^3 \cdot ℃)}$。

3. 系统设计

项目一二期舒适性空调水系统空调总冷负荷 5620kW，空调总热负荷 5058kW。地源热泵机房设于地下一层，分为一二期建设，一、二期机房及设备全部共用，主要设备参数详见表 8-18 和表 8-19。地源热泵室外地埋管设置于东侧室外广场地下及二期门诊医技楼的地下车库内。

一期地源热泵机房主要设备参数　　　　　　　　表 8-18

名称	性能参数	单位	数量	备注
螺杆式地源热泵机组	制冷量：1002kW，制热量：744kW 机组输入功率：136kW(制冷)；165kW(制热) 冷冻水(16℃/21℃)流量：172.8m³/h， 冷冻水压力损失：93.8kPa； 冷却水(25℃/30℃)流量：170.0m³/h， 冷却水压力损失：77.1kPa； 空调热水(45℃/40℃)流量：129.3m³/h， 空调热水压力损失：44.6kPa	台	1	供应辐射系统
螺杆式地源热泵机组	制冷量：1209kW，制热量：1213kW 机组输入功率：206kW(制冷)；267kW(制热) 冷冻水(7℃/12℃)流量：208.2m³/h， 冷冻水压力损失：61.5kPa； 冷却水(25℃/30℃)流量：242.6m³/h， 冷却水压力损失：34.7kPa； 空调热水(45℃/40℃)流量：210.9m³/h， 空调热水压力损失：26.2kPa	台	2	供应风机盘管及新风系统
负荷侧循环水泵	Q=180m³/h；H=30m；N=22kW； 转速：1450r/min	台	2	辐射系统
负荷侧循环水泵	Q=220m³/h；H=30m；N=22kW； 转速：1450r/min	台	3	风机盘管及新风系统
地埋管侧循环水泵	Q=180m³/h；H=30m；N=22kW； 转速：1450r/min	台	2	辐射系统
地埋管侧循环水泵	Q=250m³/h；H=28m；N=37kW； 转速：1450r/min	台	3	风机盘管及新风系统
板换机组	板式换热器 35kW，2 台 循环水泵 Q=4.5m³/h； H=15m；N=0.55kW，2 台 二次侧热水温度 43℃/38℃	套	1	一层大厅地暖

二期地源热泵机房主要设备参数表　　　　　　　　表 8-19

名称	性能参数	单位	数量	备注
离心式地源热泵机组	制冷量：2650kW，制热量：2484kW 机组输入功率：404.5kW(制冷)；470.4kW(制热) 冷冻水(7℃/12℃)流量：455m³/h， 冷冻水压力损失：54.2kPa； 冷却水(25℃/30℃)流量：524m³/h， 冷却水压力损失：75.1kPa； 空调热水(45℃/40℃)流量：458m³/h， 空调热水压力损失：55.8kPa	台	1	
负荷侧循环水泵	$Q=550m³/h$；$H=32m$；$N=75kW$； 转速：1450r/min	台	2	
地埋管侧循环水泵	$Q=550m³/h$；$H=32m$；$N=75kW$； 转速：1450r/min	台	2	
旁通循环水泵	$Q=200m³/h$；$H=32m$；$N=30kW$； 转速：1450r/min	台	1	过渡季节旁通 期使用
板换机组	板式换热器350kW，2台 循环水泵 $Q=100m³/h$；$H=32m$；$N=15kW$，2台 二次侧冷水温度16℃/21℃，热水温度44℃/39℃	套	1	病房辐射系统

一期地源热泵机房冷热源设计 3 台螺杆式水源热泵机组，其中 1 台为高温冷水机组，其余 2 台为常温冷水机组。辐射水系统夏季运行水温为 16℃/21℃，与常规风机盘管/新风机组水系统运行水温不同。设计时选用 1 台高温冷水型螺杆式水源热泵机组供应末端辐射系统，水系统独立，提高系统整体运行能效。二期地源热泵机房设计 1 台离心式水源热泵机组，另配置有 1 台板换机组供应局部区域的辐射系统末端。

根据现场场地条件和一、二期地源热泵机房建设需求，将地源热泵埋管分为 2 个大区域依次建设。

一期埋管位于建筑物东侧绿化空地，采用埋管为 $De25$ 的垂直双 U 形管形式，设计孔数 803 口，设计孔间距 4.0m，设计有效埋管深度 120m，总有效换热延米数 96360m，埋管平面布置见图 8-42。二期埋管布置于门诊医技楼的地下车库内，同样采用埋管为 $De25$ 的垂直双 U 管形式，设计孔数 633 口，设计孔间距 3.5～5m，设计有效埋管深度 120m，总有效换热延米数 75960m，埋管平面布置如图 8-43。

该项目地源热泵埋管系统采用二级分集水器设计，一级分集水器设置于地源热泵机房内，二级分集水器设置于建筑外空地修建的检查井内。水平汇管方式采用单孔汇，即一个地埋管换热孔由单独的一组回路接至二级分集水器，二级分集水器经主管道汇集后接入地源热泵机房内。单孔汇能够从以下两方面提高系统安全可靠性，一是单个地埋管换热孔独立管理，一旦出现故障不影响其他埋管的正常使用；二是单孔汇集水平主管规格采用 $De32$，该规格 PE 管为盘管供应（一般 100m，可定制），相较于 $De40$ 及以上的 6m 一根

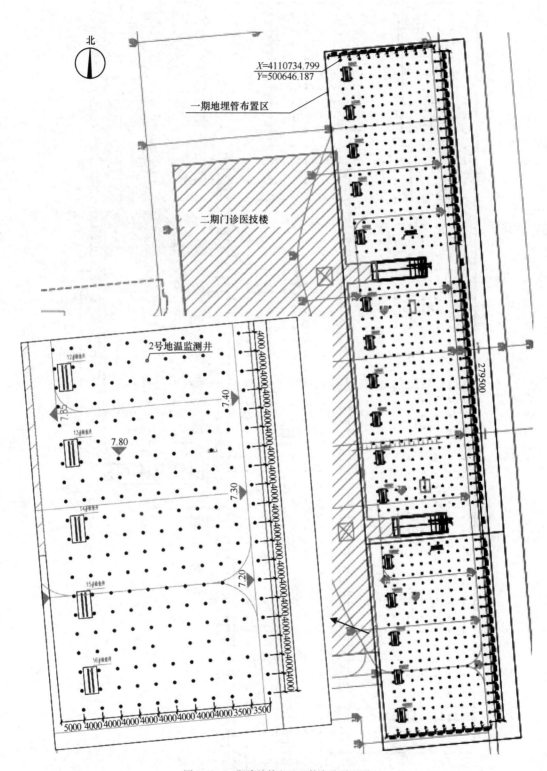

图 8-42　一期建筑外空地埋管布孔平面图

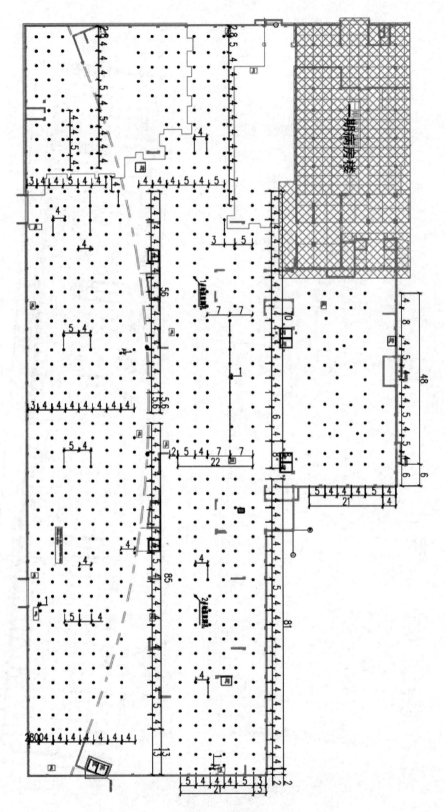

图 8-43   二期建筑车库下埋管布孔平面图（m）

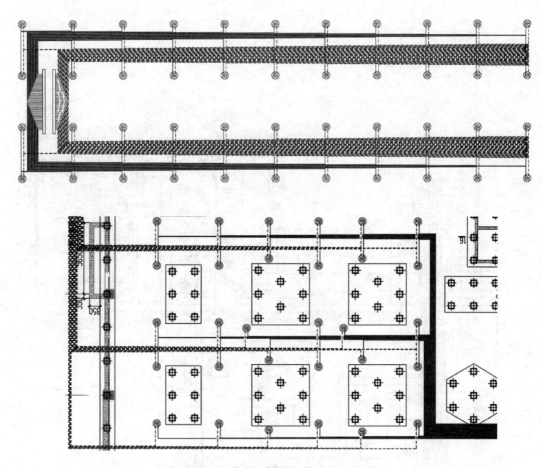

图 8-44　地埋管同程式水平汇管平面图（局部）

供应，整个系统电熔焊接点位大大减少，从而提高系统安全可靠性。一级分集水器到二级分集水器主管采用异程式布置，支路设静态水力平衡阀，二级分集水器到各换热器埋管采用同程式布置（图 8-44）。

4. 运行测试分析

该项目一期住院楼于 2018 年 11 月投入试运行，2019 年 5 月医院整体搬迁，除 12 层、18～20 层外，其他楼层全部投入使用，投入使用面积占比 77%。2020 年 6 月，18 层投入使用，投入使用面积占比 83%。项目投入使用期间，地源热泵机组运行情况如图 8-46～图 8-52 所示。

本项目设计室内温度为：夏季 25～26℃，冬季 20℃（ICU 为 22℃）。但受到北方集中供暖下生活习惯因素影响，系统正式投入运行后，实际室内温度为：夏季 23～24℃，冬季 23～25℃。夏季制冷时，水源热泵主机运行 2 台，1 台为辐射用水源热泵机组，1 台为常温冷水地源热泵机组，水泵对应开启，水泵实际运行频率 35Hz，地源侧开启支路 4（13 号～16 号分集水器，共 176 孔），其余关闭。冬季供暖时，水源热泵主机运行 2 台，1 台为辐射用水源热泵机组，1 台为常温冷水水源热泵机组，水泵对应开启，水泵运行频率 35Hz，地源侧支路全开（共计 793 孔）。

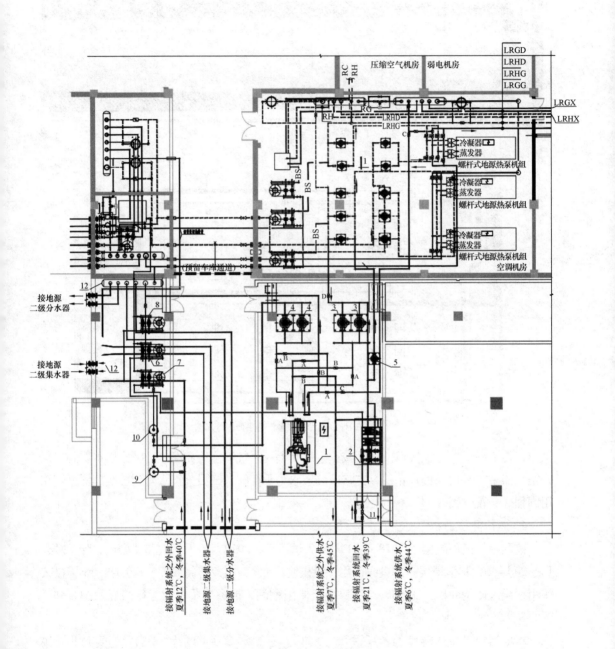

图 8-45　地源热泵机房冷热源设备布置图

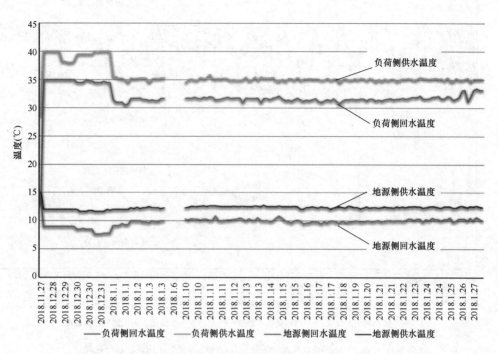

图 8-46　2018 年新风及风机盘管系统用螺杆式水源热泵机组制热试运行记录

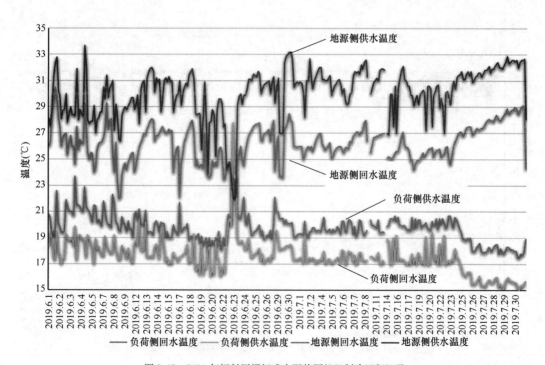

图 8-47　2019 年辐射用螺杆式水源热泵机组制冷运行记录

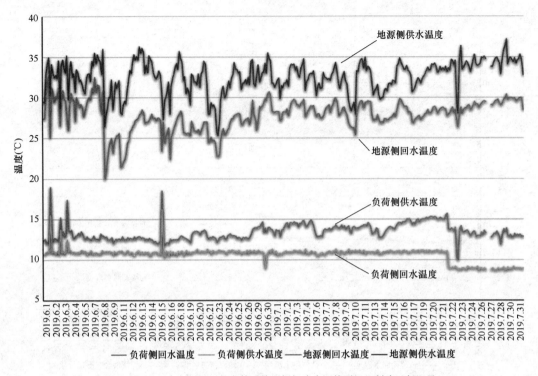

图 8-48　2019 年新风及风机盘管系统用螺杆式水源热泵机组制冷运行记录

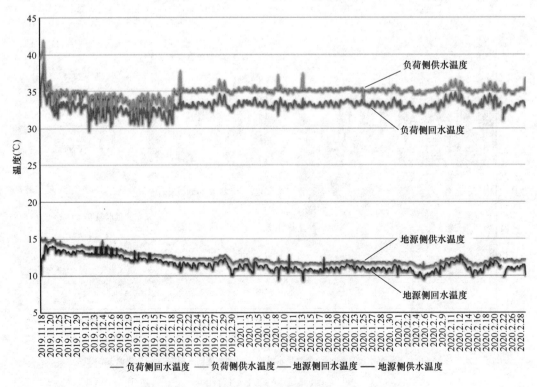

图 8-49　2019 年辐射用螺杆式水源热泵机组制热运行记录

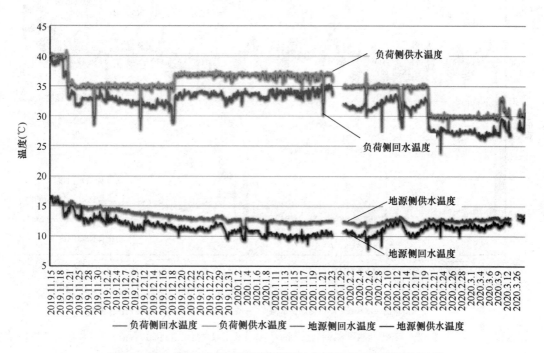

图 8-50　2019 年新风及风机盘管系统用螺杆式水源热泵机组制热运行记录

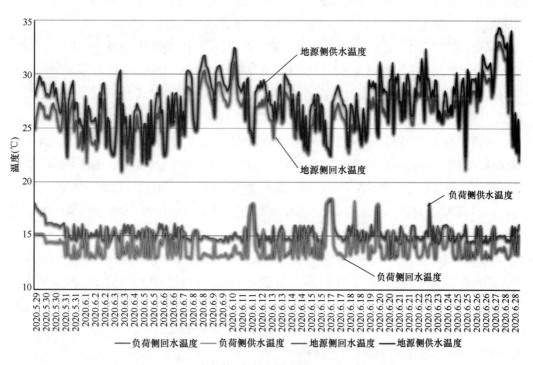

图 8-51　2020 年辐射用螺杆式水源热泵机组制冷运行记录

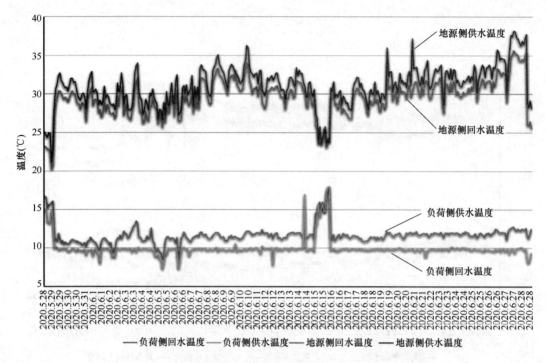

图 8-52 2020 年新风及风机盘管系统用螺杆式水源热泵机组制冷运行记录

该项目全年运行时间段为：5 月—9 月制冷运行，11 月—次年 4 月系统供暖运行。供暖运行时，先开启新风用水源热泵机组，后开启辐射用水源热泵机组。供暖季末期，先关闭辐射用水源热泵机组（2 月底），后关闭新风用水源热泵机组。

从运行数据来看，现阶段入住率仅为 80% 左右，项目实际冷热负荷需求较小，全年运行 2 台水源热泵机组即可满足冷热需求。夏季制冷时水源热泵机组平均负载率 75%～80%，冬季制热时水源热泵机组平均负载率 55%～60%，冬季水源热泵机组运行负载率较低。

2018 年和 2019 年系统制热运行初期，地源侧回水温度为 15.1℃ 和 16.5℃，与热响应测试得到的岩土恒温层的平均温度（15.58℃）接近。随系统连续运行，地源侧回水温度逐渐降低，持续运行 1 个月左右，地源侧回水温度趋于稳定，在 12～12.5℃ 之间。

2019 年和 2020 年系统制冷运行初期，初始地温较低，地源侧回水温度仅为 18℃。运行时发现在该回水温度下辐射用高温冷水螺杆式水源热泵机组（设计工况负荷侧 16℃ /21℃，地源侧 25℃ /30℃）出现故障报警，无法持续运行。经与厂家沟通后，出现该故障的原因是冷冻水温和冷却水温之间的差值过低，无法建立机组运行需要的油压差，机组出现油压差过低报警，故障停机。因此夏季制冷运行时，仅开启支路 4（13 号～16 号分集水器，共 176 孔），其余关闭。同时开启旁通水阀，提高辐射用高温冷水螺杆式地源热泵机组地源侧进水温度，保证机组正常运行。

表 8-20 为 2019—2020 年空调季节地源热泵机房能耗值，其运行能耗远低于传统的能源供给方式，医院对能耗水平较为满意。

为 2019—2020 年空调季节地源热泵机房能耗值　　表 8-20

设备月份	水源热泵机组（kW·h）	循环水泵（kW·h）	备注
2019 年 6 月	72274	49547	
2019 年 7 月	130190	45669	
2019 年 8 月～12 月	/	/	计量系统故障
2020 年 1 月	125636	64972	
2020 年 2 月	90452	61311	
2020 年 3 月	39423	63108	
2020 年 4 月	3804	8992	
2020 年 5 月	8060	11010	

从表 8-20 可知：2019 年 6 月—7 月，2020 年 1 月—5 月地源热泵机房能耗费用为 4.63 万元、6.68 万元、7.24 万元、5.77 万元、3.9 万元、0.5 万元和 0.73 万元，供应建筑面积为 30340m²，单位建筑面积年能源费用 9.7 元/m²（不含 8 月—12 月缺省数据，该项目电价 0.38 元/kW·h）。

① 2019 年 8 月，该项目遭受水灾，地下室地源热泵机房受损，2019 年 11 月份恢复，次年 1 月恢复计量系统。

② 2020 年 1 月—3 月水泵能耗显著高于 2019 年 6 月—7 月，这是由于控制系统灾后恢复晚于暖通系统，水泵台数和变频智能控制无法启用。

③ 地源侧水泵均采用变频措施，但水泵运行能耗占地源热泵机房总能耗比例偏高，这是由于建筑冷热负荷需求偏低，供回水温差大部分位于 2～3.5℃ 之间，水泵已处于变频下限运行（35Hz），无法进一步降低。

5. 项目的经验和教训

从总体的情况看，该地源热泵系统项目实施较为成功，室内末端效果显著，同时运行能耗较传统能源形式节约显著。由于该项目投入运行时间较短，在系统连续运行下地温变化情况还有待观察。但就系统目前运行数据和运行中出现的一些问题，总结部分经验教训如下。

① 北方地区全年平均气温较低，岩土恒温层的平均温度也较低。地源热泵系统设计时如果末端采取辐射系统，可考虑设置板换，用于过渡季节直接采用地下换热器制取低温热水，以供应辐射供冷。

② 重视地源侧水系统旁通设计，以用于过渡季节（供冷初期）调节机组地源侧进水温度，保证机组油压差建立和稳定运行。有条件应考虑电动旁通调节，自动控制水温。

③ 不仅于地源侧分集水器设置水温监测点，还应设置地源侧各支路水温监测点，以便于数据分析和建立全年运行调节策略。

8.2.5　重庆市某研发中心地源热泵工程

1. 工程概述

该研发中心地源热泵系统项目位于重庆市，地源热泵系统在冬季为 3 号楼裙房（共 4 层）及 4 号楼羽毛球场供暖，在夏季为 3 号楼裙房（共 4 层）供冷。3 号楼一层主要为休闲茶餐厅、食堂及咖啡厅；二层主要为办公室和阅览室；三层和四层为专家公寓和备用房。总建筑面积为 3271.17m²，空调面积 1369.61m²。地源热泵系统承担的总冷负荷为 231.21kW（含新风），总热负荷为 176.49kW。

该地源热泵系统于 2009 年 1 月建设完成，并部分投入使用。

（1）冷热源系统及设备

系统冷热源主机选择 2 台水源热泵机组，其中 1 台为高温水源热泵机组，1 台为常规水源热泵机组。

主机末端侧水泵：每台主机对应 1 台卧式定频水泵；主机地源侧水泵：每台主机对应 1 台卧式定频水泵。

机房平面布置如图 8-53 所示，机房设备参数见表 8-21。

冷热源主要设备参数

表 8-21

设备编号	型号	性能参数	备注
1	DRSW-50N-1 高温热泵机组	额定制冷量 220kW，制冷功率 35.3kW；额定制热量 182kW，制热功率 41.4kW；冷凝器制冷流量 44m³/h，制热流量 16 m³/h；蒸发器制冷流量 38m³/h，制热流量 24m³/h。冷冻水供回水温度：15℃/20℃	夏季：3 号楼裙楼干式风盘冷源； 冬季：4 号楼羽毛球场采暖热源
2	DRSW-30N-1 常温热泵机组	额定制冷量 101kW，制冷功率 20.2kW；额定制热量 110kW，制热功率 27kW；冷凝器制冷流量 21m³/h，制热流量 9.5 m³/h；蒸发器制冷流量 17m³/h，制热流量 14m³/h。冷冻水供回水温度：7℃/12℃	夏季：3 号楼裙楼新风机组冷源 冬季：3 号楼低温辐射地板采暖热源
3	地源侧循环水泵（高温机组）	流量：12～44m³/h，扬程：28～35m，功率：7.5kW，效率：63%	
4	地源侧循环水泵（常规机组）	流量：8～12m³/h，扬程：28～35m，功率：5.5kW，效率：63%	
5	末端侧循环水泵（高温机组）	流量：12～38m³/h，扬程为 25～27.5m，功率：4kW，效率：60%	
6	末端侧循环水泵（常规机组）	流量：8～17m³/h，扬程为 25～30.6m，功率：7.5kW，效率：62%	

（2）末端空调系统

空调系统夏季采用"独立新风＋干式风机盘管"供冷，每层均设置 1 台新风机组（共 4 台），新风采用定风量形式（主要设备参数见表 8-22）；冬季采用低温地板辐射采暖系统（3 号裙房）和散热器热水供暖（4 号楼羽毛球场）。

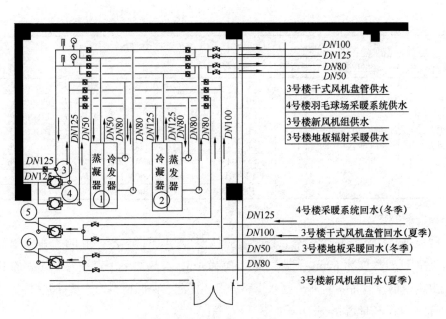

图 8-53 机房平面布置图

新风机组及风机盘管主要参数 表 8-22

新风机组			风机盘管		
型号	性能参数	数量	型号	性能参数	数量
1F：TF-2.5D，4排管	风量：2500m³/h，冷量33kW，热量36kW，N=0.45kW	1	FP-136WA	$Q=2750W$，$N=130W$，$L=1360m^3/h$	2
			FP-204WA	$Q=3990W$，$N=180W$，$L=2040\ m^3/h$	7
			FP-85WA	$Q=1640W$，$N=72W$，$L=850\ m^3/h$	2
2F：TF-2.5D，4排管	风量：2500m³/h，冷量33kW，热量36kW，N=0.45kW	1	FP-170WA	$Q=3370W$，$N=148W$，$L=1700m^3/h$	1
			FP-170WA	$Q=3370W$，$N=148W$，$L=1700m^3/h$	1
			FP-102WA	$Q=1930W$，$N=94W$，$L=1020m^3/h$	1
			FP-136WA	$Q=2.75W$，$N=130W$，$L=1360m^3/h$	1
			FP-102WA	$Q=1930W$，$N=94W$，$L=1020m^3/h$	1
			FP-51WA	$Q=1000W$，$N=48W$，$L=510m^3/h$	1
			FP-170WA	$Q=3370W$，$N=148W$，$L=1700m^3/h$	1
			FP-51WA	$Q=1000W$，$N=48W$，$L=510m^3/h$	1
			FP-51WA	$Q=1000W$，$N=48W$，$L=510m^3/h$	1
			FP-85WA	$Q=1640W$，$N=72W$，$L=850m^3/h$	1
			FP-102WA	$Q=1930W$，$N=94W$，$L=1020m^3/h$	2
			FP-34WA	$Q=668W$，$N=35W$，$L=350m^3/h$	1
3F：TF-1.5D，4排管	风量：1500m³/h，冷量17kW，热量20kW，N=0.25kW	1	FP-204WA	$Q=3990W$，$N=180W$，$L=2040m^3/h$	2
			FP-68WA	$Q=1.3kW$，$N=58W$，$L=680m^3/h$	1
			FP-170WA	$Q=1.37W$，$N=148W$，$L=1700m^3/h$	1
			FP-204WA	$Q=3990W$，$N=180W$，$L=2040m^3/h$	3
			FP-204WA	$Q=3990W$，$N=180W$，$L=2040m^3/h$	1
			FP-204WA	$Q=3990W$，$N=180W$，$L=2040m^3/h$	2
			FP-68WA	$Q=1.3kW$，$N=58W$，$L=680m^3/h$	1
			FP-68WA	$Q=1.3kW$，$N=58W$，$L=680m^3/h$	1

续表

新风机组			风机盘管		
型号	性能参数	数量	型号	性能参数	数量
4F：TF-1.5D，4排管	风量：1500m³/h，冷量17kW，热量20kW，N=0.25kW	1	FP-204WA	Q=3990W，N=180W，L=2040m³/h	2
			FP-68WA	Q=1.3kW，N=58W，L=680m³/h	1
			FP-170WA	Q=1.37W，N=148W，L=1700m³/h	1
			FP-204WA	Q=3990W，N=180W，L=2040m³/h	3
			FP-204WA	Q=3990W，N=180W，L=2040m³/h	1
			FP-204WA	Q=3990W，N=180W，L=2040m³/h	2
			FP-68WA	Q=1.3kW，N=58W，L=680m³/h	1
			FP-68WA	Q=1.3kW，N=58W，L=680m³/h	1

（3）地下换热器

该地源热泵系统地下换热器设计采用垂直单 U 形地下换热器，由 60 个垂直单 U 管组成，垂直单 U 管深度为 80m，埋管之间距离为 4m，换热器采用直径为 25mm 的 PE 管。为了减少热短路，地面以下 30m 回水管路进行了保温，保温材料为橡塑保温材料。

2. 地质状况与地温情况

地质勘探资料表明，该地源热泵系统埋管位置地下岩土结构以砂岩、砾岩为主，平均导热系数为 2.3W/(m·℃)。

系统建设前期以及系统建成后的运行期间，通过地温检测系统对地源热泵地下换热器埋管区域进行了连续地温检测，其中一个冬季的地温监测数据如图 8-54、图 8-55 所示。由图中检测数据原可以发现，该地源热泵系统埋管区域的地下岩土始地温及分布为：地面 10m 以下，地温竖向分布基本一致，在 19℃ 到 20.5℃ 之间波动；地面 10m 以内，地温受地面环境影响，在 18℃ 到 19℃ 之间波动。

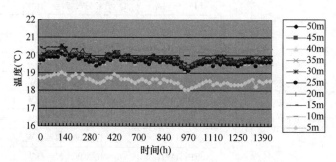

图 8-54　某研发中心地源热泵竖向埋管区域不同竖向深度地温随时间变化曲线

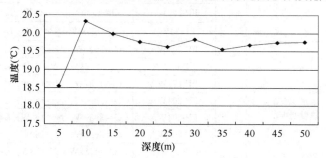

图 8-55　某研发中心地源热泵竖向埋管区域不同竖向深度平均地温分布

3. 运行效果

2009 年系统建成后于该年夏季投入试运行。为此，分别于 2009 年夏季、冬季分别对该系统夏季、冬季的运行情况进行了现场测试。测试结果如下：

(1) 夏季运行测试结果分析

1) 夏季机组冷凝器进水温度（地换热器出水水温）分析

考虑该办公建筑的实际使用特点，夏季分别就白天运行 9h、15h、24h 三种模式以不同负荷率进行了实际运行测试。

① 工况 1（运行时段 8：30～17：30）

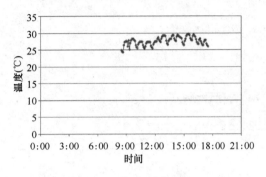

图 8-56　8 月 18 日机组冷凝器进水温度变化

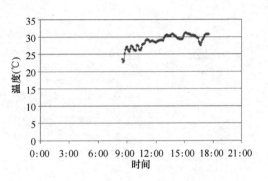

图 8-57　8 月 19 日机组冷凝器进水温度变化

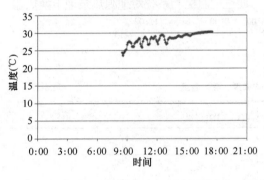

图 8-58　8 月 20 日机组冷凝器进水温度变化

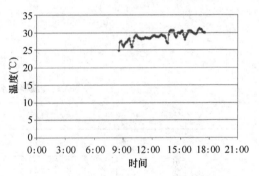

图 8-59　8 月 21 日机组冷凝器进水温度变化

② 工况 2（运行时段 8：30～17：30；小负荷运行）

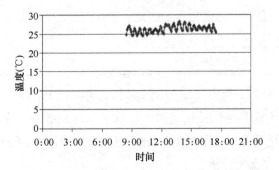

图 8-60　8 月 24 日机组冷凝器进水温度变化

③ 工况 3（运行时段 8：30～23：30）

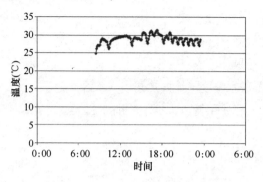

图 8-61　8 月 25 日机组冷凝器进水温度变化

④ 工况 4（24h 运行）

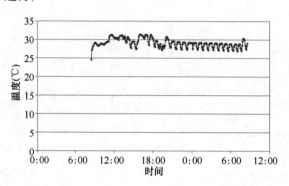

图 8-62　8 月 26 日机组冷凝器进水温度变化

各工况冷凝器进水平均温度、最大温度　　　　　　　　　表 8-23

工况	测试日期	平均值(℃)	最大值(℃)
工况 1	8 月 18 日	27.56	29.70
	8 月 19 日	28.91	31.20
	8 月 20 日	28.32	30.20
	8 月 21 日	28.82	31.00
工况 2	8 月 24 日	26.20	28.20
工况 3	8 月 25 日	28.90	31.30
工况 4	8 月 26 日	29.13	31.50

　　由上述图 8-56～图 8-62 及表 8-23 的测试结果，可以看出：夏季，该地源热泵系统各工况冷凝器进水温度无论是平均值还是最大值均低于当地冷却塔冷却水供水温度 32℃，从节能角度来看，该地源热泵工程在设计条件下具有一定的节能潜力。

　　2）夏季主机运行能效比分析

　　夏季各工况条件下，主机在运行过程中的能效比变化如图 8-63～图 8-65 所示。

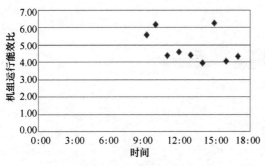

图 8-63　工况 1 高温机组运行能效比

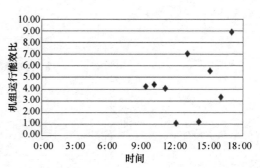

图 8-64　工况 2 高温机组运行能效比

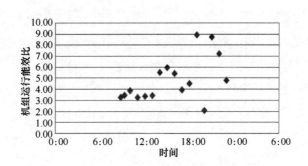

图 8-65　工况 3 高温机组运行能效比

由图 8-63～图 8-65 的主机运行能效测试数据，可以发现：相比主机的额定能效比 6.23，实际运行中主机仅部分时段能效比能达到额定值，而各工况的主机平均运行能效比均小于该值。原因主要是：测试期间，该办公建筑处于试运行阶段，末端实际热负荷需求远小于主机额定负荷，造成主机频繁启停，从而使主机能耗增加。

（2）冬季运行测试结果分析

1）冬季机组蒸发器进水温度（地换热器出水水温）分析

考虑该办公建筑的实际使用特点，冬季分别就白天运行 9h、24h 两种模式进行了实际运行测试。

① 工况 1（运行时段 8：30～17：30）

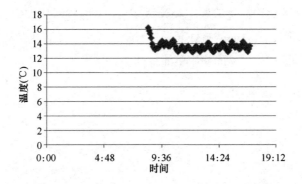

图 8-66　2010 年 2 月 1 日测试主机蒸发器进水温度变化

② 工况 2（24h 运行）

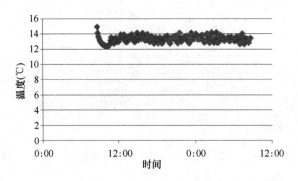

图 8-67   2010 年 2 月 4 日 8：40～2 月 5 日 8：40 测试主机蒸发器进水温度变化

根据图 8-66～图 8-67，可以看出：冬季实际运行条件下，该高温地源热泵系统持续运行 9h、24h 两种工况的主机冷凝器进水温度都维持在 12～14℃。

2）冬季主机运行能效比分析

夏季各工况条件下，主机在运行过程中的能效比变化如图 8-68、图 8-69 所示。

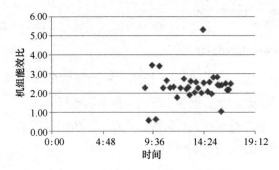

图 8-68   2010 年 2 月 1 日机组能效比

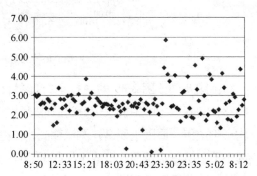

图 8-69   2010 年 2 月 4 日 8：40～2 月 5 日 8：40 机组能效比

由图 8-68、图 8-69 的冬季机组能效测试结果，可以看出：冬季两种工况下，机组的平均运行能效比约为 2.89，小于该机组的额定能效比 4.1。而且，通过运行数据计算，可以得到常温机组系统的平均系统能效比约为 2.4（小于规范的要求值）。造成该结果的原因，同样是：测试期间，该办公建筑处于试运行阶段，末端实际热负荷需求远小于主机额定负荷，造成主机频繁启停，从而使主机能耗增加。

附录 A

学位论文

1. 王勇. 地源热泵研究（Ⅰ）-地下换热器性能研究[D]. 重庆：重庆大学；重庆建筑大学，1997.

2. 曾淼. 地源热泵地下换热器换热计算模拟与实验研究[D]. 重庆：重庆大学；重庆建筑大学，1999.

3. 康宁. 长江流域建筑节能技术——地源热泵与冷热地板[D]. 重庆：重庆大学；重庆建筑大学，1999.

4. 朱照华. 地源热泵研究——地质气候条件及运行制度对地下换热器性能的影响[D]. 重庆：重庆大学；重庆建筑大学，1999.

5. 魏唐棣. 地源热泵地下套管式埋管换热器性能研究[D]. 重庆：重庆大学，2001.

6. 王勇. 动态负荷下地源热泵性能研究[D]. 重庆：重庆大学，2006.

7. 王明国. 地源热泵系统工程案例分析[D]. 重庆：重庆大学，2007.

8. 郭涛. 地源热泵系统垂直 U 形地埋管换热器的实验与数值模拟研究[D]. 重庆：重庆大学，2008.

9. 樊燕. 动态负荷下地源热泵设计方法研究[D]. 重庆：重庆大学，2009.

10. 刘艮平. 垂直 U 形地埋管回水保温换热性能研究[D]. 重庆：重庆大学，2009.

11. 郭凯生. 土壤源热泵地下埋管换热器[D]. 重庆：重庆大学，2010.

12. 林久宇. 重庆地区 U 形垂直埋管换热器换热特性研究[D]. 重庆：重庆大学，2010.

13. 张华廷. 三下一上岩土换热器换热性能研究[D]. 重庆：重庆大学，2010.

14. 唐曦. 不同上垫面形式对地埋管换热器换热性能的影响[D]. 重庆：重庆大学，2011.

15. 陈长武. 土壤源热泵卫生热水供应系统性能与成本分析[D]. 重庆：重庆大学，2012.

16. 刘清华. 土壤源热泵系统全寿命周期成本分析方法[D]. 重庆：重庆大学，2012.

17. 马园园. 典型气候区办公建筑复合式地埋管地源热泵系统控制策略分析[D]. 重庆：重庆大学，2012.

18. 贾亚北. 典型气候区典型建筑土壤源热泵系统蓄能不平衡率分析[D]. 重庆：重庆大学，2013.

19. 金逸韬. 夏热冬冷地区土壤源热泵系统的蓄能失调限值分析[D]. 重庆：重庆大学，2013.

20. 罗敏. 辅助冷却塔复合式地源热泵系统关键技术问题研究[D]. 重庆：重庆大

学，2013.

21. 卿菁. 水平蛇形地埋管换热器换热性能研究[D]. 重庆：重庆大学，2013.

22. 钱成功. 地源热泵与雨水收集联合技术单元体研究[D]. 重庆：重庆大学，2014.

23. 徐美智. 不同地质结构对地埋管换热器的影响研究[D]. 重庆：重庆大学，2014.

24. 尹畅昱. 不同分层地质结构下地源热泵竖直双 U 形埋管换热影响研究[D]. 重庆：重庆大学，2014.

25. 印伟伟. 地源热泵—地板辐射空调系统运行控制研究[D]. 重庆：重庆大学，2014.

26. 丁路. 地下水渗流对竖直埋管换热器的影响研究[D]. 重庆：重庆大学，2015.

27. 马婷婷. 复合埋管式土壤源热泵系统性能研究[D]. 重庆：重庆大学，2015.

28. 陈威. 地源热泵与地板辐射联合供暖系统控制策略分析[D]. 重庆：重庆大学，2016.

29. 李文欣. 基于岩土蓄热平衡性的地埋管地源热泵系统性能评价研究[D]. 重庆：重庆大学，2018.

30. 韦科娟. 基于相似理论的地源热泵地埋管实验台研究[D]. 重庆：重庆大学，2018.

31. 谢烨. 夏热冬冷地区典型地质结构地埋管换热性能分析[D]. 重庆：重庆大学，2018.

32. 彭远玲. 基于岩土分层条件下渗流对竖直地埋管换热性能的影响[D]. 重庆：重庆大学，2019.

33. 郑绍华. 分层渗流条件下单 U 形地埋管换热实验与数值计算研究[D]. 重庆：重庆大学，2019.

34. 杜瑞卿. 纳米流体强化地埋管传热的实验与数值研究[D]. 重庆：重庆大学，2020.

35. 江丹丹. 不同纳米流体在沙箱埋管条件下的换热研究[D]. 重庆：重庆大学，2020.

附录 B

期刊和会议论文

1. 王勇，付祥钊．地源热泵的套管式地下换热器研究[J]．重庆建筑大学学报，1997，(5)．

2. 曾森，康宁，付祥钊．地源热泵地下 U 形管换热器实验研究[C]．全国暖通空调制冷1998 年学术年会论文集(2)，1998．

3. 刘宪英，王勇．地源热泵地下垂直埋管换热器的试验研究[J]．土木建筑与环境工程，1999，21(005)：21-26．

4. 朱照华，付祥钊．长江三角洲住宅采暖降温节能系统——桩埋管地源热泵系统[J]．住宅科技，1999(05)：3-5．

5. 王勇，付祥钊，曾淼，等．地源热泵地下管群换热器设计施工问题[J]．建筑热能通风空调，2000，019(001)：59-62．

6. 魏唐棣，胡鸣明，丁勇，等．地源热泵冬季供暖测试及传热模型[J]．暖通空调，2000，30(1)：12-14．

7. 王勇．地源热泵的技术经济分析[J]．建筑热能通风空调，2001(05)：12-13．

8. 付祥钊，王勇，朱照华，等．两种地质气候条件对岩土换热器的影响[J]．暖通空调，2002(3)：106-109．

9. 王勇，桑春林，张艺卓，等．地源热泵系统在西部运用的可行性探讨[J]．重庆大学学报(自然科学版)，2002．

10. 王勇，刘宪英，付祥钊．地源热泵及地下蓄能系统的实验研究[J]．暖通空调，2003，33(5)：21-23．

11. 王勇，龙恩深，韦强，等．地源热泵地下管群换热器设计施工技术点滴[J]．暖通空调，2004，34(011)：118-121．

12. 王勇，卢军，丁豪，等．中安翡翠湖湖心别墅地源热泵系统分析[C]．2005 西南地区暖通空调热能动力年会论文集，2005．

13. 张素云，林真国，戴通涌，等．地源热泵系统在国防工程中应用的可行性分析[J]．制冷与空调：四川，2005，000(0z1)：138-139．

14. Fang L, Tao G, Yong W, et al. Numerical simulation on heat transfer performance of vertical U-tube with different borehole fill materials[J]. Journal of Central South University of Technology, 2006, 13(3)：234-237．

15. 张慧玲，付祥钊，王勇，等. 地源热泵-地面供热系统在温室中的应用实验研究[C]. 全国暖通空调制冷学术年会，2006.

16. 范亚明，李兴友，付祥钊. 福州住宅应用土壤源热泵的全年能耗与可行性分析[J]. 土木建筑与环境工程，2007(1).

17. 王明国，付祥钊. 重庆某地源热泵系统冬季供热能力实验研究[J]. 建筑热能通风空调，2007(03)：45-47.

18. 王勇，刘方，付祥钊. 基于层换热理论的竖直地埋管换热器设计方法[J]. 暖通空调，2007，37(009)：35-39.

19. 刘艮平，刘方，郭涛. 地源热泵 U 形竖直埋管系统埋管深度对换热器换热性能的影响[C]. 全国暖通空调制冷 2008 年学术年会，2008.

20. 卢军，隆亚东，吴练茜，等. 地源热泵加冷暖地板空调系统设计与施工[J]. 土木建筑与环境工程，2008，30(3)：99-102.

21. 王明国，付祥钊，王勇，等. 消防水池在地源热泵系统运行特性的数值分析[J]. 制冷与空调(四川)，2008，022(006)：102-108.

22. 王勇，付祥钊. 影响地源热泵系统牲能的负荷特征与特征参数[J]. 暖通空调，2008，38(005)：48-51.

23. 王勇，王明国，肖益民，等. 某地源热泵工程若干问题及对策研究[C]. 全国暖通空调制冷学术年会，2008.

24. 吴艳菊，王勇. 浅析地表水地源热泵在我国各典型气候区的适用性[C]. 全国暖通空调制冷学术年会，2008.

25. 韩传璞，王勇，赖道新，等. 变工况双 U 管土壤源热泵冬季能耗测试分析[C]. 全国热泵新技术及应用研讨会，2009.

26. 王勇. 重庆市地源热泵空调技术的应用现状与展望[J]. 资源节约与环保，2009，000(005)：144-145.

27. 王勇，郭凯生，田荣，等. Techno-economic analysis of single U-tube and double U-tube heat exchangers in Chongqing area[J]. Journal of Central South University，2009，000(0S1)：244-248.

28. 王勇，韩传璞，赖道新，等. 变工况双 U 管土壤源热泵冬季能耗测试分析[J]. 湖南大学学报(自然科学版)，2009(S2)：31-34.

29. 甘玉凤，付祥钊，王勇，等. 浅层地热在重庆市应用的前景分析[C]. 全国暖通空调制冷 2010 年学术年会资料集，2010.

30. 杨李宁，付祥钊，张明艳. 关于垂直 U 形岩土换热器热屏障的研究[J]. 建筑节能，2010，38(011)：18-21.

31. 付祥钊，余丽霞，肖益民. 地埋管地源热泵气候相对适宜性研究[J]. 暖通空调，2011，41(005)：75-78.

32. 高伟，王厚华，林真国. 某工程实施地源热泵系统的可行性研究[J]. 制冷与空调(四川)，2011(02)：186-190.

33. 贾亚北，王勇. 土壤源热泵系统热平衡问题的探讨[C]. 西南地区暖通空调热能动力学术年会，2011.

34. 冷先凯，康侍民，林真国. 地源热泵在青川某交流中心应用的可行性研究[J]. 制冷与空调(四川)，2011，25(001)：31-35.

35. 罗敏，王勇. 运行时间机制对医院建筑地埋管地源热泵系统的影响[J]. 制冷与空调：四川，2011，25(B10)：79-84.

36. 马园园，王勇. 不同气候区典型建筑负荷特征及其对土壤源热泵适用性的影响分析[J]. 制冷与空调(四川)，2011，25(B10)：20-25.

37. 唐曦，王勇. 水平埋管地下岩土传热模型中上垫面边界条件的确定方法研究[J]. 制冷与空调：四川，2011，25(B10)：197-201.

38. 徐峰，王勇，林真国，等. 基于测试工况下的四川青川地区地源热泵系统地埋管换热性能分析[J]. 制冷与空调(四川)，2011，25(002)：163-168.

39. 冯星辉，林真国，郭彦玲，等. 四川省某地源热泵工程地下换热性能测试[J]. 制冷与空调(四川)，2012(3)：272-275.

40. 王勇，金逸韬. 回填空气间隙对地埋管岩土温度恢复性能的影响[J]. 土木建筑与环境工程，2012，034(004)：142-148.

41. 王勇，刘清华. 基于全寿命周期成本的地埋管地源热泵系统间歇运行能效分析[J]. 土木建筑与环境工程，2012(S2)：82-88.

42. 王勇，唐曦. 卫生热水蓄热方式对地埋管换热性能的影响分析[J]. 重庆大学学报：自然科学版，2012.

43. 吴华剑，付祥钊，刘希臣. 桩基螺旋地埋管换热器模型与换热性能研究[J]. 煤气与热力，2012(10)：27-31.

44. 黄祖胜，金逸韬，王勇. 土壤源热泵岩土温度限值计算方法研究[C]. 2013 年第十五届西南地区暖通热能动力及空调制冷学术年会论文集，2013.

45. 贾亚北，王勇. 地埋管地源热泵系统二维和三维管群换热模型的对比分析[J]. 中国科学院大学学报，2013，30(3).

46. 刘希臣，肖益民，付祥钊. 不同形式地埋管换热器换热性能数值计算分析[J]. 煤气与热力，2013，33(002)：8-11.

47. 刘希臣，肖益民，付祥钊，等. 地源热泵桩基螺旋埋管换热性能实验研究[J]. 暖通空调，2013(09)：107-110.

48. 王勇，杜红梅，罗敏. 冬季工况下地埋管地源热泵系统中大地的自调节能力分析[J]. 土木建筑与环境工程，2013，35(002)：92-99.

49. 卢军，曾利悦，王勇，等. 重庆市《地埋管地源热泵系统技术规程》解读[J]. 重庆建筑，2014，000(006)：26-29.

50. 卿菁，王勇. 不同埋深水平蛇形地埋管换热器换热性能比较分析[J]. 制冷与空调(四川)，2015(5)：496-501.

51. 王勇，尹畅昱，金逸韬. 基于岩土失调温度限值的土壤源热泵系统土壤蓄能状态评价？[J]. 湖南大学学报(自科版)，2015(1)：127-135.

52. 王勇，卿菁. 回填空气间隙对水平埋管换热性能的影响[J]. 湖南大学学报(自科版)，2015，42(7)：135-140.

53. 吴华剑，戴会英，付祥钊. 桩基地埋管对土壤温度的影响及换热性能研究[J]. 煤气与热力，2015，035(011)：11-15.

54. 肖益民，刘希臣，张华廷，等. 竖直地埋管换热器的结构改进与性能试验[J]. 哈尔滨工业大学学报，2015，47(2).

55. Li W X, Wang Y, Jin Y T. Study on Heat Transfer Calculation Method of Ground Heat Exchangers Based on Heat Pump Unit Operation Characteristics[C]. 8th International Cold Climate Hvac Conference, 2016：449-457.

56. Li W X, Dong J L, Wang Y, et al. Numerical modeling of a simplified ground heat exchanger coupled with sandbox[C]. 1st International Conference on Energy and Power, Icep2016, 2017：365-370.

57. Wei K J, Li W X, Li J R, et al. Study on a design method for hybrid ground heat exchangers of ground-coupled heat pump system[J]. International Journal of Refrigeration-Revue Internationale Du Froid, 2017, 76：394-405.

58. 王勇，谢烨，李文欣. 武汉与重庆典型地质结构下的地埋管换热性能[J]. 土木建筑与环境工程，2017，39(004)：17-25.

59. 徐亚娟，卿菁，王勇. 水平蛇形地埋管与土壤换热数值计算模型与实验结果对比分析以及变系统加热量对水平蛇形地埋管换热性能的影响[J]. 制冷与空调(四川)，2017，031(006)：582-587，592.

60. Li W, Li X, Peng Y, et al. Experimental and numerical investigations on heat transfer in stratified subsurface materials[J]. Applied Thermal Engineering, 2018, 135：228-237.

61. Li W, Li X, Wang Y, et al. An integrated predictive model of the long-term performance of ground source heat pump(GSHP) systems[J]. Energy and Buildings, 2018, 159：309-318.

62. Li W, Li X, Wang Y, et al. Numerical investigations on the ground temperature recovery of ground heat exchangers in a layered subsurface[C]. The 4th International Conference on Building Energy and Environment(COBEE), 2018.

63. 彭远玲，李文欣，韦科娟，等. 竖直地埋管热相似实验台原理及试验验证[J]. 暖通空调，2018，048(009)：45-49.

64. Li W, Li X, Du R, et al. Experimental investigations of the heat load effect on heat transfer of ground heat exchangers in a layered subsurface[J]. Geothermics, 2019, 77：

75-82.

65. Li W, Li X, Wang Y, et al. Effect of the heat load distribution on thermal performance predictions of ground heat exchangers in a stratified subsurface[J]. Renewable Energy, 2019, 141: 340-348.

66. Li W X, Dong J L, Wang Y, et al. Numerical modeling of thermal response of a ground heat exchanger with single U-shaped tube[J]. Science and Technology for the Built Environment, 2019, 25(5): 525-533.

67. Li W, Li X, Peng Y, et al. Experimental and numerical studies on the thermal performance of ground heat exchangers in a layered subsurface with groundwater[J]. Renewable Energy, 2020, 147: 620-629.

68. 林真国, 王梓弋, 王勇. 地源热泵垂直埋管换热器埋深优化研究[J]. 昆明理工大学学报: 自然科学版, 2020, 045(002): P. 74-80.

参考文献

[1] Crandall A. House heating with earth heat pump[J]. Electrical World, 1946, 126 (19): 94-95.

[2] Sanner B. Ground source heat pumps—history, development, current status, and future prospects[C]. 12th IEA Heat Pump Conference, Rotterdam, Netherlands, May, 2017: 15-18.

[3] Lund J W, Boyd T L. Direct utilization of geothermal energy 2015 worldwide review [J]. Geothermics, 2016, 60: 66-93.

[4] IEA. Tracking Buildings[EB/OL]. https: //www. iea. org /reports /tracking-buildings.

[5] 徐伟. 中国地源热泵发展研究报告[M]. 北京: 中国建筑工业出版社，2019.

[6] Zhang W, Liu S, Li N, et al. Development forecast and technology roadmap analysis of renewable energy in buildings in China[J]. Renewable & Sustainable Energy Reviews, 2015, 49: 395-402.

[7] 中华人民共和国住房和城乡建设部. 建筑节能与绿色建筑发展"十三五"规划. 2017.

[8] 徐伟. 中国地源热泵发展研究报告(2013)[M]. 北京: 中国建筑工业出版社，2013: 360.

[9] 徐伟, 刘志坚. 中国地源热泵技术发展与展望[J]. 建筑科学，2013, 29(10): 26-33.

[10] Hepbasli A, Akdemir O, Hancioglu E. Experimental study of a closed loop vertical ground source heat pump system[J]. Energy Conversion and Management, 2003, 44(4): 527-548.

[11] You T, Wu W, Shi W, et al. An overview of the problems and solutions of soil thermal imbalance of ground-coupled heat pumps in cold regions[J]. Applied Energy, 2016, 177: 515-536.

[12] Lazzari S, Priarone A, Zanchini E. Long-term performance of BHE(borehole heat exchanger) fields with negligible groundwater movement[J]. Energy, 2010, 35 (12): 4966-4974.

[13] Garber D, Choudhary R, Soga K. Risk based lifetime costs assessment of a ground source heat pump(GSHP) system design: Methodology and case study[J]. Building

and Environment, 2013, 60: 66-80.

[14] Rybach L, Eugster W J. Sustainability aspects of geothermal heat pump operation, with experience from Switzerland[J]. Geothermics, 2010, 39(4): 365-369.

[15] Ruiz-Calvo F, Cervera-Vázquez J, Montagud C, et al. Reference data sets for validating and analyzing GSHP systems based on an eleven-year operation period[J]. Geothermics, 2016, 64: 538-550.

[16] Ruiz-Calvo F, Montagud C. Reference data sets for validating GSHP system models and analyzing performance parameters based on a five-year operation period[J]. Geothermics, 2014, 51: 417-428.

[17] Naicker S S, Rees S J. Performance analysis of a large geothermal heating and cooling system[J]. Renewable Energy, 2018, 122: 429-442.

[18] Mcdaniel A, Fratta D, Tinjum J M, et al. Long-term district-scale geothermal exchange borefield monitoring with fiber optic distributed temperature sensing[J]. Geothermics, 2018, 72: 193-204.

[19] Liu X, Lu S, Hughes P, et al. A comparative study of the status of GSHP applications in the United States and China[J]. Renewable & Sustainable Energy Reviews, 2015, 48: 558-570.

[20] Lee C K. Effect of borehole short-time-step performance on long-term dynamic simulation of ground-source heat pump system[J]. Energy and Buildings, 2016, 129: 238-246.

[21] Olfman M Z, Woodbury A D, Bartley J. Effects of depth and material property variations on the ground temperature response to heating by a deep vertical ground heat exchanger in purely conductive media[J]. Geothermics, 2014, 51: 9-30.

[22] Fujii H, Itoi R, Fujii J, et al. Optimizing the design of large-scale ground-coupled heat pump systems using groundwater and heat transport modeling[J]. Geothermics, 2005, 34(3): 347-364.

[23] Pérez-Lombard L, Ortiz J, Pout C. A review on buildings energy consumption information[J]. Energy and Buildings, 2008, 40(3): 394-398.

[24] Omer A M. Energy, environment and sustainable development[J]. Renewable & Sustainable Energy Reviews, 2008, 12(9): 2265-2300.

[25] Somogyi V, Sebestyén V, Nagy G. Scientific achievements and regulation of shallow geothermal systems in six European countries-A review[J]. Renewable and Sustainable Energy Reviews, 2017, 68: 934-952.

[26] Li M, Lai A C K. Review of analytical models for heat transfer by vertical ground heat exchangers(GHEs): A perspective of time and space scales[J]. Applied Energy, 2015, 151: 178-191.

[27] Yang H, Cui P, Fang Z. Vertical-borehole ground-coupled heat pumps: A review of models and systems[J]. Applied Energy, 2010, 87(1): 16-27.

[28] 王勇, 卿菁. 回填空气间隙对水平埋管换热性能的影响[J]. 湖南大学学报: 自然科学版, 2015, 42(7): 135-140.

[29] 唐曦, 王勇. 水平埋管地下岩土传热模型中上垫面边界条件的确定方法研究[J]. 第十四届西南地区暖通空调热能动力学术年会论文集, 2011.

[30] 唐曦. 不同上垫面形式对地埋管换热器换热性能的影响[D]. 重庆大学, 2011.

[31] Li W, Li X, Wang Y, et al. An integrated predictive model of the long-term performance of ground source heat pump(GSHP) systems[J]. Energy and Buildings, 2018, 159: 309-318.

[32] Ashrae. ASHRAE Handbook - Heating, Ventilating, and Air-Conditioning Applications(SI). Atlanta: American Society of Heating, Refrigerating and Air-Conditioning Engineers, Inc. , 2011.

[33] Ingersioll L, Zobel O J, Ingersoll A C. Heat Conduction: With Engineering Geological And Other Applications[J], 1954.

[34] Carslaw H S, Jaeger J C. Conduction of heat in solids[M]. 2nd. Oxford: Clarendon Press, 1959.

[35] Zeng H Y, Diao N R, Fang Z H. A finite line-source model for boreholes in geothermal heat exchangers [J]. Heat Transfer—Asian Research, 2002, 31 (7): 558-567.

[36] Lamarche L, Beauchamp B. A new contribution to the finite line-source model for geothermal boreholes[J]. Energy and Buildings, 2007, 39(2): 188-198.

[37] 王勇. 地源热泵研究(Ⅰ)-地下换热器性能研究[D]. 重庆建筑大学 重庆大学, 1997.

[38] 刘宪英, 王勇, 胡鸣明, 等. 地源热泵地下垂直埋管换热器的试验研究[J]. 土木建筑与环境工程, 1999, 21(5): 21-26.

[39] 刁乃仁, 方肇洪. 地埋管地源热泵技术[M]. 高等教育出版社, 2006: 36-37, 68-69, 85-86.

[40] Diao N R, Li Q Y, Fang Z H. Heat transfer in ground heat exchangers with groundwater advection[J]. International Journal of Thermal Sciences, 2004, 43 (12): 1203-1211.

[41] Philippe M, Bernier M, Marchio D. Validity ranges of three analytical solutions to heat transfer in the vicinity of single boreholes[J]. Geothermics, 2009, 38(4): 407-413.

[42] Eskilson P. Thermal Analysis of Heat Extraction Boreholes[M]. Lund University Press, 1987.

[43] Li M, Lai A C K. Analytical model for short-time responses of ground heat exchangers with U-shaped tubes: Model development and validation[J]. Applied Energy, 2013, 104: 510-516.

[44] Zhang L, Zhang Q, Huang G. A transient quasi-3D entire time scale line source model for the fluid and ground temperature prediction of vertical ground heat exchangers(GHEs)[J]. Applied Energy, 2016, 170: 65-75.

[45] Li M, Li P, Chan V, et al. Full-scale temperature response function(G-function) for heat transfer by borehole ground heat exchangers(GHEs) from sub-hour to decades[J]. Applied Energy, 2014, 136: 197-205.

[46] Carotenuto A, Ciccolella M, Massarotti N, et al. Models for thermo-fluid dynamic phenomena in low enthalpy geothermal energy systems: A review[J]. Renewable and Sustainable Energy Reviews, 2016, 60: 330-355.

[47] Perego R, Guandalini R, Fumagalli L, et al. Sustainability evaluation of a medium scale GSHP system in a layered alluvial setting using 3D modeling suite[J]. Geothermics, 2016, 59: 14-26.

[48] Lee C K. Effects of multiple ground layers on thermal response test analysis and ground-source heat pump simulation [J]. Applied Energy, 2011, 88 (12): 4405-4410.

[49] Florides G A, Christodoulides P, Pouloupatis P. Single and double U-tube ground heat exchangers in multiple-layer substrates [J]. Applied Energy, 2013, 102: 364-373.

[50] Nam Y, Ooka R, Hwang S. Development of a numerical model to predict heat exchange rates for a ground-source heat pump system [J]. Energy and Buildings, 2008, 40(12): 2133-2140.

[51] Luo J, Rohn J, Bayer M, et al. Analysis on performance of borehole heat exchanger in a layered subsurface[J]. Applied Energy, 2014, 123: 55-65.

[52] Li Y, Han X, Zhang X, et al. Study the performance of borehole heat exchanger considering layered subsurface based on field investigations[J]. Applied Thermal Engineering, 2017, 126: 296-304.

[53] Li W, Li X, Peng Y, et al. Experimental and numerical investigations on heat transfer in stratified subsurface materials[J]. Applied Thermal Engineering, 2018, 135: 228-237.

[54] Pu L, Qi D, Li K, et al. Simulation study on the thermal performance of vertical U-tube heat exchangers for ground source heat pump system[J]. Applied Thermal Engineering, 2015, 79: 202-213.

[55] Cui P, Yang H, Fang Z. Numerical analysis and experimental validation of heat

transfer in ground heat exchangers in alternative operation modes[J]. Energy and Buildings, 2008, 40(6): 1060-1066.

[56] Rees S J, He M. A three-dimensional numerical model of borehole heat exchanger heat transfer and fluid flow[J]. Geothermics, 2013, 46: 1-13.

[57] Lee C K, Lam H N. A modified multi-ground-layer model for borehole ground heat exchangers with an inhomogeneous groundwater flow[J]. Energy, 2012, 47(1): 378-387.

[58] Luo J, Rohn J, Xiang W, et al. Experimental investigation of a borehole field by enhanced geothermal response test and numerical analysis of performance of the borehole heat exchangers[J]. Energy, 2015, 84: 473-484.

[59] Han C, Yu X. Sensitivity analysis of a vertical geothermal heat pump system[J]. Applied Energy, 2016, 170: 148-160.

[60] 吴吉春, 薛禹群. 地下水动力学[M]. 水利水电出版社, 2009: 9, 14-17, 28-32.

[61] Xiong Z, Fisher D E, Spitler J D. Development and validation of a Slinky^{TM} ground heat exchanger model[J]. Applied Energy, 2015, 141: 57-69.

[62] Claesson J, Dunand A. Heat extraction from the ground by horizontal pipes : a mathematical analysis[D]. Department of Mathematical Physics, Lund University, Sweden, 1983.

[63] Claesson J, Eskilson P. Conductive heat extraction to a deep borehole: Thermal analyses and dimensioning rules[J]. Energy, 1988, 13(6): 509-527.

[64] 林芸, 赵强, 方肇洪. 水平螺旋地埋管地源热泵的研究[J]. 暖通空调, 2010(04): 104-109.

[65] Larwa B, Teper M, Grzywacz R, et al. Study of a slinky-coil ground heat exchanger-Comparison of experimental and analytical solution[J]. International Journal of Heat and Mass Transfer, 2019, 142C(118438).

[66] 李新. 能量桩的传热研究与工程应用[D]. 山东建筑大学, 2011.

[67] Bezyan B, Porkhial S, Mehrizi A A. 3-D simulation of heat transfer rate in geothermal pile-foundation heat exchangers with spiral pipe configuration [J]. Applied Thermal Engineering, 2015, 87: 655-668.

[68] Sutton M G, Couvillion R J, Nutter D W, et al. An algorithm for approximating the performance of vertical bore heat exchangers installed in a stratified geological regime[J]. ASHRAE Transactions, 2002, 108: 177.

[69] Abdelaziz S L, Ozudogru T Y, Olgun C G, et al. Multilayer finite line source model for vertical heat exchangers[J]. Geothermics, 2014, 51: 406-416.

[70] Hu J. An improved analytical model for vertical borehole ground heat exchanger with multiple-layer substrates and groundwater flow[J]. Applied Energy, 2017,

202: 537-549.

[71] Ji Y, Qian H, Zheng X. Development and validation of a three-dimensional numerical model for predicting the ground temperature distribution[J]. Energy and Buildings, 2017, 140: 261-267.

[72] Al-Khoury R, Bonnier P, Brinkgreve R. Efficient finite element formulation for geothermal heating systems. Part I: Steady state[J]. International journal for numerical methods in engineering, 2005, 63(7): 988-1013.

[73] Gu Y, O'neal D L. Development of an equivalent diameter expression for vertical U-tubes used in ground-coupled heat pumps [J]. ASHRAE Transactions, 1998, 104: 347.

[74] Wei J, Wang L, Jia L, et al. A new analytical model for short-time response of vertical ground heat exchangers using equivalent diameter method[J]. Energy and Buildings, 2016, 119: 13-19.

[75] Yang W, Liang X, Shi M, et al. A Numerical Model for the Simulation of a Vertical U-Bend Ground Heat Exchanger Used in a Ground-Coupled Heat Pump[J]. International Journal of Green Energy, 2014, 11(7): 761-785.

[76] Guan Y, Zhao X, Wang G, et al. 3D dynamic numerical programming and calculation of vertical buried tube heat exchanger performance of ground-source heat pumps under coupled heat transfer inside and outside of tube[J]. Energy and Buildings, 2017, 139: 186-196.

[77] Ansys®. Academic Research, Release 16. 2, Help System, Fluent Guide[J]. ANSYS, Inc.

[78] Kong X R, Deng Y, Li L, et al. Experimental and numerical study on the thermal performance of ground source heat pump with a set of designed buried pipes[J]. Applied Thermal Engineering, 2017, 114: 110-117.

[79] Ozyurt O, Ekinci D A. Experimental study of vertical ground-source heat pump performance evaluation for cold climate in Turkey[J]. Applied Energy, 2011, 88(4): 1257-1265.

[80] Michopoulos A, Bozis D, Kikidis P, et al. Three-years operation experience of a ground source heat pump system in Northern Greece[J]. Energy and Buildings, 2007, 39(3): 328-334.

[81] Urchueguía J F, Zacarés M, Corberán J M, et al. Comparison between the energy performance of a ground coupled water to water heat pump system and an air to water heat pump system for heating and cooling in typical conditions of the European Mediterranean coast[J]. Energy Conversion and Management, 2008, 49(10): 2917-2923.

［82］ Gu Y, O′neal D L. Modeling the effect of backfills on U-tube ground coil perform-ance[J]. ASHRAE Transactions, 1998, 104: 356.

［83］ Beier R A, Smith M D, Spitler J D. Reference data sets for vertical borehole ground heat exchanger models and thermal response test analysis[J]. Geothermics, 2011, 40(1): 79-85.

［84］ Yang W, Lu P, Chen Y. Laboratory investigations of the thermal performance of an energy pile with spiral coil ground heat exchanger[J]. Energy and Buildings, 2016, 128: 491-502.

［85］ Erol S, Francois B. Efficiency of various grouting materials for borehole heat ex-changers[J]. Applied Thermal Engineering, 2014, 70(1): 788-799.

［86］ 王勇, 付祥钊. 地源热泵的套管式地下换热器研究[J]. 土木建筑与环境工程, 1997, 19(5): 13-17.

［87］ 李元旦, 张旭, 周亚素, 等. 土壤源热泵冬季工况启动特性的实验研究[J]. 暖通空调, 2001, 31(1): 17-20.

［88］ 李新国, 赵军, 朱强, 等. 垂直螺旋盘管地源热泵供暖制冷实验研究[J]. 太阳能学报, 2002, 23(6): 684-686.

［89］ 李芃, 于立强, 张晶明. U形垂直埋管式土壤源热泵制冷性能的实验研究[J]. 建筑热能通风空调, 2000, 19(3): 3-6.

［90］ 王勇, 刘方, 付祥钊. 基于层换热理论的竖直地埋管换热器设计方法[J]. 暖通空调, 2007, 37(9): 35-39.

［91］ 王勇. 动态负荷下地源热泵性能研究[D]. 重庆大学, 2006.

［92］ 曾和义, 方肇洪. U形管地热换热器中介质轴向温度的数学模型[J]. 山东建筑大学学报, 2002, 17(1): 7-11.

［93］ 余延顺, 马最良. 土壤耦合热泵系统地下埋管换热器埋管深度影响因素的模拟分析[J]. 发电与空调, 2003, 24(6): 5-9.

［94］ 李新国, 赵军, 朱强, 等. 垂直螺旋盘管地源热泵供暖制冷实验研究[J]. 太阳能学报, 2002, 23(6): 684-686.

［95］ Katsura T, Nagano K, Takeda S, et al. Heat transfer experiment in the ground with ground water advection[C]. Proceedings of 10th Energy Conservation Thermal Energy Storage Conference Ecostock, 2006: 2006-5.

［96］ Salim Shirazi A, Bernier M. A small-scale experimental apparatus to study heat transfer in the vicinity of geothermal boreholes[J]. HVAC&R Research, 2014, 20(7): 819-827.

［97］ Cimmino M, Bernier M. Experimental determination of the g-functions of a small-scale geothermal borehole[J]. Geothermics, 2015, 56: 60-71.

［98］ Eslami-Nejad P, Bernier M. Freezing of geothermal borehole surroundings: A numerical and experimental assessment with applications[J]. Applied Energy, 2012, 98: 333-345.

[99] Wan R, Chen M, Huang Y, et al. Evaluation on the heat transfer performance of a vertical ground U-shaped tube heat exchanger buried in soil-polyacrylamide[J]. Experimental Heat Transfer, 2017, 30(5): 427-440.

[100] Kim M-J, Lee S-R, Yoon S, et al. Thermal performance evaluation and parametric study of a horizontal ground heat exchanger[J]. Geothermics, 2016, 60: 134-143.

[101] Kramer C A, Ghasemi-Fare O, Basu P. Laboratory Thermal Performance Tests on a Model Heat Exchanger Pile in Sand[J]. Geotechnical and Geological Engineering, 2015, 33(2): 253-271.

[102] Yoon S, Lee S R, Kim M J, et al. Evaluation of stainless steel pipe performance as a ground heat exchanger in ground-source heat-pump system[J]. Energy, 2016, 113: 328-337.

[103] 肖锐. 垂直地埋管换热数值模拟及实验研究[D]. 中国地质大学(北京), 2014.

[104] 冯琛琛, 王沣浩, 张鑫, 等. 地下水渗流对垂直埋管换热器换热性能影响的实验研究[J]. 制冷与空调(四川), 2011, 25(4): 328-331.

[105] 范蕊. 土壤蓄冷与热泵集成系统地埋管热渗耦合理论与实验研究[D]. 哈尔滨工业大学, 2006.

[106] 张琳琳. 渗流作用下的垂直地埋管换热器传热性能理论及实验研究[D]. 西安建筑科技大学, 2016.

[107] 杨卫波, 施明恒, 陈振乾. 非连续运行工况下垂直地埋管换热器的换热特性[J]. 东南大学学报(自然科学版), 2013, 43(2): 328-333.

[108] 余延顺, 张少凡, 马娟, 等. 土壤耦合热泵系统模型实验台设计[J]. 南京理工大学学报(自然科学版), 2010, 34(5): 613-617.

[109] 毕文明, 岳丽燕, 韩再生, 等. 地埋管换热性能综合微缩试验研究[J]. 水文地质工程地质, 2014, 41(1): 144-148.

[110] 孙心明. 基于小型实验装置的地源热泵岩土热物性研究[D]. 武汉: 华中科技大学, 2015.

[111] Fan R, Gao Y, Pan Y, et al. Research on cool injection and extraction performance of borehole cool energy storage for ground coupled heat pump system[J]. Energy and Buildings, 2015, 101: 35-44.

[112] Li W, Li X, Du R, et al. Experimental investigations of the heat load effect on heat transfer of ground heat exchangers in a layered subsurface[J]. Geothermics, 2019, 77: 75-82.

[113] 彭远玲, 李文欣, 韦科娟, 等. 竖直地埋管热相似实验台原理及试验验[J]. 暖通空调, 2018, 48(9): 46-50.

[114]　韦科娟. 基于相似理论的地源热泵地埋管实验台研究[D]. 重庆: 重庆大学, 2018.

[115]　Yang W, Zhang S, Chen Y. A dynamic simulation method of ground coupled heat pump system based on borehole heat exchange effectiveness[J]. Energy and Buildings, 2014, 77: 17-27.

[116]　王丰. 相似理论及其在传热学中的应用[M]. 北京: 高等教育出版社, 1990.

[117]　Yang S, Tao W. Heat transfer[M]. 4 ed. Beijing: Higher Education Press, 2006.

[118]　王勇, 付祥钊. 地源热泵的套管式地下换热器研究[J]. 重庆建筑大学学报, 1997, (5).

[119]　王勇, 谢烨, 李文欣. 武汉与重庆典型地质结构下的地埋管换热性能[J]. 土木建筑与环境工程, 2017, 39(04): 17-25.

[120]　袁艳平, 雷波, 曹晓玲, 等. 地源热泵地埋管换热器传热研究(3): 变热流边界条件下单U形地埋管换热器的非稳态传热特性[J]. 暖通空调, 2009, 039(012): 10-15.

[121]　周晋, 汪庆军, 张国强. 垂直埋管换热器布置形式对地下换热特性的影响分析[J]. 流体机械, 2012, 40(009): 56-61.

[122]　Gpsa. GPSA ENGINEERING DATA BOOKS[J]. Energy Processing Canada, 2010, 42(3): 16.

[123]　魏永霞, 王丽学. 工程水文学[M]. 北京: 中国水利水电出版社, 2005: 26, 27, 30.

[124]　束龙仓, 陶月赞. 地下水水文学[M]. 北京: 中国水利水电出版社, 2009: 16.

[125]　刘芳毅. 土壤耦合热泵地下埋管换热器温度场实验研究[D]. 哈尔滨工业大学, 2008: 29.

[126]　D C A, J R S, D S J. A preliminary assessment of the effects of groundwater flow on closed-loop ground source heat pump systems[J]. ASHRAE Transactions, 2000, 106(3): 144-155.

[127]　Zhou Z, Zhang Z, Chen G, et al. Feasibility of ground coupled heat pumps in office buildings: A China study[J]. Applied Energy, 2016, 162: 266-277.

[128]　DBJ50-199-2014-重庆市地埋管地源热泵系统技术规程: 重庆: 重庆市城乡建设委员会, 2014.

[129]　Ashrae. Commercial/Institutional ground-source heat pump engineering manual[M]. Atlanta: American society of Heating Refrigerating and air-conditioning engineers Inc, 1995.

[130]　赵军, 王华军, 宋著坤, 等. U型管埋地换热器长期性能的实验研究与灰色预测[J]. 太阳能学报, 2006, 27(11): 1137-1141.

[131]　Eskilson P. Thermal analysis of heat extraction boreholes[D]. University of Lund, Department of Mathematical Physics, Lund, Sweden, 1987.

[132] 张银安, 章兰, 张亚男, 等. 十八星旗花坛地源热泵供暖工程设计与施工[J]. 暖通空调, 2009, 39(003): 15-19.

[133] P K S. Ground-Source Heat Pump[J]. ASHRAE Jo-urnal, 1998, 40(10): 22-26.

[134] Im P, Liu X. Case study for ARRA-funded ground-source heat pump(GSHP) demonstration at Oakland University[R]. Oak Ridge National Lab. (ORNL), Oak Ridge, TN(United States). Building …, 2015.

[135] Liu X, Malhotra M, Xiong Z, et al. Case Study for the ARRA-funded Ground Source Heat Pump(GSHP) Demonstration at Wilders Grove Solid Waste Service Center in Raleigh, NC[J], 2016.

[136] Mittereder N, Poerschke A. Ground Source Heat Pump Sub-Slab Heat Exchange Loop Performance in a Cold Climate [R]. National Renewable Energy Lab. (NREL), Golden, CO(United States), 2013.

图书在版编目(CIP)数据

地埋管地源热泵系统理论与实践 ＝ Theory and
Application of Ground－Coupled Heat Pump Systems /
王勇等著. — 北京 ：中国建筑工业出版社，2021.8
（城市能源碳中和丛书）
ISBN 978-7-112-26460-5

Ⅰ.①地… Ⅱ.①王… Ⅲ.①热泵－研究 Ⅳ.
①TH38

中国版本图书馆 CIP 数据核字(2021)第 159443 号

丛书策划：齐庆梅　张文胜
责任编辑：吕　娜　齐庆梅
文字编辑：肖　贺
责任校对：张　颖

城市能源碳中和丛书

地埋管地源热泵系统理论与实践
Theory and Application of Ground-Coupled Heat Pump Systems

王勇　李文欣　付祥钊　刘勇　著

＊

中国建筑工业出版社出版、发行(北京海淀三里河路9号)
各地新华书店、建筑书店经销
北京红光制版公司制版
天津安泰印刷有限公司印刷

＊

开本：787毫米×1092毫米　1/16　印张：16¾　字数：384千字
2021年9月第一版　　2021年9月第一次印刷
定价：**78.00**元
ISBN 978-7-112-26460-5
(37259)